Carl-Auer

Die Studie, die dieser Veröffentlichung zugrunde liegt,
wurde mit den Mitteln der EQUA-Stiftung gefördert.

Fritz B. Simon/Rudolf Wimmer/
Torsten Groth

Mehr-Generationen-
Familienunternehmen

Erfolgsgeheimnisse von
Oetker, Merck, Haniel u. a.

Unter Mitarbeit von:
Jon Baumhauer, Bernward W. M. Brenninkmeyer,
Reinhart Freudenberg, Jan von Haeften,
Ulrich Hülsbeck, Michael Klett, Angelika Kostal,
Helmut Kostal, August Oetker, Andreas Schmidt,
Hans-Martin Schmidt, Christoph Schmidt-Krayer

Dritte Auflage, 2017

Reihengestaltung: Uwe Göbel
Satz: Verlagsservice Hegele, Heiligkreuzsteinach
Printed in Germany
Druck und Bindung: CPI – Ebner & Spiegel, Ulm

Dritte Auflage, 2017
ISBN 978-3-89670-481-8
© 2005, 2017 Carl-Auer-Systeme Verlag
und Verlagsbuchhandlung GmbH, Heidelberg
Alle Rechte vorbehalten

Bibliografische Information der Deutschen Nationalbibliothek:
Die Deutsche Nationalbibliothek verzeichnet diese Publikation
in der Deutschen Nationalbibliografie; detaillierte bibliografische
Daten sind im Internet über http://dnb.d-nb.de abrufbar.

Informationen zu unserem gesamten Programm, unseren Autoren
und zum Verlag finden Sie unter: **www.carl-auer.de**.

Wenn Sie Interesse an unseren monatlichen Nachrichten
aus der Vangerowstraße haben, können Sie unter
http://www.carl-auer.de/newsletter den Newsletter abonnieren.

Carl-Auer Verlag GmbH
Vangerowstraße 14 • 69115 Heidelberg
Tel. +49 6221 6438-0 • Fax +49 6221 6438-22
info@carl-auer.de

Inhalt

1. Einleitung

1.1 Vorgeschichte

»Warum beforschen Sie nicht einmal die Ko-Evolution von Groß-familien und Großfamilienunternehmen? Nehmen Sie als Beispiel unser Unternehmen. Es hat jetzt zum zweiten Mal in seiner bald hundertjährigen Geschichte einen nicht zur Familie gehörigen persönlich haftenden Gesellschafter-Geschäftsführer. Und in der Gesellschafterversammlung sitzen gleichzeitig Vertreter und Vertreterinnen der zweiten, dritten und vierten Generation. Was mich seit meinem Rückzug aus der Geschäftsführung immer mehr fasziniert, sind die unterschiedlichen Kommunikationstechniken auf den ›Spielfeldern‹ Familie und Familienunternehmen und das dazugehörige ›Nahtstellenmanagement‹.«

»Ja, warum beforschen wir das eigentlich nicht?!«

Mit diesen Worten endete eine angeregte Diskussion während des Abendessens beim 3. Kongress für Familienunternehmer, der in der Universität Witten/Herdecke – wie jedes Jahr – von Studenten der Wirtschaftswissenschaften organisiert worden war. Und mit diesen Worten begann ein Forschungsprojekt zu den Erfolgsfaktoren von Mehr-Generationen-Familienunternehmen.

Einige Tage nach dem Kongress schrieb der Ideengeber, Dr. Hans-Martin Schmidt, Alt-Verleger und Vorsitzender des Gesellschafterausschusses des Verlags Dr. Otto Schmidt KG in Köln, einen langen Brief an uns, Fritz B. Simon und Rudolf Wimmer, Inhaber des Lehrstuhls für Führung und Organisation im Institut für Familienunternehmen der Universität Witten/Herdecke. Einer von uns war es, der zu später Stunde gesagt hatte: »Ja, warum beforschen wir das eigentlich nicht?!« Bei Tageslicht erneut mit dieser Frage konfrontiert, waren wir immer noch überzeugt, dass dies eines der faszinierendsten Themen im Bereich Familienunternehmen ist und dass es darüber hinaus von kaum zu überschätzender Bedeutung für die Frage der Überlebensfähigkeit von Unternehmen im Allgemeinen ist.

Wie schaffen es Familien und Unternehmen über mehr als drei Generationen und zig, ja, manchmal hundert und mehr Jahre hinweg, ihre Kooperation erfolgreich aufrechtzuerhalten? Solch ein langes Überleben ist ja höchst unwahrscheinlich. Das beginnt auf der

Unternehmensseite: Glaubt man den wohl weniger auf Daten als auf Vorurteilen beruhenden folkloristischen Weisheiten, baut die erste Generation ein Unternehmen auf, die zweite Generation hält es recht und schlecht am Leben, und die dritte studiert Kunstgeschichte – und lässt es dadurch in den Abgrund stürzen. Wenn dies kolportiert wird, so ist damit stets eine mehr oder weniger negative Bewertung verbunden. Nüchtern betrachtet kann man hingegen feststellen, dass schon eine Lebensdauer von zwei Generationen eine erstaunliche Leistung für ein Unternehmen ist. Betrachtet man die »harten« Daten, so ergibt sich ein anderes Bild. Nimmt man zum Beispiel die Dauer, mit der ein Unternehmen im Standard & Poor's-Index gelistet ist, als Maß für die Überlebensfähigkeit, zeigt sich, dass die durchschnittliche Zeitspanne des Listings von Unternehmen 30 Jahre beträgt, die durchschnittliche Dauer, mit der Familienunternehmen gelistet sind (so sie denn börsennotiert sind), beträgt hingegen 75 Jahre.[1] Das legt die These nahe, dass die enge Verbindung mit einer Familie für ein Unternehmen, ganz im Gegensatz zur landläufigen Meinung, möglicherweise nicht nur als Risiko-, sondern auch und gerade als lebensverlängernder Erfolgsfaktor zu betrachten sein könnte. Zumindest sollte das Modell Familienunternehmen ambivalenter betrachtet werden, als es der publizierten und kolportierten Meinung entspricht.

Wenn diese Überlegungen stichhaltig sind, dann könnten Mehr-Generationen-Familienunternehmen vielleicht sogar als Modell nachhaltigen Wirtschaftens dienen. Aus der Analyse der für ihr langes Überleben verantwortlichen Faktoren ließen sich dann auch Konsequenzen für die Führung und das Management von Publikumsgesellschaften ableiten.

Aber nicht nur im Blick auf das Unternehmen zeigt sich eine ungewöhnliche Langlebigkeit, sondern auch auf der Seite der Familie lassen sich ungewöhnliche Phänomene beobachten, die gesellschaftlich, über den ökonomischen Bereich hinaus von Bedeutung sind. Es ist ja höchst unwahrscheinlich, dass sich Verwandte, die vor 150 Jahren denselben Ur-ur- ... Großvater hatten, noch heute als Familie begreifen. Auch dies ist ohne das Familienunternehmen kaum denkbar.

Offenbar ist es die Partnerschaft zwischen Familie und Unternehmen oder, mit den Worten Hans-Martin Schmidts, des Ideengebers

---

1 Vgl. Anderson a. Reeb 2003.

unseres Projektes, die »Ko-Evolution« von beiden, die solch unwahrscheinliche Entwicklungen erklären kann.

Also, so die Konsequenz unserer Überlegungen: Machen wir es!
Beforschen wir Mehr-Generationen-Familienunternehmen!

Von diesem Beschluss an dauerte es nur noch wenige Wochen bis
zu einem ersten Treffen von Repräsentanten namhafter Familienunternehmen. Es waren Dr. August Oetker (persönlich haftender Gesellschafter der Dr. August Oetker KG), Jon Baumhauer (Vorsitzender des
Vorstandes der E. Merck OHG), Bernward W. M. Brenninkmeyer
(ehemaliger Gesellschafter der C&A-Unternehmensgruppe), Dr. Michael Klett (Vorsitzender des Vorstandes der Ernst Klett AG), Dr. Hans-
Martin Schmidt (Gesellschafter und Vorsitzender des Gesellschafterausschusses der Verlag Dr. Otto Schmidt KG), sein Sohn, Dr. Andreas
Schmidt (Gesellschafter, Prokurist und Programmbereichsleiter der
Verlag Dr. Otto Schmidt KG), Dipl.-Kfm. Helmut Kostal (Vorsitzender
der Geschäftsführung der Leopold Kostal GmbH & Co. KG), seine Frau
Angelika und Christoph Schmidt-Krayer (ehemaliger geschäftsführender Gesellschafter der Schmidt + Clemens GmbH & Co. KG), die sich
zu einem ersten Vorgespräch mit uns (Fritz B. Simon und Rudi Wimmer) in der Universität Witten/Herdecke trafen. Am Ende des Tages
war klar, man würde sich in regelmäßigen Abständen treffen und sich
gegenseitig »auf den Zahn fühlen«, wie sich die Familie jeweils organisiert hat, wie die Schnittstellen zwischen Familie und Unternehmen
gemanagt werden, wie die Satzungen sind, wie diese auf dem Laufenden gehalten und verändert werden, welche Erfahrungen im Laufe der
Geschichte mit welchen Organisationsformen gemacht wurden, wie
die Nachfolgeregelungen sind, wie die Ein- und Ausstiegsbedingun-
gen für die Gesellschafter- und Managerrolle für Familienmitglieder,
seien es blutsverwandte oder angeheiratete, sind, wie Kinder an die Gesellschafterrolle herangeführt werden, wie Erbregelungen gestaltet
werden usw. Kurz gesagt: Man würde all die Fragen, die als relevant für
das ökonomische, aber – das ist wichtig zu betonen – auch für das emotionale Überleben von Unternehmen und Familie sowie ihrer Mitglieder erachtet werden können, diskutieren und vielleicht dabei auch
noch auf Fragen stoßen, an die jetzt noch keiner denkt.

Um der Gefahr vorzubeugen, dass das Ganze nur ein unverbind-
lich-kollegialer Austausch unter Personen, die in einer ähnlichen Le-
bens- und Arbeitssituation stecken, würde, verpflichtete sich jeder
Unternehmer, einen Fragenkatalog abzuarbeiten, der von uns (F. B.

Simon und R. Wimmer) aufgrund wissenschaftlicher Kriterien er- arbeitet wurde. Außerdem wurde vereinbart, den Kreis zu erweitern, falls sich zeigen sollte, dass es alternative Modelle gibt, die aber noch nicht in diesem Kreis repräsentiert sind (was dann auch geschah).

So kam es, dass sich dieser Kreis etwa alle drei Monate traf und die Vor- und Nachteile der unterschiedlichen Modelle diskutierte. Er er- weiterte sich um die Repräsentanten einiger anderer großer Fami- lienunternehmen: z. B. Dr. Reinhart Freudenberg (Vorsitzender des Gesellschafterausschusses der Freudenberg & Co. KG), Jan von Haef- ten (bis 2003 Vorsitzender des Aufsichtsrates der Franz Haniel & Cie. GmbH), Ulrich Hülsbeck (Vorsitzender der Geschäftsführung der Huf Hülsbeck & Fürst GmbH & Co. KG). Durch Interviews zu Fra- gen, die sich erst beim Erstellen des Abschlussberichtes ergaben, wur- den Ivan Pictet (Senior-Partner der Schweizer Privatbank Pictet & Cie) und ein weiterer Unternehmer, der anonym bleiben wollte (im Text Florian Esser genannt), nachträglich in das Projekt einbezogen. Dass diese viel beschäftigten Menschen, für die Zeit ein knappes Gut ist, in dieses Projekt so viel davon investierten, mag als Hinweis darauf ge- wertet werden, dass die eingehende Diskussion dieser Fragen von al- len – auch bzw. gerade für ihr Unternehmen und ihre Familie – als sinnvoll und nützlich erachtet wurde. Auf jeden Fall geschah es, dass Teilnehmer die Sitzung verließen und gleich anschließend mit ihren Anwälten Termine vereinbarten, um ihre Familiensatzungen oder Gesellschafterverträge umzuschreiben, oder die, wie Christoph Schmidt-Krayer, die Initiative ergriffen, um einen Prozess einzulei- ten, der die Wiederannäherung von Familie und Unternehmen zum Ziel hatte, weil ihm deutlich geworden war, welche Ressource die Fa- milie für das Unternehmen darstellt. Sie alle hatten realisiert, dass ihre Familie oder deren Beziehung zum Unternehmen aktuell auf eine Weise organisiert war, die sich bei anderen Familienunterneh- men schon vor Jahren als riskant und konfliktträchtig erwiesen hatte und deswegen umgestaltet worden war.

Möglich wurde solch ein Vorgehen, weil ein hoher Grad an Inti- mität entstanden war, eine Offenheit und Diskussionsbereitschaft, die sonst nur schwer und selten zu finden sind. Nur wenige Men- schen lassen Fremde gern in ihre Familie schauen; sie ist der Ort, an dem man vor der Öffentlichkeit geschützt ist. Das gilt für Unterneh- merfamilien, die sowieso im Fokus der öffentlichen Aufmerksamkeit stehen, noch mehr als für Durchschnittsfamilien.

Entsprechend befand sich auch jeder der Teilnehmer in einem
wohl nicht zu unterschätzenden Loyalitätskonflikt: Einerseits galt es,
die (Privat)Interessen der jeweiligen eigenen Familie sowie natürlich
sensible Unternehmensdaten zu schützen; anderseits war ganz klar
die Bereitschaft zum gegenseitigen Lernen, Weiterbringen und zum
Erforschen des Phänomens »Familienunternehmen« zu spüren.[2]

Gerade in Anbetracht dieser Loyalitätskonflikte war es wohl eine
der Voraussetzungen für das Gelingen dieses Projektes, dass relativ
schnell ein hohes Maß an Vertrauen unter den Teilnehmern entstand.
Die wenigen Professoren, die dabei waren, beeinträchtigten offenbar
nicht die Grundwahrnehmung, »unter sich« zu sein. Oder, um es mit
den Worten von Dr. August Oetker auszudrücken:»Ich habe noch nie
Professoren erlebt, die so wenig geredet haben!« Dennoch, auch wenn
es offenbar für manche Teilnehmer individuell von Nutzen war, Ziel
des ganzen Projektes war es, wissenschaftlich tragfähige und veröf-
fentlichbare Resultate zu erlangen. Das bringt uns als diejenigen, die
für die Auswertung verantwortlich zeichnen, in eine nicht ganz einfache Lage: Auch wir befinden uns in einem Loyalitätskonflikt. Zum
einen ist es uns ein Anliegen, die Intimität und Vertraulichkeit, die den
Geist dieses Projektes bestimmt haben, zu respektieren, zum anderen

---

2 Ein spezieller »Fall« war in dieser Hinsicht Bernward W. M. Brenninkmeyer. Vorfahren
seiner Familie gründeten vor mehr als 160 Jahren die Firma C&A. Er befand sich in einem
ganz besonderen Loyalitätskonflikt: Er hatte gerade sein Familienunternehmen aus persönlichen Gründen verlassen (darüber mehr ab Seite 93) und sich als Berater für Familienunternehmen selbstständig gemacht. Seine Mitgliedschaft in der Familie Brenninkmeyer und
seine langjährige Tätigkeit im Unternehmen hielten ihn davon ab, zu viele Dinge, die intern
als »privat« gestempelt werden, preiszugeben. Trotzdem ist er unserer Einladung, bei dieser
Arbeit mitzumachen, gefolgt, gab es doch sowohl für ihn als auch für die Arbeitsgruppe vieles zu »geben« und zu »nehmen«. Trotz seiner nachvollziehbaren Zurückhaltung konnten
wir einige Einblicke gewinnen: neben dem Einblick in die Entwicklung von Familie und Unternehmen insbesondere auch darauf, wie sich die »Ko-Evolution« von Familie und Unternehmen auf persönliche Entscheidungen einer Person auswirken kann. Einige Erkenntnisse über die C&A-Unternehmensgruppe, die in dieser Untersuchung formuliert sind,
konnten von Herrn Brenninkmeyer weder bestätigt noch dementiert werden, da er seine Loyalität nicht »brechen« wollte. Der Familienwert des gegenseitigen Vertrauens, den er trotz
seiner Entscheidung eines alternativen Lebensweges hochhalten wollte, hätte ansonsten
aus seiner Sicht Schaden genommen. Selbstverständlich haben wir dies respektiert. Dennoch konnten wir der Versuchung nicht widerstehen, aufgrund eigener Recherchen und
unter Zuhilfenahme bereits vorliegender Publikationen ein in sich geschlossenes Bild der
Ko-Evolution von Familie und Unternehmen bei C&A zu zeichnen. Es sei aber ausdrücklich
darauf hingewiesen, dass dies zu einem guten Teil auf Annahmen und Folgerungen beruht,
die wir als Autoren gezogen haben. Trotz seiner immer wieder spürbaren Zurückhaltung
war die Zusammenarbeit mit Herrn Brenninkmeyer sehr fruchtbar, da er aufgrund seiner
persönlichen Erfahrungen als Unternehmensleiter und seiner Beratungstätigkeit in anderen Familienunternehmen spezifische Perspektiven und Fragestellungen beisteuern konnte, die für alle Beteiligten erhellend waren.

geht es uns darum, möglichst viel »Honig« aus dem gesammelten Material »zu saugen« und diesen der Öffentlichkeit, insbesondere anderen Familien und Familienunternehmen, zur Verfügung zu stellen.

Unser Versuch dieser Quadratur des Kreises besteht darin, dass wir bemüht waren, in den Einzelfällen allgemein gültige Prinzipien zu entdecken, die in der Regel die Kopplung von Familie und Unternehmen bestimmen. Dabei haben wir uns in unserer Analyse von der neueren soziologischen Systemtheorie leiten lassen. Sie bietet einen Rahmen, der die ansonsten von unterschiedlichen Wissenschaftsdisziplinen behandelten »Gegenstandsbereiche« Familie und Unternehmen integrieren kann. Trotz dieser klaren theoretischen Positionierung haben wir uns bemüht, unsere Darstellung in diesem Buch möglichst frei von nur für den Wissenschaftler interessanten Erwägungen zu halten und es vor allem für all diejenigen lesenswert zu machen, die sich in der Verantwortung für ein Familienunternehmen sehen.

1.2 Danksagung

Zu danken haben wir der Equa-Stiftung, die das Projekt in der Endphase finanziell unterstützt hat, sowie Laura Slevogt, Rob Wiechern, David Kurz und Tanja Elbe, die uns als studentische Mitarbeiter bei der Auswertung der Materialien und der Erstellung des Manuskripts auf vielfältige Art und Weise unterstützt haben. Franz Haniel danken wir dafür, dass er das Manuskript noch einmal aus der Perspektive der Familie Haniel geprüft, kommentiert und teilweise auch korrigiert hat. Unser ganz besonderer Dank gilt natürlich den schon genannten Unternehmern, ohne deren Offenheit, Diskussionsfreude und Ko-Autorschaft das Projekt nicht denkbar gewesen wäre. Dennoch sollte klar sein, dass wir als Autoren die Verantwortung für die getroffenen Aussagen und eventuelle Fehler tragen; dies betrifft vor allem auch die Kommentare, die implizit oder explizit als Bewertungen unterschiedlicher Familienformen und Lösungsmodelle zu verstehen sind. Es sollte weiter klar sein, dass diese Bewertungen sich zu einem guten Teil aus unserer speziellen wissenschaftlichen Perspektive ergeben und dass sie von den anderen am Projekt Beteiligten nicht unbedingt geteilt werden.

Fritz B. Simon, Rudolf Wimmer, Torsten Groth
Witten, im August 2005

1.3 Fragestellung: Was sind die Erfolgsmuster von Mehr-Generationen-Familienunternehmen?

Unter Mehr-Generationen-Familienunternehmen verstehen wir Unternehmen, auf deren Geschäftspolitik eine Eigentümerfamilie einen entscheidenden Einfluss hat und die mindestens drei Generationenfolgen überdauert haben. Die Kontinuität in den Eigentumsverhältnissen und Führungsstrukturen repräsentiert nach wie vor die zentrale Wunschvorstellung der allermeisten Familienunternehmer, d. h., sie haben das Ziel, das Unternehmen an die eigene Folgegeneration zu übergeben. Obwohl die Realität anders aussieht (weniger als die Hälfte aller Familienunternehmen wird noch in der eigenen Familie weitergegeben – mit sinkender Tendenz[3]), wünschen sich gegenwärtig immer noch mehr als 90 % der Unternehmer, dass ihr Unternehmen auch künftig in Familienbesitz erhalten bleiben kann.[4] Dieses emotional tief verankerte Kontinuitätsideal ist verantwortlich dafür, dass unternehmerische Weiterführungsvarianten (wie Verkauf, Management-Buy-out oder -Buy-in, Börsengang etc.), die nicht diesem Ideal entsprechen, nach wie vor als ein persönliches Scheitern erlebt werden.

Diese Bewertung muss mit einer gewissen Skepsis betrachtet werden. Denn das zeitliche Überdauern eines Unternehmens über zig Jahre stellt einen ganz und gar unwahrscheinlichen Fall dar. Das gilt auch für Familienunternehmen bzw. den Erhalt des Eigentums am Unternehmen über mehrere Generationen. Die gesellschaftlichen wie auch die wirtschaftlichen Rahmenbedingungen sprechen eher dafür, dass Familienunternehmen im Zeitverlauf nicht im bestimmenden Einfluss der Gründerfamilie(n) gehalten werden können. Empirische Daten (soweit seriös verfügbar) bestätigen diese Hypothese. In die vierte Generation schafft es nur eine Minderheit (weit weniger als 10 %). Diejenigen aber, die diese Kontinuität verwirklichen, erweisen sich zumeist als ziemlich robust.

Aus unserer Sicht bedarf es einer Erklärung, dass es gerade Familienunternehmen sind, die so eine erstaunlich langfristige Überlebensfähigkeit an den Tag legen und damit der »normalen« Evolution in der Wirtschaft trotzen. Die theoretisch wie praktisch gleicher-

---

3 Vgl. Schröer u. Freund 1999.
4 Vgl. BDI u. Ernst & Young 2003; Manager Magazin u. Watt Deutschland 2003, S. 12.

maßen interessante Frage lautet: Wie wird das Unwahrscheinliche – trotz aller guten Gründe für ein Scheitern – möglich?

Da Familienunternehmen, die dies geschafft haben, in der Regel sehr erfolgreich sind, muss auch die Frage diskutiert werden, ob nicht gerade die Besonderheiten dieses Unternehmenstyps für ihren Erfolg verantwortlich sind. Denn – das steht der Unwahrscheinlichkeit, dass Unternehmen langfristig als Familienunternehmen überleben, entgegen – es ist schon höchst unwahrscheinlich, dass Unternehmen überhaupt so lange überleben.

Über Jahrzehnte oder gar Jahrhunderte erfolgreiche Unternehmen müssen bewusst oder unbewusst – so unsere Grundthese – bestimmte Konstellationen und charakteristische Fähigkeitspotenziale ausgeprägt haben, die ihre Überlebenswahrscheinlichkeit erhöhen. Was machen erfolgreiche Familienunternehmen anders, dass es ihnen trotz eines widrigen Umfeldes gelingt, über mehrere Generationen hinweg nicht nur das Unternehmen am Leben zu erhalten, sondern es auch noch unter dem bestimmenden Einfluss der Familie zu halten?

	gegründet	Generation	Mitarbeiter 2004	Umsatz 2004 (in Mio. €)
Merck KGaA	1668	5.–7.	~ 29.000	~ 5900
Franz Haniel & Cie. GmbH	1756	6.–9.	~ 53.000	~ 24.300
C&A-Unternehmensgruppe	1841	5.	keine Angabe	keine Angabe
Freudenberg & Co. KG	1849	4.–7.	~ 32.000	~ 4400
Schmidt + Clemens GmbH & Co. KG	1879	4. –7.	~ 830	~ 160
Dr. August Oetker KG	1891	4.	~ 21.000	~ 6400
Ernst Klett AG	1897	3.– 4.	~ 2300	~ 330
Verlag Dr. Otto Schmidt KG	1905	3.–4.	~ 310	~ 60
Huf Hülsbeck & Fürst GmbH & Co. KG	1908	3.–4.	~ 5100	~ 720
Leopold Kostal GmbH & Co. KG	1912	3.–4.	~ 10.000	~ 950

Tab. 1

Die Überlebensstrategien dieser Mehr-Generationen-Familienunternehmen liefern nicht nur wertvolle Hinweise für andere Familienunternehmen, aus ihnen können auch Erfolgsfaktoren für alle Unternehmensformen abgeleitet werden.

Dieser Aspekt ist bisher kaum erforscht worden. Mehr-Generationen-Familienunternehmen, genauso wie generell das Thema »Familienunternehmen«, liegen im blinden Fleck der etablierten betriebswirtschaftlichen Forschung in Deutschland[5]. Dies muss verwundern, denn unter ihnen ist eine Vielzahl hocherfolgreicher, weltweit operierender Unternehmen unterschiedlicher Größenordnung zu finden, so auch die teilnehmenden Unternehmen dieser Studie (s. Tab. 1).

---

5 Vgl. May 2004.

2. Die wissenschaftliche Ausgangssituation

2.1 Auf dem Weg zu einer Theorie des Familienunternehmens

Beginnen wir mit einem Blick auf die Besonderheiten von Familien-unternehmen. Wie erwähnt, macht der bestimmende Einfluss einer Familie bzw. eines Familienverbandes auf die Entwicklung des Unternehmens unseres Erachtens das Besondere dieses Unternehmens-typs aus[6]. Der bestimmende Einfluss der Familie schlägt sich, von Unternehmen zu Unternehmen verschieden, in der Qualität der Unternehmenskultur, dem Umgang mit Fragen der Personalpolitik oder auch in der Andersartigkeit von Managemententscheidungen, die durch die Langfristigkeit der Planung möglich werden, nieder.[7] Er kann aus unterschiedlichen Rollen heraus ausgeübt werden (Geschäftsführung, Beirat, Aufsichtsrat, Gesellschafterversammlung etc.) und ist in der Regel (aber nicht zwangsläufig) mit einer Mehrheits-beteiligung an der Firma verbunden.

Wir stellen in unserer Betrachtungsweise auf diesen prägenden Einfluss der Eigentümerfamilie auf die Unternehmensentwicklung ab, weil wir damit unterschiedliche Spielarten dieser Einflussbeziehung erfassen können. Auf diese Weise bekommen wir nicht nur Unternehmen ins Visier, in denen Mitglieder der Familie auch an der Unternehmensspitze anzutreffen sind, wie dies in der Literatur häufig gefordert wird, sondern wir entgehen damit auch der vor allem in Deutschland populären, unseres Erachtens unseligen, Mittelstands-diskussion, die das Familienunternehmen auf bestimmte Größen-ordnungen begrenzen will (bis 250 oder auch bis 500 Mitarbeiter). Ihre spezifische Eigenart als Unternehmenstypus gewinnen Familienunternehmen unseres Erachtens nicht aus der Größe der Mitarbeiterzahl oder der Höhe ihres Umsatzes, sondern aus der engen Kopplung von Familie und Unternehmen. Obwohl in der alltäglichen Praxis auf vielfältigste Weise miteinander verbunden, stellen Familien und Unternehmen unterschiedliche Typen sozialer Systeme dar, deren jeweilige Reproduktionslogik gegensätzlich ist. Die Ko-Evolution

---

6 Vgl. Wimmer, Domayer, Oswald u. Vater 2005, S. 18.
7 Vgl. Simon 2002, S. 8.

dieser unterschiedlichen, getrennten und doch verbundenen Systeme ist zwangsläufig spannungsgeladen. Das hat für die Familie wie auch für das Unternehmen weit reichende Konsequenzen: Ihre Strukturen und ihre Identitäten beeinflussen sich gegenseitig – und dadurch gewinnen Familienunternehmen ihre charakteristischen Eigenarten.

Erste Überlegungen dieser Art, die in so genannte »Zwei-System-Modelle« münden, finden sich bereits in US-amerikanischen Publikationen der 60er und 70er Jahre.[8] Später wurde erkannt, dass die Zweiteilung in Unternehmen und Familie allein nicht ausreicht, denn »viele der wichtigsten Dilemmata, mit denen Familienunternehmen konfrontiert sind (...) haben mehr mit der Unterscheidung zwischen Eigentümern und Managern als mit der Familie und dem Unternehmen als Ganzem zu tun«.[9]

Auch wenn diese Formulierung die Aufmerksamkeit auf Personen (Manager und Eigentümer) statt auf die sozialen Systeme Familie und Unternehmen fokussiert, so rückt sie doch den Unterschied zwischen der Familie und den Eigentümern ins Blickfeld. Aus einer systemtheoretischen Perspektive, die ihr Augenmerk nicht primär auf Personen richtet, sondern sich an den Regeln der Interaktion und Kommunikation in sozialen Systemen orientiert, haben wir es mit drei Typen von sozialen Systemen oder »Spielfeldern« zu tun, in denen jeweils unterschiedliche »Spielregeln« gelten. Es sind die Familie, das Unternehmen und die Gruppe der Gesellschafter. Die einzelnen Personen, die Familienmitglieder, Manager im Unternehmen und Gesellschafter sein können, haben – je nachdem, in welchem dieser drei Felder sie gerade agieren – unterschiedliche Rollen inne und sehen sich unterschiedlichen Erwartungen ausgesetzt.

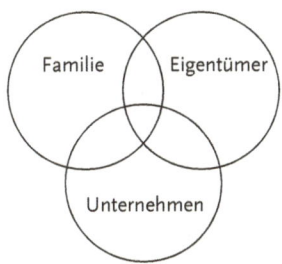

Abb. 1: *3-Kreise-Modell des Familienunternehmens*

---

8 Vgl. Calder 1961; Donnelley 1964.
9 Vgl. Gersick, Davis, Hampton a. Lansberg 1997, S. 5.

Wenn wir die drei Dimensionen »Eigentümer«, »Familie« und »Unternehmen« unterscheiden, so tun wir das, um die unterschiedlichen Logiken dieser Systeme klarer gegeneinander abgrenzen und ihre Wechselbeziehungen besser erfassen zu können. Wie beeinflusst die Logik familiärer Spielregeln das Unternehmen? Wie wirken sich juristische, die Beziehung zwischen Gesellschaftern bestimmende Regelungen auf die familiären Beziehungen aus? Wie organisieren sich Gesellschafter, um auf die Unternehmenspolitik Einfluss zu nehmen, und welche Auswirkungen hat welche Gesellschaftsform auf die Familie und/oder die Unternehmenskultur usw.?

Bislang werden Familien und Unternehmen meist von unterschiedlichen wissenschaftlichen Disziplinen mit ihren jeweils eigenen, in sich geschlossenen theoretischen Modellen untersucht. Die Familie findet keine oder nur wenig Aufmerksamkeit in der Betriebswirtschaft, und Unternehmen sind für die Familienforschung nicht von Interesse. Juristen kennen Familienunternehmen nur als praktisches Problem (Gerichte und Rechtsanwälte haben ja viel mit ihnen zu tun), aber sie verbinden keine gesonderten theoretischen Fragestellungen mit ihnen. Denn das »Familienunternehmen« ist keine Rechtsform, und daher bezeichnet der Begriff aus juristischer Sicht keine bedeutsame Unterscheidung.

Der Ansatz, der dieser Studie zugrunde liegt, macht darauf aufmerksam, dass das Zusammenwirken mehrerer Systeme nur zu verstehen ist, wenn sie zunächst in ihrer Unterschiedlichkeit betrachtet werden.[10] Jedes dieser sozialen Gebilde (die Familie, die Gruppe der Eigentümer und das Unternehmen als Organisation) besitzt eine charakteristische Eigendynamik, die einer eigenen Sachlogik folgt. Sie wird jedoch von den anderen Systemen stark beeinflusst und mitgeprägt, ohne dass dadurch die autonome Innensteuerung des jeweiligen Systems außer Kraft gesetzt würde. In der Familie dreht sich immer noch alles um Familie, dies aber unter der besonderen Kontextbedingung, dass auch ein Unternehmen geführt werden muss und dass einige Familienmitglieder auch Gesellschafter sind. Ein Familienunternehmen agiert wie jedes andere Unternehmen am Markt, dies aber vor dem Hintergrund, dass es sich im mehrheitlichen Besitz einer Gesellschafterfamilie befindet. Und ein Gesellschafterkreis kümmert sich um die Sicherung seines Investments – unter der

---

10 Vgl. Luhmann 1984, 1997.

besonderen Bedingung, dass das gesamte Kapital in der Regel in ein Unternehmen oder eine Unternehmensgruppe investiert ist. Jedes der drei sozialen Gebilde beobachtet die beiden anderen, weist den Geschehnissen dort Bedeutung zu und reagiert – seiner eigenen Logik entsprechend – darauf (oder eben auch nicht).

An dieser Stelle kommt der Faktor Zeit ins Spiel. Im Laufe ihrer Geschichte ändern die drei Systemtypen ihre jeweilige Konfiguration auf ganz unterschiedliche Weise. Die Familie zeigt einen ganz anderen Entwicklungsrhythmus als etwa ein schnell wachsendes Unternehmen, und beide zeigen wiederum einen anderen als der Gesellschafterkreis und die ihn konstituierenden Verträge. Aufschlussreich für die Zeitlogik der drei Systeme ist die Frage, was passiert, wenn nicht bewusst gesteuert wird. Ein Familienoberhaupt wechselt in der Regel nur alle 25 bis 30 Jahre, manchmal zögert sich der Wechsel auch 40 und mehr Jahre hinaus, bis der Unternehmer ein Alter erreicht hat, das ein Weitermachen unmöglich macht. Unternehmen unterliegen einem permanenten Veränderungsdruck, weshalb bei ihnen der Wandel laufend zu managen ist. Und Verträge zwischen Gesellschaftern bleiben so, wie sie sind, es sei denn, sie werden bewusst geändert. Der fortwährende Managementbedarf des Unternehmens und die trügerische Beständigkeit auf Seiten der Familie und des Gesellschafterkreises nähren die Illusion, ein Management des Unternehmens allein würde genügen, um das Überleben des Familienunternehmens zu sichern. Übersehen wird hierbei, dass sowohl die Familien- als auch die Gesellschafterseite im gleichen Maße wie das Unternehmen zu managen sind. In der schwierigen Synchronisation dieser drei so verschiedenen, strukturell aber eng gekoppelten Entwicklungslogiken liegt die eigentliche Sprengkraft eines Mehr-Generationen-Familienunternehmens. Organisationale, familiale und juristische Eigendynamiken müssen sachlich und zeitlich so gesteuert und aufeinander abgestimmt werden, dass sie dauerhaft die Überlebensfähigkeit des Unternehmens sichern.

Wie Abbildung 2 illustriert, ergibt sich das Charakteristische eines jeden Familienunternehmens aus der strukturellen Kopplung der drei getrennt voneinander operierenden sozialen Systeme, die jeweils ihrer Eigenlogik folgen, sich gegenseitig beeinflussen und sich im Laufe der Zeit so verändern, dass Konflikte innerhalb und zwischen den drei Systemen zu erwarten sind.

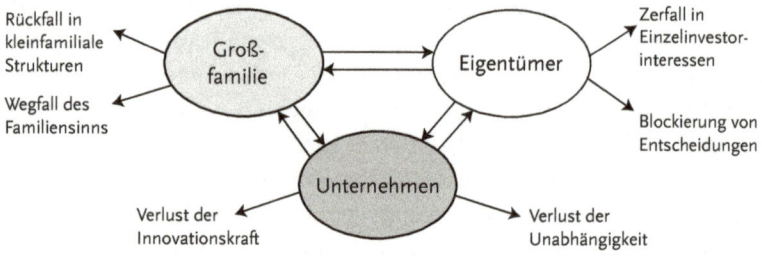

Abb. 2

Folgende Entwicklungskrisen sind in der Betrachtung mehrerer Generationen auf Familien-, Eigentümer- und Unternehmensseite zu beobachten:

- Rückfall in kleinfamiliale Strukturen
- Wegfall des Familiensinns
- Zerfall in Einzelinvestorinteressen
- Blockierung von Gesellschafterentscheidungen
- Verlust der Innovationskraft
- Verlust der Unabhängigkeit

Ohne ein aktives Management dieser zu erwartenden Entwicklungskrisen in der Familie, unter den Eigentümern oder im Unternehmen, die immer einen erheblichen Strukturwandel in den jeweils anderen beiden Systemen nach sich ziehen, ist das Ende des Unternehmens als Familienunternehmen wahrscheinlich.

Dass hier zwischen dem System der Gesellschafter und der Familie unterschieden wird, bedarf wahrscheinlich der Erläuterung, denn meist kann man ja davon ausgehen, dass die Eigentümer eine Subgruppe des Familiensystems darstellen. Es gibt aber auch Beispiele, in denen dies nicht der Fall ist, d. h., Anteile des Unternehmens werden dann beispielsweise von familienfremden Gesellschaftern gehalten oder das Unternehmen ist an der Börse notiert. Doch selbst wenn die Gesellschafter eine Untergruppe der Familie bilden, erscheint es nützlich, sie als getrenntes System zu betrachten. Ihre Kommunikation und Interaktion sowie ihre Entscheidungsfindung als Gesellschafter sind von anderen Spielregeln bestimmt (z. B. von Vertragstexten, die Rechte und Pflichten festlegen, der Rechtsprechung, Mehrheiten usw.) als die Regeln, die ihren Umgang im Alltag familiären

Zusammenlebens bestimmen. Was die Gesellschafterversammlung von der Familie als System unterscheidet, sind also nicht zuvorderst die eventuell unterschiedlichen Mitglieder, sondern die unterschiedlichen Spielregeln der Kommunikation, denen jeweils eine andere Rationalität zugrunde liegt. Am Rande von Gesellschaftertreffen besteht deshalb unter Familienmitgliedern Unsicherheit darüber, ob sie als nahe Verwandte oder Gesellschafter kommunizieren. Viele Familienunternehmen trennen deshalb ganz bewusst den formellen vom informellen Teil der Treffen, damit für alle deutlich wird, »welches Spiel gespielt wird«.

Es mag für den unvorbelasteten Beobachter zunächst ein wenig befremdlich erscheinen, dieselben Personen bzw. ihre Verhaltensweisen unterschiedlichen Systemen zuzuweisen, aber um Familienunternehmen zu verstehen und zu erklären, scheint dies der günstigste Weg zu sein. Wenn man sich klar macht, dass Familienmitglieder in unterschiedlichen Systemen unterschiedliche Rollen übernehmen und damit unterschiedliche Erwartungen erfüllen müssen, wird verständlich, welche ungeheure Komplexität sie zu bewältigen haben und in welchen Konflikten zwischen den Anforderungen dieser Rollen sie sich verstricken können.

Aus dieser Komplexität resultieren zum einen die intrapsychischen Risiken eines Familienunternehmers und zum anderen die Risiken, die mit dem Unternehmenstyp »Familienunternehmen« generell verbunden sind.[11] Als problemerzeugend erweist sich die enge *strukturelle Kopplung* der beteiligten Systeme. Familie, Gesellschafter und Unternehmen sind zugleich autonom (in ihrer Eigenlogik) wie auch im hohen Maße voneinander abhängig. So hat ein massiver Konflikt in der Familie in der Regel Auswirkungen im Unternehmen, Gleiches kann von der Veränderung der Besitzverhältnisse gesagt werden, und wenn das Unternehmen in ökonomische Schwierigkeiten gerät, so lässt dies in der Regel die Familie nicht unberührt, zumindest wird sie die Folgen zur Kenntnis nehmen und damit fertig werden müssen. Mit dem Begriff der strukturellen Kopplung wird hier die Tatsache bezeichnet, dass die beteiligten Systeme sich wechselseitig nutzen und beeinflussen, ohne dabei in ihren Eigenentwicklungen durch die jeweils anderen eindeutig festgelegt zu sein.

---

11 Vgl. z. B. Wiechers 2004.

Betrachtet man Familienunternehmen in diesem Sinne als das Ergebnis einer zeitabhängigen, gemeinsamen Entwicklung verschiedener sozialer Systeme, die jeweils einer spezifischen Eigenlogik verpflichtet sind, sieht man, wie komplex die sozialen Biotope sind, die für eine gedeihliche Entwicklung nötig sind. Daher können Familienunternehmen in ihrem Wesen allein unter betriebswirtschaftlichen Optimierungsgesichtspunkten nicht erfasst werden. In der Ko-Evolution der drei genannten Systeme liegt das außergewöhnliche Chancenpotenzial dieses Unternehmenstyps, das ihn grundsätzlich von börsennotierten Publikumsgesellschaften unterscheidet. Gelingt es, die gemeinsame Entwicklung über den Zeitverlauf hinweg so zu gestalten, dass die eingebauten Veränderungsnotwendigkeiten und Konfliktpotenziale zum wechselseitigen Nutzen als Entwicklungsimpulse aufgegriffen werden können, verfügt das Familienunternehmen über (zumeist immaterielle) Ressourcen, die keine andere Unternehmensform aufweisen kann.

Misslingt die aufeinander abgestimmte Strukturentwicklung, weil etwa der Familienzusammenhalt zerbricht oder Gesellschafterstreitigkeiten Überhand nehmen, dann verfügt das Unternehmen über ein ebenso einzigartiges Risikopotenzial. Denn kein Unternehmen überlebt auf lange Sicht, wenn es – was oft zu beobachten ist – wie eine Familie behandelt wird, wenn es allein als Geldquelle für die Eigentümer dient oder wenn es ungeschützt zum Austragungsort ungelöster Familienkonflikte wird. In der Eigendynamik der Familie bzw. im Miteinander der Eigentümer liegen unersetzbare Ressourcen, aber auch schwer beherrschbare Risiken. Sie machen in der Art und Weise, wie sie auf das Unternehmen einwirken, den kritischen Erfolgsfaktor dieses Unternehmens aus. Deshalb sind Familienunternehmen nur selten durchschnittlich, vielmehr kann man davon sprechen, dass sie janusköpfig sind: Ihre Entwicklung verläuft oft entweder überaus positiv oder aber unterdurchschnittlich bzw. sehr krisenreich.[12]

Was Familienunternehmen in der Praxis so spannend und theoretisch so schwer erfassbar macht, ist die Tatsache, dass die Eigen-

---

12 Vgl. zu diesem Phänomen auch Wimmer, Domayer, Oswald u. Vater 2005 bzw. die neueste Studie zur wirtschaftlichen Situation des deutschen Mittelstandes, die klar zeigt, wie die gesamtwirtschaftlichen Schwierigkeiten der letzten Jahre dazu beigetragen haben, dass sich die Schere zwischen diesen beiden Entwicklungsrichtungen noch deutlicher aufgetan hat; BDI u. Ernst & Young 2003.

logiken speziell von Familie und Unternehmen sich in vielerlei Hinsicht widersprechen. Wer beiden gerecht werden will, sieht sich mit einer Vielzahl von Konflikten und Dilemmata konfrontiert, aus denen es keinen »richtigen« und einzigartigen Ausweg gibt: Er verwickelt sich in Paradoxien. Der Blick auf Paradoxien ist es, der unseres Erachtens am ehesten ermöglicht, die Besonderheiten von Familienunternehmen im Allgemeinen, von Mehr-Generationen-Familienunternehmen im Speziellen zu erfassen und ihre Risiken und Chancen zu analysieren. Es geht stets um die Bewältigung paradoxer Handlungsaufforderungen, um die Erledigung von Aufgaben, die nicht gleichzeitig dem Unternehmen und der Familie gerecht werden können, und um den Umgang mit Werten, die sich gegenseitig ausschließen und trotzdem realisiert werden müssen usw.

Um es vorwegzunehmen und auf eine Formel zu bringen: Die Erfolgsgeheimnisse von Mehr-Generationen-Familienunternehmen liegen unseres Erachtens in ihrer Fähigkeit, Paradoxien zu managen.

2.2 Fallstudien –
Zur verwendeten Methode qualitativer Sozialforschung

Wer Familienunternehmen erforschen will, bekommt es mit einer Problematik zu tun, die gut durch die folgende Geschichte aus einem bekannten organisationstheoretischen Lehrbuch illustriert wird:

>*Sechs blinde Männer stoßen auf einen Elefanten. Der eine fasst den Stoßzahn und meint, die Form des Elefanten müsse die eines Speeres sein. Ein anderer ertastet den Elefanten von der Seite und behauptet, er gleiche eher einer Mauer. Der dritte fühlt ein Bein und verkündet, der Elefant habe große Ähnlichkeit mit einem Baum. Der vierte ergreift den Rüssel und ist der Ansicht, der Elefant gleiche einer Schlange. Der fünfte fasst an ein Ohr und vergleicht den Elefanten mit einem Fächer; und der sechste, welcher den Schwanz erwischte, widerspricht und meint, der Elefant sei eher so etwas wie ein dickes Seil.«*[13]

Jedes Unternehmen ist wie der Elefant in der kurzen Geschichte: in seiner Ganzheit unbegreiflich. Es existiert schon seit vielen Jahrzehnten, ist also historisch gewachsen und das Ergebnis eines teils geplanten, oftmals ungeplanten Zusammenwirkens familiärer Traditionen, unternehmerischer Leitlinien und permanent wechselnder

---

13 Vgl. Kieser 1995, S. 1, unter Rückgriff auf das buddhistische Elefantengleichnis.

Marktbedingungen. Nicht zufällig beschreibt sich jedes Familienunternehmen als einzigartig. Und jeder, der diese Unternehmen erforschen will, ist immer auch blind: Er kann sich nur einen Eindruck verschaffen, indem er auf ausgewählte Aspekte schaut und zugleich vieles andere ignoriert. – Blindheit und Sicht gehören unvermeidbar zusammen und sind als zwei Seiten derselben Medaille zu betrachten.

Bewusst wollten wir unsere Blicke auf das langjährige Zusammenwirken von Familie und Unternehmen und damit auf die Ko-Evolution dieser Systeme richten. Deshalb haben wir uns auch nicht in erster Linie die Unternehmen angeschaut. Ihre augenscheinlich erfolgreiche Entwicklung diente als Hintergrundfolie, vor der Überlegungen angestellt wurden, inwieweit die Familie und die Gesellschafter eine manchmal vitalisierende, manchmal lähmende, offensichtlich aber niemals zerstörerische Wirkung auf das Unternehmen ausüben konnten.

Seit mehr als 100 Jahren versucht sich die Wissenschaft an dem Vorhaben, Unternehmen zu begreifen. Als Ergebnis dieser Bemühungen können heutige Forscher auf ein umfangreiches Repertoire an empirischen Methoden zurückgreifen. Sie sind generell zu unterscheiden in quantitative und qualitative Vorgehensweisen. Die quantitative Forschung, die sich der erkenntnistheoretischen Tradition des logischen Positivismus verpflichtet sieht, hat hierbei den Vorteil der Genauigkeit auf ihrer Seite. Wer standardisierte Fragebögen verschickt und Kategorien bildet, kann zählen, Korrelationen herstellen und anschließend bis auf die zweite Nachkommastelle genau angeben, wie Faktor x mit Faktor y zusammenhängt. Doch eines ist auch klar: Eine nur diese messbaren Ergebnisse als »objektiv richtig« anerkennende quantitative Sozialforschung kann die Komplexität von Familienunternehmen nicht erfassen. Sie kann zwar Erkenntnisse über isolierbare Variablen und Determinanten gewinnen, doch die Ko-Evolution von Familie und Unternehmen entzieht sich dieser Forschungsmethode. Wie und was sollte sie messen und bewerten, wenn sie höchstens ahnt, dass die Familie einen entscheidenden Einfluss auf das Unternehmen hat?

Darum war von vornherein klar, dass nur eine qualitative Forschungsmethode in der Lage ist, sich unserer Fragestellung angemessen anzunähern. Dies auch vor dem Hintergrund, dass die Erforschung von Mehr-Generationen-Familienunternehmen wissenschaftliches Neuland darstellt. Was es gibt, sind Forschungen zu kleineren und mittleren Unternehmen (so genannten KMUs), doch diese bieten im Blick auf unsere Fragestellung und den uns interessierenden Unternehmenstyp keinen Erkenntnisgewinn. Allein der Umstand, dass eine Klassifizierung der Unternehmen anhand der Größe vorgenommen wird, zeigt die Blindheit dieser Forschungsrichtung gegenüber jenen koevolutionären Prozessen zwischen Familie und Unternehmen, die wir für entscheidend halten.

Gerade, wenn wissenschaftliches Neuland betreten wird, wenn man verstehen will, wie es Unternehmen geschafft haben, über mehrere Generationen zu überleben, muss man sich kreativer, offener Methoden bedienen. Offenheit, verbunden mit Gegenstandsangemessenheit und Nachvollziehbarkeit – dies sind die drei anerkannten Prinzipien qualitativer Sozialforschung[14], und sie entsprechen auch unserem Anliegen. Bei der Erforschung von Familienunternehmen geht es erstens darum, eine Sensibilität für all das, was die Unternehmen erfolgreich gemacht hat, zu entwickeln – auch und gerade, wenn es sich dabei erst einmal nur um vage und schwer zu fassende »weiche« Faktoren handeln mag. Diese Erkenntnisse sind zunächst zu sammeln, dann zu verdichten und schließlich aufgrund theoretischer Überlegungen zu typisieren. Zum Zweiten geht es darum, ein dem Gegenstand angemessenes Vorgehen der konkreten Datensammlung zu finden. Als Forscher sollte man sich und sein Vorwissen respektvoll zurückhalten, die Leistungen der Unternehmen zunächst für sich sprechen lassen und erst später theoriegestützte Zuspitzungen und eine Verallgemeinerung vornehmen. Was in unserem Fall als dritter, methodisch zu bedenkender Faktor hinzukam, war unser Anliegen, Ergebnisse vorzulegen, die für Familienunternehmer praktisch umsetzbar und nützlich sind. Daher haben wir uns entschlossen, an die Stelle quantitativer, scheinbar präziser statistischer Daten Fallstudien zu setzen, in denen in jedem Einzelfall die Kreativität der gefundenen Lösungen sichtbar bleibt.

Was haben wir also konkret gemacht? Wie schon eingangs erwähnt, haben wir die an der Studie beteiligten Unternehmer nach Witten eingeladen. Als Experten in eigener Sache sollten sie vor allem das eigene Unternehmen vorstellen. Um die Präsentationen und Diskussionen auf die Fragestellung zu fokussieren, wurde ein (von unserer systemtheoretischen Perspektive bestimmter) Leitfaden erarbei-

---

14 Vgl. Strodtholz u. Kühl 2002, S. 17 f.

tet, der dazu anregte, die historische Entwicklung aus der Perspektive der Familien, der Eigentümer und der Unternehmen zu beleuchten. Unterstützt durch diesen Leitfaden präsentierten die beteiligten Personen ihr Familienunternehmen von der Gründung bis zur Gegenwart.

Der Forschungsprozess war als permanenter Lernprozess beider Seiten, der Forscher wie der Unternehmer, angelegt. Da stets (fast) alle an den Treffen teilnahmen, steigerte sich von Mal zu Mal das gemeinsam geteilte Wissen. So konnten Zwischenergebnisse und erste Thesen gemeinsam reflektiert werden. Auch war festzustellen, dass aus den Unternehmern, also den Experten in eigener Sache, immer mehr auch Forscher in Sachen »Langlebigkeit« wurden. Vor allem aber bildete sich im Laufe dieser gemeinsamen Arbeit das Vertrauen heraus, das notwendig ist, damit Familienunternehmer Einblicke in ihre familiären Verhältnisse gewähren.

Die Andersartigkeit und der Gewinn dieser Vorgehensweise werden deutlich, wenn man sich den Ablauf eines gewöhnlichen Forschungsprojektes vergegenwärtigt: Ein kleines Forscherteam stößt auf eine sie (und manchmal nur sie) interessierende Fragestellung, sichtet die Literatur, fertigt einen Fragebogen an, bemüht sich um Interviewtermine mit Unternehmern, besucht diese für zwei Stunden, erfährt einiges, aber längst nicht alles (weil der Unternehmer die Forscher nicht kennt), fährt wieder weg, zieht sich in den »Elfenbeinturm« zurück und fertigt Manuskripte an. Jahre später, wenn er sich nicht mehr an das Gespräch erinnern kann, bekommt der Unternehmer dann ein Buch zugeschickt ...

Mit unserem Setting konnte die gerne in Aussicht gestellte, aber meist nicht oder nur selten erreichte Win-Win-Situation zwischen Forschern und »Beforschten« offenbar tatsächlich hergestellt werden. Die viel – und wahrscheinlich ja zu recht – zitierte Weisheit, dass Unternehmer nur von Unternehmern lernen können, konnte so auf eine Art und Weise nutzbar gemacht werden, die (a) für alle Beteiligten Gewinn bringend war und (b) das Vorurteil zum Teil widerlegte.

Der Lauterkeit halber muss zu unserer Methode noch angemerkt werden, dass im Rückblick nicht mehr feststellbar ist, wer wie viel zu den gewonnenen Erkenntnissen beigetragen hat. Daher haben wir alle an der Studie beteiligten Personen als Ko-Autoren benannt.

3. Paradoxie-Management in Familienunternehmen

3.1 Zum Begriff der Paradoxie

Die ungewöhnliche Langlebigkeit und der Erfolg von Familienunternehmen widersprechen den Erwartungen der traditionellen Betriebswirtschaft. Es scheint unprofessionell zu sein, geschäftliche Entscheidungen nach familiären Prinzipien zu treffen, so wie es auch den heute üblichen emotionalen Erwartungen widerspricht, sich bei familiären Entscheidungen von unternehmerischen Gesichtspunkten leiten zu lassen. Doch beides geschieht immer wieder in Familienunternehmen und in den Familien von Familienunternehmen. Ihre Praxis widerspricht in beiden Bereichen den Lehren der Orthodoxie. Die These, die sich aus unseren Untersuchungen ableiten lässt, lautet: Der Erfolg wie auch das Scheitern von Familienunternehmen resultieren aus dieser Unorthodoxie oder, um es auf eine Formel zu bringen, aus den Paradoxien von Familienunternehmen und ihrer entweder gelungenen oder misslungenen – zeitweiligen, punktuellen oder dauerhaften – Auflösung.

Da das Konzept der Paradoxie für die Analyse der Dynamik von Familienunternehmen im Guten wie im Schlechten einen hohen Erklärungswert hat, folgen zunächst ein paar allgemeine Erläuterungen: Der Begriff der Paradoxie leitet sich aus dem Griechischen ab und setzt sich zusammen aus *pará* (»an ... vorbei«, »entgegen«) und *dóxa* (»Meinung«, »Glaube«, »Erwartung«). Der Sprachgebrauch ist nicht ganz einheitlich, aber im mildesten Fall werden damit Sachverhalte oder Aussagen bezeichnet, die den Erwartungen widersprechen und überraschend sind. Im extremen Fall wird damit ein logischer Widerspruch, eine Antinomie, benannt, z. B. eine Aussage, die sich selbst widerspricht. Paradoxien führen an die Grenzen und in die Sackgassen unseres (zweiwertigen) logischen Denkens und Schließens, nach dem Aussagen entweder wahr oder falsch sind und eine dritte Möglichkeit nicht gegeben ist. Wenn nun ein Satz gerade dann wahr ist, wenn er falsch ist, und gerade dann falsch ist, wenn er wahr ist, gilt er als paradox im logischen Sinne. Die Folge solcher Paradoxa ist, dass rationale Entscheidungen entsprechend dem Schema richtig/falsch unmöglich werden. Wenn es dabei um Handlungsanweisungen geht, die sich gegenseitig ausschließen (»Tue etwas und tue es gleichzeitig nicht!«), so lässt sich von »pragmatischen Paradoxien«[15] sprechen.

Als einfaches Beispiel sei hier das in der Fachliteratur gern zitierte Beispiel des Dorfbarbiers erwähnt, der ausschließlich und ohne Ausnahme *alle* männlichen Dorfbewohner rasiert, die sich *nicht selbst* rasieren. Da auch er selbst ein männlicher Dorfbewohner ist, entsteht durch die *Selbstbezüglichkeit* dieser Definition eine pragmatische Paradoxie, d. h., der Barbier ist mit zwei Handlungsaufforderungen konfrontiert, die sich gegenseitig ausschließen. Wenn er sich selbst rasiert, dann hat er einen Dorfbewohner rasiert, der sich selbst rasiert, obwohl er doch nur die rasiert, die sich nicht selbst rasieren. Wenn er sich nicht selbst rasiert, dann muss er sich selbst rasieren, weil er ja alle rasiert, die sich nicht selbst rasieren usw.

Im Allgemeinen beschäftigen sich mit solchen Paradoxien eher akademische Logiker oder auch die Produzenten von Denksportaufgaben. Für den Alltag scheinen sie nicht so wichtig zu sein. Wen kümmert es wirklich, wenn dieser Barbier sich selbst rasiert, obwohl er das der ursprünglichen Definition und der zweiwertigen Logik folgend eigentlich nicht tun darf und kann?

Doch es gibt weniger harmlose Problemlagen, in denen Entscheider, seien es nun Individuen oder Organisationen, mit paradoxen Handlungsaufforderungen konfrontiert sind, über die sie sich nicht einfach mit einem Schulterzucken hinwegsetzen können. Das ist etwa dann der Fall, wenn sie in ihren Entscheidungen Werten oder Zielen gerecht werden müssen, die sich gegenseitig ausschließen. Wenn sie diesem Konflikt nicht ausweichen können, sehen sie sich in einer Zwickmühle, die nach dem Muster strukturiert ist: »Tust du es, dann ist es falsch, tust du es nicht, dann ist es auch falsch!« Wer beiden Handlungsaufforderungen gerecht werden will, wird in einen *logisch* nicht auflösbaren Konflikt gestürzt, und Lähmung ist mit einer gewissen Wahrscheinlichkeit die Folge.

Wo immer Menschen Entscheidungen treffen müssen – und das ist tausendfach alltäglich im Unternehmen wie in der Familie der Fall –, stehen sie vor der Wahl zwischen mindestens zwei Möglichkeiten: Im ersten Fall entscheiden sie sich *entweder für* die *eine* Option (A) *oder* sie entscheiden sich *gegen* diese Option (nicht-A). Im

---

15 Watzlawick, Beavin u. Jackson 1969, S. 171 ff.; siehe auch Simon, Albert u. Klein 1977; Simon 1992.

zweiten Fall entscheiden sie sich *entweder für* die *eine* Option (A) *oder für* eine alternative, *andere* Option (B). Es mag gute Gründe geben, die eine oder andere Seite der Unterscheidung zu bevorzugen, und die Wahl mag zur Qual werden; ja, die Notwendigkeit der Entscheidung mag Konflikte auslösen, seien sie nun intrapersoneller, psychischer oder interpersoneller, sozialer Natur. Der Konflikt lässt sich aber letzten Endes durch Abwägung und Prioritätensetzung der zur Wahl stehenden Optionen entscheiden. Es gibt Kriterien, nach denen das Für und Wider der Alternativen (A oder B) bewertet werden kann. Die Entscheidung wird möglich.

Ganz anders ist die Sachlage, wenn Entscheider mit pragmatischen Paradoxien konfrontiert sind und sich in ihnen verstricken. Ihr charakteristisches Merkmal ist, dass dabei die Entscheider in einer logisch ausweglosen Situation gefangen sind, weil für sie die »richtige« Wahl die »falsche« ist und die »falsche« die »richtige«. Dies ist in Familienunternehmen häufig der Fall: Was nach familiären Kriterien als »richtig« (z. B. A) erscheint, wird unter unternehmerischen Maßstäben als »falsch« (B) beurteilt, und umgekehrt.

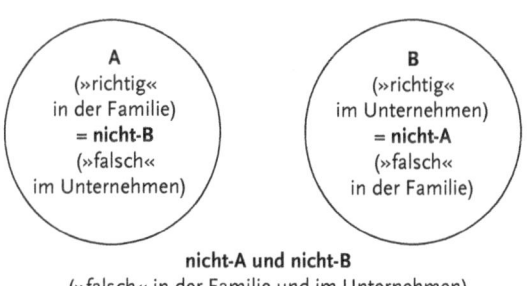

A
(»richtig«
in der Familie)
= nicht-B
(»falsch«
im Unternehmen)

B
(»richtig«
im Unternehmen)
= nicht-A
(»falsch«
in der Familie)

nicht-A und nicht-B
(»falsch« in der Familie und im Unternehmen)

Abb. 3: Entscheidungsoptionen

Durch diese Art des Konfliktes entsteht im Prinzip eine Situation objektiver Unentscheidbarkeit. Es gibt keine logisch konsistenten Gründe, die eine oder die andere Option vorzuziehen, denn »richtig« ist »falsch« und »falsch« ist »richtig«. Oft genug ist ein Nicht-Entscheiden die Folge. Dies ist einer der Gründe, warum die Entscheidung der Nachfolgefrage in kleineren Familienunternehmen so gern vermieden wird. Nicht in Betracht gezogen wird hierbei, dass die »Lösung« durch die Nicht-Entscheidung langfristig weitaus negativere Folgen für das Unternehmen und die Familie haben kann als eine Entscheidung, die einem der beiden Wertsysteme kurzfristig nicht gerecht wird.

Eine nicht weniger häufig anzutreffende Reaktion auf logische Unentscheidbarkeit ist das Entstehen von Beliebigkeit, d. h., es wird weder konsistent nach dem einen noch nach dem anderen Wertsystem gehandelt, und es ist auch nicht durchsichtig, wann nach welchem der beiden widersprüchlichen Wertsysteme entschieden wird. Scheinbar willkürlich wird mal der familiäre und mal der unternehmerische Maßstab angewandt. Nicht-Entscheidung und Beliebigkeit sind (unreflektierte) Formen der Bewältigung von Paradoxien, die langfristig oft destruktive Wirkungen haben – schon deshalb, weil niemand mehr weiß, wann er die Anwendung welcher Spielregeln zu erwarten hat.

3.2 Paradoxien in Familienunternehmen

Im Familienunternehmen droht die Gefahr, sich in Paradoxien zu verstricken, immer dann, wenn sachorientierte zu personenorientierten Entscheidungskriterien in Widerspruch geraten und es nicht klar ist, wie im Zweifel die Prioritätensetzung erfolgt. Wenn es »um die Sache« geht, dann sollte es keinen Unterschied machen, wer die beteiligten oder betroffenen Personen sind, weil sachliche Aspekte »... ohne Ansehen der Person« den Wertmaßstab für die Richtigkeit der Entscheidungen liefern. Geht es hingegen um Personen, so sind die Kriterien viel »weicher« (was die Entscheidungen und ihre Konsequenzen oft viel »härter« macht). Da spielen Emotionen und Beziehungen, Nähe oder Distanz, Hierarchie, Abhängigkeiten und Verpflichtung, Sympathie und Antipathie, ja, sogar Liebe und Hass eine zentrale Rolle. Hier haben persönliche und emotionale Werte die höchste Priorität. Wenn beide Bereiche willkürlich vermischt sind, ist Verwirrung die zwangsläufige Folge: Familienfremde Führungskräfte wissen nicht, ob sie reelle Aufstiegsoptionen haben, Banken können die wechselhaften Strategien nicht nachvollziehen etc.

Solange der eine oder der andere Wertmaßstab an die erste Stelle gesetzt werden kann, ist im Konfliktfall eine Entscheidung möglich. In dieser Möglichkeit, Konflikte entscheidbar zu machen, dürfte auch eine der Triebkräfte der gesellschaftlichen Entwicklung der letzten Jahrhunderte liegen, zumindest in unserem westlichen sozioökonomischen System. Seit Beginn der Industrialisierung ist die Bildung sozialer Subsysteme und Strukturen zu beobachten, durch die solche, zu Paradoxien führende Zielkonflikte unwahrscheinlicher werden. Als Beispiel kann hier, für unser Thema zentral, die Entwicklung von Familien und Unternehmen betrachtet werden. Während in der agrarischen Gesellschaft die Großfamilie, das »ganze Haus«, bestehend aus Verwandten und Gesinde, die ökonomische wie auch die emotionale Überlebenseinheit bildete und nicht zwischen beidem, Betrieb und Familie, getrennt werden konnte, ist es in Folge der Industrialisierung zu einer immer stärkeren Trennung zwischen Privatleben einerseits (Familie) und ökonomischer Öffentlichkeit (Unternehmen, Markt) gekommen. Es gibt ein »Spielfeld« (soziales System), in dem Entscheidungen nach persönlichen Kriterien getroffen werden, das ist die Familie. Und es gibt, klar dagegen abgegrenzt, andere Spielfelder, in denen ökonomische Kalkulationen, Fragen der Rentabilität usw. für die Entscheidungsfindung im Vordergrund stehen. Familie und Unternehmen haben sich auseinander entwickelt, und in beiden gelten unterschiedliche Prinzipien der Entscheidungsfindung. Beide Systeme haben ihre eigene Logik. Dieselben Akteure sind in der Lage, in beiden Kontexten einer jeweils ganz anderen Form der Rationalität zu folgen. In der Familie mag Geld zwar auch ein Thema sein, über das man sich auseinander setzt, aber es ist nicht das zentrale Steuerungsmedium. In der Wirtschaft hingegen lassen sich alle Transaktionen irgendwie in Geldflüsse, in Zahlungen, die man erhält oder die man zu leisten hat, übersetzen und an ihnen messen.

Der Vorteil dieser Entflechtung von Privatleben und Wirtschaft ist, dass Paradoxien in ihrer Wirksamkeit entschärft werden. Paradoxe Handlungsaufforderungen und unentscheidbare Zielkonflikte führen mit einer gewissen Wahrscheinlichkeit zur Lähmung bzw. Handlungsunfähigkeit, weil es – wie bereits erwähnt – keine Möglichkeit gibt, zwischen alternativen Optionen zu unterscheiden, wenn falsch als richtig erscheint und richtig als falsch. Sobald aber unterschiedliche Spielfelder (Familie vs. Unternehmen) gegeneinander abgegrenzt werden, in denen jeweils im Zweifelsfall klar ist, welche Spielregeln gelten, d. h. welche Werte und Ziele Priorität genießen, kann wieder entschieden werden. So weiß jeder, der als Funktionsträger seine Rolle in einem Unternehmen zu spielen hat, dass von ihm erwartet wird, sich bei seinen Entscheidungen von wirtschaftlichen Überlegungen leiten zu lassen; und wenn er dann zu Hause seine Rolle als Familienmitglied zu spielen hat, weiß er, dass er auf die Belange der beteiligten Personen zu schauen hat. Insofern kann die funktionale Differenzierung unseres Gesellschaftssystems auch unter dem Aspekt der zunehmenden Paradoxie-Auflösung durch Ausbildung spezialisierter, widerspruchsfreier Subsysteme verstanden werden. Der Preis dieser Differenzierung liegt in der Unmöglichkeit einer übergreifenden Steuerung. Es gehört nicht mehr zusammen, was über Jahrhunderte zusammengehörte.

Schmiedearbeiten bei Schmidt + Clemens

So sind die beiden Systeme Familie und Unternehmen als getrennte Überlebenseinheiten entstanden, zwischen denen die Individuen sich bewegen können und müssen. Dennoch ist der Einzelne, der in beiden Kontexten agieren muss, nicht automatisch mit paradoxen Handlungsaufforderungen bzw. den daraus resultierenden Konflikten konfrontiert, da an ihn in den unterschiedlichen Spielfeldern entweder die *eine* oder die *andere* Anforderung gestellt wird und er weiß, wie er im Zweifelsfall die Prioritäten zu setzen hat. Er muss allerdings über die Fähigkeit verfügen, zwischen den unterschiedlichen Spielfeldern unterscheiden und sich entsprechend verhalten zu können. Insofern wird von dem Individuum (lat. *Ungeteiltes*) verlangt, als »Dividuum« zu agieren, das in der Lage ist, sich entsprechend den Anforderungen »aufzuspalten«.

Die Trennung von Familie und Unternehmen, wie sie heute in der westlichen Welt die durchschnittlichen Erwartungen bestimmt, schützt den Einzelnen vor paradoxen Handlungsaufforderungen; sie ermöglicht es ihm, den Konflikt zwischen einer sachlich-ökonomischen und einer emotional-persönlichen Handlungsorientierung auf zwei Bereiche aufzuspalten, in denen er jeweils konfliktfrei oder zumindest mit klarer Prioritätensetzung entscheiden und handeln kann: Tagsüber trifft man unternehmerische Entscheidungen, am Abend und am Wochenende wird das Familiäre geklärt. Auf dieses Mittel der Paradoxie-Auflösung oder besser gesagt: der Auflösung des Konfliktes, der aus logisch widersprüchlichen Handlungsaufforderungen resultiert, kann im Familienunternehmen nicht ohne weiteres zurückgegriffen werden, denn die jeweiligen Akteure können nicht nur in beiden Bereichen angetroffen werden, sondern sie können die Bereiche inhaltlich auch nicht gegeneinander abschotten. In der Interaktion und Kommunikation ist deshalb nicht immer klar, welchem der beiden Spielfelder das Geschehen jeweils zuzuordnen ist, wie das Verhalten zu deuten ist und nach welchen Maßstäben entschieden wird.

Diese paradoxieträchtige und zu Verwirrungen, Verwicklungen und Verstrickungen führende Situation kann unterschiedliche Ausgänge nehmen. Nahe liegend ist es, dass Familie und Unternehmen sich den gesellschaftlichen Vorgaben anpassen und ihre Trennung in zwei »geschiedene« soziale Systeme vollziehen. Der Verkauf des Unternehmens versetzt die Familienmitglieder in eine Situation, in der sie, wie es in jeder anderen Familie möglich ist, ihre Entscheidungen nach emotionalen und personenbezogenen Erwägungen treffen können. Und auch das Management des Unternehmens braucht sich dann um die Familie als Ganzes und deren Wertmaßstäbe keine Gedanken zu machen; es reicht, sich mit den Beziehungen zu einzelnen Investoren bzw. dem Kapitalmarkt zu beschäftigen. Alle anderen Ausgänge, bei denen es zu keiner Entkopplung von Familie und Unternehmen kommt, stehen vor der permanenten Herausforderung, die paradoxen Handlungsaufforderungen zu bewältigen, die sich aus den widersprüchlichen Überlebensbedingungen von Familie und Unternehmen ergeben.

Langlebige, über mehr als nur drei Generationen bestehende Familienunternehmen schaffen dies offenbar. Wenn Familie und Unternehmen eine gemeinsame Überlebenseinheit bilden, d. h., wenn das Überleben des Unternehmens an das Überleben der Familie gebunden ist und wenn das Überleben der Familie an das Überleben des Unternehmens gebunden ist, so stellt sich der Konflikt zwischen Unternehmen und Familie als das dar, was man »paradoxen Konflikt«

33

nennen kann. So lässt sich ein Konflikt charakterisieren, bei dem der Gewinn eines Konfliktteilnehmers zugleich seine Niederlage bedeutet. Wenn die Familie nur überlebt, wenn das Unternehmen überlebt, so bedeutet der »Sieg« der familiären Werte über die unternehmerischen Werte das Ende der Familie. Und wenn das Unternehmen überlebt, weil eine Familie es besitzt, so führt die »Niederlage« der Familie bzw. ihrer Werte zur Niederlage des Unternehmens. Das Erfolgsrezept langlebiger Familienunternehmen besteht darin, so lässt sich vorwegnehmen, dass es ihnen gelingt, die Paradoxie *aufrechtzuerhalten* und den Konflikt *nicht* zugunsten der einen oder der anderen Seite zu entscheiden. Sie stellen sich ständig neu der daraus resultierenden Herausforderung und nutzen sie als innovations- und kreativitätsfördernde Triebkraft, indem sie sich von Fall zu Fall immer wieder neu – aber prinzipiengeleitet – für die eine oder andere Seite der Paradoxie, d. h. mal für die familiären, mal die ökonomischen Kriterien, entscheiden. Dies steht im Gegensatz zu den vermeintlich »guten Ratschlägen«, Familie und Unternehmen klar zu trennen, um zu einer »rationalen« Unternehmensführung zu gelangen. Denn offenbar gefährdet die klare Entscheidung für nur eine der beiden Seiten das Überleben beider Systeme, der Familie und des Unternehmens. In der folgenden Tabelle 2 sind einige der widersprüchlichen »Spielregeln« und Werte von Familien und Unternehmen skizziert und einander gegenübergestellt. Es dürfte deutlich werden, dass jeder, der diesen unterschiedlichen, sich in vielerlei Punkten widersprechenden oder sich gar ausschließenden »Spielregeln« gerecht werden will, in Konflikte gestürzt wird, sei er oder sie nun Familienmitglied oder Fremdmanager. Wer das Programm »Familienunternehmen« akzeptiert, sieht sich mit dem paradoxen Konflikt konfrontiert, dass er sich nicht dauerhaft für die eine oder andere Seite des Konfliktes entscheiden kann. Eine der Schlussfolgerungen unserer Untersuchungen ist, dass die Unentscheidbarkeit, um wessen Interessen es jeweils geht, das Interesse der Familie oder das Interesse des Unternehmens, von den Verantwortlichen nicht nur ertragen, sondern bewusst akzeptiert und aufrechterhalten werden muss. Als paradoxes, den Glaubenssätzen mancher wirtschaftswissenschaftlicher Theorien zuwiderlaufendes Ergebnis kann festgestellt werden, dass es langfristig ökonomisch rational ist, sich nicht eindeutig für die vermeintlich ökonomisch rationalen »Spielregeln« des Unternehmens bei der Unternehmensführung zu entscheiden.

Familie	Unternehmen
1. Eine Familie überlebt, solange sie Mitglieder hat, die sich als Familienmitglieder definieren; d. h., sie muss für personellen Nachwuchs durch Geburt, Heirat, Adoption etc. sorgen, wenn sie langfristig überleben will.	1. Ein Unternehmen überlebt, solange es zahlungsfähig bleibt; d. h., es muss Produkte oder Dienstleistungen auf den Markt bringen, die für hinreichende Einnahmen sorgen.
2. Um zu überleben, muss die Familie das physische und, eng damit verbunden, das psychische Überleben und Wohlergehen ihrer Mitglieder sicherstellen; hieraus leiten sich auf die Personen bezogene, familienspezifische Aufgaben und Spielregeln der Kommunikation ab.	2. Um zu überleben, muss das Unternehmen die Entwicklung, Produktion und den Vertrieb von Produkten/Dienstleistungen sicherstellen; hieraus leiten sich produktbezogene, unternehmensspezifische Funktionen und interne Spielregeln der Kommunikation ab.
3. In der Familie findet Kommunikation überwiegend als Interaktion unter Anwesenden statt, d. h., der Umgang miteinander ist wenig formalisiert oder bürokratisiert.	3. Im Unternehmen gibt es neben Bereichen, in denen Kommunikation als Interaktion unter Anwesenden praktiziert wird, fast immer stark formalisierte oder bürokratisierte Kanäle der Fernkommunikation über diverse Hierarchieebenen hinweg.
4. Die Spielregeln der Interaktion entwickeln sich einerseits aufgrund der persönlichen Eigenarten und Bedürfnisse der konkreten Familienmitglieder; andererseits folgen sie ideellen familiären Traditionen; sie entstehen selbstorganisiert und werden nicht entsprechend einer bewussten Zielsetzung geplant.	4. Die Spielregeln der Kommunikation entwickeln sich überwiegend aufgrund sachlicher Notwendigkeiten; sie entstehen zwar häufig selbstorganisiert, können aber bei Bedarf auch bewusst geplant werden. Meist werden sie bewusst oder unbewusst nach der Versuch-Irrtum-Methode den sachlichen (d. h. geschäftlichen) Zielen gemäß erlernt (was nicht heißt, dass sie – gemessen an der Zielerreichung – optimal oder auch nur funktionell sein müssten).
5. Die innerfamiliäre Kommunikation ermöglicht die Identifikation jedes Einzelnen als Familienmitglied, da die Familienmitglieder als Personen im Fokus der Aufmerksamkeit stehen.	5. Die unternehmensinterne und -externe Kommunikation sorgt für die Sicherstellung sachorientierter Funktionen (z. B. die Produktion und den Vertrieb von Waren in zuverlässiger Qualität).
6. Die Mitglieder können sich als Personen als nicht austauschbar und in ihrer Individualität unverwechselbar erleben.	6. Die Mitarbeiter des Unternehmens müssen als Rollenträger prinzipiell austauschbar bleiben, da es um die Sicherstellung der Erledigung von Aufgaben und Funktionen geht.
7. Der Wert eines Mitglieds liegt nicht primär in dem, was es tut (seiner Funktion), sondern in der Tatsache, dass es Mitglied ist, und zwar in seiner Ganzheit (d. h. mit allen positiven und negativen, körperlichen und psychischen Merkmalen).	7. Der Wert des Mitarbeiters liegt primär in dem, was er tut; nur deswegen ist er Mitglied des Unternehmens; sein Wert ergibt sich nicht aus der Ganzheit seiner Person, sondern selektiv aus der zu erfüllenden Funktion.
8. Der Zugang erfolgt schicksalhaft (durch Geburt) oder aufgrund emotionaler Gründe (»Liebe« etc.) als Kooption; d. h., die Familie bzw. jedes ihrer Mitglieder hat die Macht, neue Familienmitglieder hinzuzufügen (was von den anderen wieder als »schicksalhaft« erlebt werden kann).	8. Der Zugang zum Unternehmen (die Einstellung) erfolgt von Seiten des Unternehmens wie des Mitarbeiters aufgrund bewusster Entscheidungen; d. h., Mitgliedschaft ist eine bewusste beidseitige Entscheidung – kein Schicksal.

9. Beziehungen zwischen der Familie und ihren Mitgliedern bzw. zwischen den Mitgliedern sind schwer oder gar nicht kündbar, d. h. lang andauernd, es kann/muss mit ihnen auch in Zukunft gerechnet werden.	9. Beziehungen zwischen dem Unternehmen und seinen Mitarbeitern sind kündbar, d. h., sie sind entweder von vornherein zeitlich begrenzt, oder aber es kann nicht sicher für die Zukunft mit der Mitgliedschaft gerechnet werden (von beiden Seiten aus).
10. Da die Familie als soziale Überlebenseinheit für ihre Mitglieder fungiert, wird von den einzelnen Mitgliedern erwartet, dass sie im Zweifel ihre individuellen bzw. egoistischen Interessen gemeinschaftlichen bzw. (in Bezug auf andere Familienmitglieder) altruistischen Motiven unterordnen.	10. Das Unternehmen ist selektiv für das ökonomische Überleben des Mitarbeiters wichtig, und auch in dieser Funktion hat es kein Alleinstellungsmerkmal, da auch andere Unternehmen Arbeitsmöglichkeiten bieten. Da die Beziehung zwischen Mitarbeiter und Unternehmen kündbar ist, liegt es im langfristigen Interesse des Mitarbeiters, im Zweifelsfall seine egoistischen Ziele vor die des Unternehmens zu setzen.
11. Die Rollen und Funktionen der Familienmitglieder sind nicht nur *nicht* formal festgeschrieben, sondern es wird auch erwartet, dass sie und – damit verbunden – die innerfamiliären Beziehungen sich im Laufe der familiären Geschichte ändern (vom Säuglings- zum Greisenstatus).	11. Die Rollen, Funktionen und (z. B. hierarchischen) Beziehungen der Mitarbeiter sind meist formal definiert; Berichtswege (= Kommunikationsflüsse) sind festgelegt, wodurch die Möglichkeit der selbstorganisierten Entwicklung solcher Muster zwar nicht verhindert, aber doch zielgerichtet konterkariert wird. Die Beziehungsmuster zwischen den Positionen bleiben konstant (wenn nicht gerade bewusst ein Strukturveränderungsprozess angestrengt wird), aber die Inhaber der Positionen können im Rahmen persönlicher Karrieren wechseln.
12. Im Lebenszyklus der Familie sind Geben und Nehmen über lange Phasen asymmetrisch verteilt, d. h., es werden Leistungen erbracht (z. B. von den Eltern für die Kinder), ohne dass eine unmittelbare Honorierung erwartet wird. Leistungen werden Personen zugeschrieben und von ihnen erwartet, nicht von der Familie als sozialem System (obwohl die Familie als Einheit durchaus aktiv wird, wenn einzelne Personen, etwa durch Tod, in ihrer Funktion als Eltern o. Ä. ausfallen).	12. Leistungsbewertung und Honorierung beziehen sich auf die Beziehung des Unternehmens (als handelnder Einheit) zu seinem Mitarbeiter. Hier herrscht Symmetrie, insofern zwei Vertragspartner die jeweils voneinander zu erwartenden Leistungen vereinbaren (z. B. Arbeitsplatzbeschreibung/Gehaltsvereinbarung). Daneben gibt es auf der interpersonellen Ebene der Mitarbeiter auch eine subjektive Bilanzierung von Geben und Nehmen innerhalb ihrer quasi privaten, d. h. offiziell nicht zu Kenntnis genommenen, Beziehungen.
13. Geben und Nehmen werden langfristig und subjektiv bilanziert; d. h., es werden Leistungen für andere Familienmitglieder erbracht, deren Honorierung oft erst in einer fernen Zukunft zu erwarten ist; wie sie zu bewerten sind, ist nicht objektivierbar.	13. Geben und Nehmen werden kurzfristig und idealerweise interpersonell überprüfbar (z. B. durch Kennzahlen) bilanziert. Die Honorierung des Mitarbeiters (Gehalt, Lohn, Tantieme) erfolgt in enger zeitlicher Kopplung an die ihm zugeschriebene Leistung, so dass kein organisatorisches Gedächtnis erforderlich ist, um später eventuell offene Rechnungen einklagen zu können.

14. Die Honorierungserwartungen bzw. Ansprüche werden in vielen Fällen nicht bei den Kindern eingeklagt, sondern an die Enkel vererbt.	14. Honorierungserwartungen bzw. Ansprüche, die nicht zeitnah erfüllt werden, werden vergessen und damit entwertet; sie werden nicht vererbt.
15. Familien sind »ökonomiefreie Zonen«, insofern Geld nicht das maßgebende Medium (»Währung«) zur Bewertung, Kommunikation und Honorierung individueller Leistungen ist (sondern in der alltäglichen Interaktion beispielsweise mit positiven oder negativen Affekten bzw. Kommunikation »bezahlt« wird).	15. Unternehmen sind Subsysteme des Wirtschaftssystems, und daher ist Geld das maßgebende Medium (»Währung«) zur Bewertung, Kommunikation und Honorierung individueller Leistungen und ihrer Steuerung.
16. Die Familie als System »gehört« ihren Mitgliedern (d. h. den Personen, die miteinander kommunizieren und damit die Familie als soziales System erhalten), aber keinem allein; die Mitgliedschaft oder der »Besitz« der Familie ist eine Form sozialen Kapitals, das nicht ohne weiteres in monetäre Werte umzurechnen ist, mit dem aber trotzdem gerechnet werden kann und muss; da sie allen gehört, hat keiner individuell die Verfügungsgewalt über diese Form des Kapitals.	16. Das Unternehmen gehört firmenexternen Shareholdern (zumindest im hier betrachteten Extremfall der börsennotierten Kapitalgesellschaft); d. h., die Personen, die das Unternehmen als soziales System erhalten, sind nicht seine Besitzer; die Interessen der Shareholder als Investoren liegen in einer hohen, kurz- wie langfristigen Rendite. Das Unternehmen muss sich auf dem Kapitalmarkt in dieser Hinsicht als attraktiv präsentieren, um sich mit Kapital zu versorgen. Die Beziehung zwischen Unternehmen und Eignern ist lose gekoppelt und im Prinzip schnell kündbar, was die Geduld im Blick auf die Renditeerwartungen schmälert. Die Shareholder sind nur in Ausnahmefällen als Personen wahrnehmbar, die Kommunikationspartner auf Eigentümerseite sind daher nicht unverwechselbare Individuen, sondern ein anonymer Markt.
17. Der Gewinn, den die Eigner des sozialen Kapitals als Familienmitglieder haben, ist überwiegend ideeller Natur; seine Rationalität ist eher in persönlicher Sinnstiftung und Identität als in materieller Rendite zu finden; hinzu kommen Sicherheit und ein verlässliches Beziehungsnetz.	17. Der Gewinn, den die Kapitalgeber als Investoren haben, ist überwiegend materieller Natur; seine Rationalität liegt nicht in persönlicher Identität und Sinnstiftung, sondern in der Rendite.
18. Gerechtigkeit wird überwiegend im Sinne der Gleichheit von Ansprüchen, Rechten, Pflichten und Erwartungen verstanden.	18. Gerechtigkeit wird im Sinne der Leistungsbewertung verstanden, d. h., Unterschiede werden betont, aus unterschiedlichen Verdiensten um das Unternehmen (wie immer die festgestellt und bewertet werden mögen) resultieren unterschiedliche finanzielle Honorierungen, Aufstiegsmöglichkeiten und Verantwortungszuweisungen (»Karrieren«).

19. Die familiäre Kommunikation ist überwiegend mündlich, d. h., das familiäre Gedächtnis ist an das Gedächtnis der Familienmitglieder gebunden. Vergangenheit, Gegenwart und Zukunft sind nirgendwo formal festgeschrieben; das kann positiv mit einer hohen Flexibilität der Spielregeln bzgl. der Interaktion und Kommunikation verbunden sein – und damit mit einer hohen Anpassungsfähigkeit des Systems Familie an sich ändernde Umweltbedingungen; im negativen Sinne kann es zu Konflikten hinsichtlich der Beschreibung, Erklärung und Bewertung der gemeinsamen Vergangenheit, der getroffenen Vereinbarungen, vor allem aber in der Bilanzierung von Geben und Nehmen sowie in Gerechtigkeitsfragen führen.	19. Die offizielle Kommunikation im Unternehmen ist, soweit sie verbindliche Entscheidungen betrifft, schriftlich. Das Gedächtnis des Unternehmens ist daher nicht nur unabhängig von konkreten Personen, sondern auch in Form von Akten, Anweisungen und Vermerken objektivierbar. Die Folge ist, dass Entscheidungen wie auch ihre Auswirkungen festgeschrieben werden. Dies kann die Flexibilität der interaktionellen und kommunikativen Spielregeln, d. h. die Anpassungsfähigkeit des Unternehmens an sich ändernde Umweltbedingungen, beeinträchtigen. Das Risiko der textförmigen Dokumentation von Vereinbarungen und Entscheidungen führt dazu, dass im Konfliktfall die juristische Ebene zur Klärung der Sachverhalte in der Vergangenheit bzw. ihrer Interpretation einbezogen wird. Damit wird ein neues Spielfeld der Konfliktaustragung eröffnet, das nicht den ansonsten gültigen unternehmensinternen Regeln folgt und im Rahmen von Machtkämpfen nutzbar ist.
20. Die Leistungen der heutigen Familie sind von den unterschiedlichen Talenten und Interessen ihrer Mitglieder bestimmt. Ihre Kompetenzen und »Produkte« (professionelle Leistungen) sind daher personenorientiert und höchst unterschiedlich (»diversifiziert«).	20. Die Überlebensbedingungen des Unternehmens auf einem Markt konkurrierender Anbieter erfordern eine hohe Qualität der Leistungen. Es kommt zur Konzentration auf wenige Produkt- und Kompetenzbereiche.

Tab. 2: Idealtypische Gegenüberstellung von Familie und Unternehmen

Für Familien und Unternehmen gibt es unterschiedliche Wege, sich im Rahmen solch einer gemeinsamen Entwicklung (Ko-Evolution) zu formieren und die Beziehung zwischen Familie und Unternehmen zu managen. Es gibt nicht den einen richtigen Weg, die Einheit von Familie und Unternehmen zu organisieren. Obwohl es also unterschiedliche Modelle der Kopplung beider Systeme gibt, die mit dem Überleben vereinbar sind, kann doch – um unsere abschließende Einschätzung vorwegzunehmen – gesagt werden, dass es dabei riskantere und weniger riskante Formen gibt. In jedem Fall geht es darum, Strukturen und Verfahrensweisen zu etablieren, die dafür sorgen, dass die Paradoxie nicht dauerhaft aufgehoben wird, wie dies in der Trennung von Familie und Unternehmen nur allzu nahe zu liegen scheint und von vielen Ratgebern, die von der Komplexität solch einer koevolutiven Einheit überfordert sind, geraten wird.

4. Die Familie

4.1 Gibt es familiäre Erfolgs- und Risikofaktoren?

Weniger als 10 % der Familienunternehmen bleiben bis in die vierte Generation im Besitz der Familie. Gut die Hälfte aller Unternehmen schafft es nur bis in die zweite Generation, und der Übergang von der zweiten zur dritten Generation fordert noch einmal einen gewaltigen Zoll. Doch nach der dritten Generation kehrt sich das Blatt. Familienunternehmen, die es so weit geschafft haben, haben nicht nur eine gute Überlebenschance, ja, sie schreiben sehr häufig sogar ganz außerordentliche Erfolgsstorys. Das Scheitern wie der Erfolg können dabei selbstverständlich originär betriebswirtschaftliche Gründe haben; aber auf die soll hier nicht der Fokus der Aufmerksamkeit gerichtet werden, sondern auf die familiären Erfolgs- und Scheiternsfaktoren. Denn Erfolg wie Misserfolg können zu einem guten Teil der Tatsache zugeschrieben werden, dass Unternehmen und Familien gekoppelt sind, eine gemeinsame Entwicklung durchlaufen und die Familie einen spezifischen Einfluss auf unternehmerische Entscheidungen hat. Die Frage, die im Mittelpunkt unseres Interesses steht, lautet daher: Welche familiären Faktoren, Strukturen und Organisationsformen erhöhen oder senken die Wahrscheinlichkeit des Überlebens eines Familienunternehmens?

Analysiert man die Historie der verschiedenen, an unserer Studie beteiligten Unternehmen, so zeigt sich, dass alle Familien, so unterschiedlich und individuell sie und ihre Mitglieder im Einzelfall auch gewesen sein mögen, im Laufe ihrer Geschichte vor ähnlichen strukturellen Herausforderungen und Veränderungsnotwendigkeiten standen. Zunächst einmal haben sie auf Unternehmens- und Gesellschafterseite mehrere Nachfolgen bewältigt und es immer wieder geschafft, das Unternehmen an die jüngere Generation zu übergeben. Dabei haben sie oft nicht nur auf Unternehmens-, sondern auch auf Familienseite existenzielle Krisen durchlaufen. Offenbar gibt es in der Natur der Sache liegende, unvermeidliche Krisenphasen der Unternehmerfamilie, die radikale Entwicklungsschritte fordern. Wenn sie gemeistert werden und die Familie sich eine ihrer Funktion für das Unternehmen angemessene neue Struktur gibt, so erhöht sich die Überlebenswahrscheinlichkeit für Familie wie Unternehmen; wenn nicht, so gehen beide ein großes Risiko ein zu scheitern (wenn man stillschweigend den Erhalt des Unternehmens für die Familie und den Erhalt der Familie für das Unternehmen als Maß des Erfolges nimmt – was nicht nur mit ökonomischen Erfolgskriterien kompatibel ist, sondern sie auch einschließt).

Wenn wir die von uns untersuchten Familienunternehmen betrachten, so zeigt sich, dass es eine große Variationsbreite von Möglichkeiten gibt, die innerfamiliären Beziehungen sowie die Beziehung zwischen Familie und Unternehmen zu organisieren. Je älter die Unternehmen sind, desto länger, oft auch schmerzvoller und kostspieliger waren ihre Lernprozesse. Aber allen gemeinsam ist, dass sie im Laufe ihrer Geschichte die Fähigkeit entwickelt haben, die Entstehungsbedingungen von Krisen, innerfamiliären Konflikten und »Kriegen« zu reflektieren und daraus Konsequenzen zu ziehen. Dies dürfte für ihren nachhaltigen Erfolg verantwortlich sein. Sie vollzogen formelle und informelle Änderungen innerhalb der Struktur und Organisation ihrer Familien, arbeiteten Gesellschafterverträge um, verfassten Familiensatzungen oder, falls diese sich als dysfunktionell erwiesen hatten, verwarfen sie wieder. Sie etablierten Regeln für vorhersehbare Konflikte und Regeln für die Änderung von Regeln (z. B. dass Gesellschafterverträge jährlich daraufhin überprüft werden müssen, ob sie noch zur Situation von Familie und Unternehmen »passen«) usw.

Diese Entwicklungs- und Lernprozesse erfolgten weitgehend nach dem Versuch-Irrtum-Prinzip. Ziel unserer Studie war und ist es, Familien und Unternehmen, die auf dem Weg zum Mehr-Generationen-Familienunternehmen analoge und daher vorhersehbare Entwicklungsschritte zu vollziehen haben, von den Erfahrungen anderer Familienunternehmen profitieren zu lassen, um ihnen die Mühsal des langwierigen und emotional wie ökonomisch kostspieligen Lernens am Irrtum zu ersparen.

Nicht alle an unserer Untersuchung beteiligten Unternehmen und Unternehmer bzw. ihre Familien haben/hatten die genannten schmerzlichen Lernprozesse schon hinter sich. Ihre Familien hatten (und haben) Organisationsformen und Strukturen, die – angesichts unserer Ergebnisse – als riskant einzuschätzen sind. Von diesen haben einige schon während der Projektlaufzeit ihre Gesellschafterverträge radikal umgearbeitet; andere sahen Veränderungsnotwendigkeiten nicht so sehr im formalen, juristischen Bereich, sondern in den vermeintlich »weichen« Aspekten der familiären Kommunikation (die ja erfahrungsgemäß die »harten« Probleme zur Folge haben können) und machten sich daran, sie in eine, ihrer bisherigen Zielrichtung entgegenlaufenden Weise zu beeinflussen.

Der Umstand, dass alle erforschten Unternehmen schon so lange existieren, sollte dem wissenschaftlichen Beobachter zunächst Respekt vor der Leistung abnötigen: Jedes der unterschiedlichen Lösungskonglomerate aus Nachfolgeregeln, Gesellschafterverträgen und Traditionen hat sich bis jetzt als gangbar erwiesen. Dennoch zeigt sich im Vergleich, dass einige Unternehmen schon seit Jahrzehnten auf einem schmalen Grat wandern, der keinen Fehltritt erlaubt, und andere sich auf einem breiten, weniger riskanten Weg befinden.

Wir wollen im Folgenden versuchen, die unterschiedlichen Organisationsformen von Eignerfamilien exemplarisch darzustellen, um durchschaubar zu machen, worin ihre Funktionalität und Dysfunktionalität bzw. ihre Risiken und Chancen liegen.

4.2 Die Kernfamilie: Das Drei-Generationen-Schema

Wenn heute von Familie die Rede ist, denken die meisten Menschen an die Kleinfamilie, wie sie in der westlichen Welt überwiegend anzutreffen ist. Sie besteht in der Regel aus maximal drei Generationen: Großeltern, Eltern und Kindern (Geschwistern). Es sind die Verwandten ersten und zweiten Grades. Und je nachdem, aus wessen Perspektive man schaut, verbergen sich hinter diesen relativ einfach erscheinenden Rollendefinitionen unterschiedliche Personen, d. h. andere (Klein)Familien mit unterschiedlichen Beziehungsstrukturen und Genealogien. Im Laufe seines Lebens nimmt der Einzelne verschiedene Rollen im Rahmen solch einer durchschnittlichen Kernfamilie ein: Er oder sie wird als Kind in eine Familie hineingeboren, und die Menschen, die den Alltag bestimmen, sind die Eltern und, falls vorhanden, die Geschwister. Zählt man dann noch die Großeltern mütterlicher- und/oder väterlicherseits hinzu, so ist die drei Generationen umfassende Kleinfamilie vollständig. Dass inzwischen die Variationsbreite unter den Familienformen zugenommen hat – von der Einelternfamilie bis hin zu den »blended families« geschiedener und wiederverheirateter Partner –, ändert nichts am Prinzip der Zwei- oder Drei-Generationen-Familie. Dass Urgroßeltern und Urenkel sich gegenseitig kennen lernen, geschieht zwar angesichts der steigenden

Lebenserwartungen immer häufiger, ist aber immer noch die Ausnahme.

Diese drei Generationen, die engsten biologischen Verwandten
umfassende Familienstruktur ist erst einmal wahrscheinlich. Großeltern, Eltern und Kinder verstehen sich als Familie, leben mehr oder
weniger eng zusammen, durchlaufen eine gemeinsame Geschichte,
nehmen an ihrem Schicksal gegenseitig Anteil, sorgen füreinander
usw.

Ein zentraler Aspekt des skizzierten Drei-Generationen-Schemas
besteht darin, dass es sich im Laufe der Zeit nicht verändert, d. h., die
Familien scheinen nicht zu wachsen, die Zahl der Familienmitglieder
bleibt mit kleinen Schwankungen aufgrund der mal größeren, mal
kleineren Kinderzahl über die Zeit hin relativ gleich. Dadurch wird die
Komplexität der familiären Beziehungen auf ein überschaubares Maß
hin reduziert. Die Zahl unserer mitteleuropäischen Bezeichnungen
für unterschiedliche Verwandtschaftsgrade ist sehr begrenzt. Neben
Vater und Mutter, Brüdern und Schwestern, gibt es noch Großeltern,
Onkel und Tanten, deren Kinder, d. h. Vettern und Cousinen, und das
jeweils mütterlicherseits und väterlicherseits. Die so möglichen Be-
ziehungsmuster spielen sich alle innerhalb des Drei-Generationen-
Schemas ab. Jeder kennt in der Regel jeden und weiß, in welcher ver-
wandtschaftlichen Beziehung er zu ihm oder ihr steht. Die Lage ist
überschaubar.

Dieses Beobachtungs- und Ordnungsschema ermöglicht jeder
neuen Generation mehr oder weniger geschichtslos immer wieder
aufs Neue, in ihrem Bewusstsein wie in ihrem Alltagshandeln die
eigene Familie auf drei Generationen zu begrenzen. Dies ist nur eine
scheinbare Geschichtslosigkeit. Die moderne Kleinfamilie ist ein
historisch junges Phänomen, ein Ergebnis des gesellschaftlichen
Ausdifferenzierungsprozesses der letzten 200 Jahre, durch den sich
bezahlte Arbeit mehr und mehr in Organisationen verlagerte und sich
die Familie auf ihre Sozialisationsfunktion bzw. auf die Pflege der
Privat- und Intimsphäre spezialisieren konnte. Das Gedächtnis der
Familie ist mit dem Gedächtnis der Personen identisch. Wenn ein
Familienmitglied stirbt, so wird mit ihm auch ein Teil der familiären
Erinnerungen für immer gelöscht. Es werden meist keine schriftlichen Familienchroniken und auch keine Familiensatzungen, die
festlegen, welche Spielregeln im Umgang der Familienmitglieder
miteinander anzuwenden sind, verfasst.

Dennoch überlebt die Familie als soziale Einheit: Wenn in der Generation der Großeltern jemand stirbt, so werden zumeist auch Kinder geboren, und »die« Familie wird im Alltag immer wieder neu konstituiert und praktiziert – symbolisiert durch den alten Familiennamen. Dass es vor den Großeltern und Urgroßeltern auch schon Vorfahren gegeben hat, ist zwar den meisten Familienmitgliedern bewusst, hat aber aufgrund des kollektiven Gedächtnisverlustes keine praktische Bedeutung in der zeitgenössischen westlichen Familie. Die »Ahnen« werden vergessen, ihre Erinnerung verblasst im Nebel grauer Vorzeiten. Diesen Verlust der Erinnerung mag man bedauern, er hat aber den Vorzug, dass die Familie als soziales System relativ flexibel und anpassungsfähig gegenüber veränderten Umweltverhältnissen bleibt. Traditionen werden zwar durch den alltäglichen praktischen Vollzug unbewusst von Generation zu Generation weitergereicht, aber sie stehen stets zur Disposition, wenn sie das Überleben der Familie gefährden. Sie sind nicht in Satzungen oder Vermächtnissen festgeschrieben.

Für diese Überlebensfunktion der Familie und ihrer Mitglieder spielt das von den biologischen Vorfahren ererbte Wissen heutzutage nur noch eine begrenzte Rolle (anders als in der vorindustriellen Phase, als man in Zünften und Gilden sein handwerkliches Können noch als familiäres Kapital an seine Kinder weitervererbte). Jede neu gegründete Kleinfamilie muss heute ihren eigenen Wege finden, ihren Lebensunterhalt zu verdienen und den sehr individuellen Bedürfnissen und Fähigkeiten, die ihre Mitglieder zeigen, gerecht werden.

Was die Familienmitglieder dabei aneinander bindet, sind nicht primär zweckrationale Überlegungen, sondern stark emotional getönte, beziehungsgeprägte Bedürfnisse. Solche Bedürfnisse führen heute zu dem Entschluss, das Leben oder zumindest einen längeren, nicht von vornherein limitierten Lebensabschnitt miteinander zu verbringen, »eine Familie zu gründen« und Kinder in die Welt zu setzen, gemeinsam Verantwortung zu übernehmen, sei es für die Kinder, sei es für ein Unternehmen. Dabei schließt sich der Kreis: Gefühle führen dazu, dass Menschen zusammenleben, und wenn Menschen zusammenleben, dann entstehen zwangsläufig (positive oder negative) Gefühle füreinander. So bildet die Kleinfamilie als Lebensgemeinschaft ein soziales System, dessen Spielregeln darauf beruhen, dass jeder Einzelne die Chance hat, in seinen individuellen Stärken und Schwächen, seinen Fähigkeiten und Inkompetenzen, wie auch seinen

Wünschen und Bedürfnissen gesehen zu werden. Ein von den Personen und ihren Werten unabhängiges sachliches Ziel hat die Familie nicht. Sie bildet daher so etwas wie einen exterritorialen, privaten Raum jenseits gesellschaftlicher bzw. organisationaler Zweckbestimmungen.

Eine Großfamilie wird für diese personenbezogenen Funktionen der modernen Familie nicht benötigt. Das umso weniger, je mehr staatliche und öffentliche Einrichtungen wie Kindergärten und Altenheime ursprünglich einmal familiäre Aufgaben als externe Dienstleistungen übernehmen. Dass man Onkel und Tanten, die Geschwister der Eltern, und ihre Kinder, Vettern und Cousinen, kennt und mit ihnen verkehrt, mag mit dem Gefühl der Zugehörigkeit zu einer größeren familiären Einheit verbunden sein, aber wenn es zum Konflikt kommt oder der Kontakt abbricht, ist das in der Regel auch kein Beinbruch: Die familiäre Einheit, an die das individuelle, emotionale Wohlergehen gebunden ist, ist die Kernfamilie, d. h. Eltern, Geschwister (und mehr oder weniger nah auch noch die Großeltern).

Durch die überschaubare Zahl ihrer Mitglieder und das Zusammenleben von Eltern und Kindern unter einem Dach bedarf es weder technischer noch formalisierter Kommunikationsformen, um den Kontakt aufrechtzuerhalten (es sei denn bei Reisen). Man kennt sich gegenseitig besser als jeder andere, der von außen in die Familie schaut, entwickelt gegenseitige Zu- und Abneigungen, führt virtuell Buch über das, was wer wem Gutes oder Böses angetan hat, um später für vermeintlich oder tatsächlich geleistete Verdienste eine Gegenleistung (z. B. tätige Dankbarkeit) zu fordern. All dies spielt sich vorwiegend zwischen den genannten drei Generationen ab. Sie sind der Ort, wo die oben tabellarisch (vgl. Kap. 3) aufgeführten familiären Spielregeln, die im logischen Widerspruch zu den Spielregeln von Unternehmen stehen, gelten. Sie sind es, die dafür die Erklärung liefern können, dass die meisten Unternehmen als Familienunternehmen gegründet werden, und sie sind es auch, die erklären können, wie die referierten Sterberaten von Familienunternehmen beim Übergang zur zweiten und dritten Generation entstehen.

Die ersten drei Generationen des Familienunternehmens sind deswegen so riskant, weil das Unternehmen von den Familienmitgliedern ganz im Sinne des Drei-Generationen-Schemas als Familienangelegenheit betrachtet wird. Das heißt, in dieser Phase der Familienentwicklung spielen personenorientierte Entscheidungskriterien auch innerhalb des Unternehmens eine zentrale Rolle als in Mehr-Generationen-Familienunternehmen.[16]

4.3 Die Mehr-Generationen-Familie

Die Familien vieler (d. h. nicht aller) Mehr-Generationen-Familienunternehmen entsprechen nur bedingt den skizzierten Vorstellungen des Drei-Generationen-Modells. Das beginnt bei der Zahl der Familienmitglieder, die, je nach Alter des Unternehmens, Hunderte, ja, Tausend und mehr Personen umfassen kann. Die so entstehende Großfamilie ist ein Phänomen, das sonst in der westlichen Welt nicht mehr zu beobachten ist. Und es stellt sich die Frage, ob hier wirklich noch von Familien gesprochen werden kann. Die Begriffe, mit denen solche, auf Verwandtschaft beruhende soziale, mehrere Generationen einschließende Einheiten üblicherweise bezeichnet sind, werden sonst nur zur Charakterisierung vorindustrieller Sozialformen benutzt: Clan, Stamm usw. Und für die Beziehungen zwischen den Mitgliedern solch einer Einheit gibt es in unserer Umgangssprache nicht einmal Bezeichnungen. Wenn sie sich gegenseitig Vettern oder Cousinen nennen, so ist dies sicher eine große Vereinfachung. Gäbe es nicht das gemeinsame Eigentum, das Unternehmen, so würde man sich gegenseitig in der Regel nicht kennen, sich nicht begegnen, sich nicht füreinander interessieren, ja, meist nicht einmal ahnen, dass es verwandtschaftliche Beziehungen gibt. Nun aber »ist« man Familie.

Allein durch die von Generation zu Generation zunehmende Zahl der Mitglieder und die exponentiell ansteigende Zahl der möglichen Beziehungen zwischen ihnen entsteht eine ungeheure Komplexität. Die Wahrscheinlichkeit, dass es zu Konflikten unter den »Vettern« kommt, ist ungeheuer groß. Dazu muss man noch nicht einmal irgendeinem der Beteiligten irgendwelche unlauteren Absichten oder Ziele unterstellen. Autonome Individuen entwickeln nun einmal unterschiedliche Weltbilder und Werte, Lebenspläne und Interessen, so dass es nur als vorgegeben zu bewerten ist, wenn sie diesen in ihrer Rolle als Gesellschafter auch Geltung verschaffen möchten.

Für das Unternehmen ist diese Komplexität auf der Seite der Familie und die damit verbundene Gefahr, dass es zu Konflikten

---

16 Vgl. ausführlich hierzu Simon 2002, S. 42–48.

kommt, ein Risiko, das sein Überleben bedroht. Denn wenn Konflikte ausbrechen, nehmen sie meist extreme Formen an. Die Familie ist nun einmal der Ort, wo Emotionen die Handlungen leiten, und das gilt nicht nur im positiven, sondern auch im negativen Sinne: Das Unternehmen wird zum Kriegsschauplatz. Im besten Fall – wenn keiner gewinnen und keiner verlieren kann – wird das Unternehmen verkauft oder aufgeteilt, um so die Beziehungen zu entflechten, die Territorien gegeneinander abzugrenzen und sich aus dem Weg zu gehen. Der Verkauf scheint dabei das Mittel der Wahl, da sich Geld leichter bewerten und aufteilen lässt als Firmenteile. Aber bis es dahin kommt, haben meist längerfristige Auseinandersetzungen an der finanziellen Substanz des Unternehmens gezehrt. Im schlechtesten Fall führt der alltägliche Kleinkrieg zum langsamen, aber unaufhaltsamen Sterben des Unternehmens, weil die Beteiligten sich nicht über Ziele, Strategien, Investitionen, Personalentscheidungen usw. einigen können oder vor Gericht versuchen, publikumswirksam und kostenträchtig immer wieder neue Schlachten zu gewinnen.

Das langfristige Überleben eines jeden Familienunternehmens hängt davon ab, ob es gelingt, die Familie zu einer handlungs- und entscheidungsfähigen Einheit zu machen, mit der partnerschaftlich eine gemeinsame Entwicklung durchlaufen werden kann. Dazu bedarf es der Reduktion der Komplexität. Das ist in Großfamilien deswegen besonders schwierig, weil es keine gesellschaftlich vorgegebenen Organisationsformen (mehr) dafür gibt. Das Drei-Generationen-Modell ist zwar sehr funktionell, wenn es darum geht, die unmittelbaren persönlichen Beziehungen des Privatlebens zu ordnen, es reicht aber nicht aus, wenn es darum geht, Hunderte von Verwandten, die sich nicht nur als Verwandte, sondern als Gesellschafter begegnen, entscheidungsfähig zu machen. Es geht dabei nicht in erster Linie um emotionale Bindungen, sondern um geschäftlich weit reichende Entscheidungen mit vielfältigen finanziellen – und damit auch wieder sehr persönlichen – Implikationen.

Diejenigen Unternehmen, die es geschafft haben, vier oder gar fünf, sechs und mehr Generationen zu überleben, haben es offenbar fertig gebracht, die Komplexität so zu organisieren, dass die Familie eher zur Ressource als zur Last wurde.

Untersucht man Familienunternehmen unter diesem Blickwinkel, zeigt sich, dass es in der Entwicklung von der Gründergeneration bis zum Mehr-Generationen-Familienunternehmen eine natürliche

Stufenfolge von Entwicklungsschritten der Familie gibt, die von ihrem Wachstum bestimmt wird.

In der ersten Generation gibt es – wenn hier überhaupt schon von einem Familienunternehmen die Rede sein kann – eine starke Gründerpersönlichkeit, die »das Sagen« hat – in der Familie wie im Unternehmen. Die Komplexität der Familie hält sich, zumindest was das Unternehmen betrifft, in Grenzen. Die Familie wird dem Unternehmen gegenüber durch den Unternehmer repräsentiert, und ihm bleibt es auch überlassen, dafür Sorge zu tragen, dass die Interessen der Familie gewahrt werden (die Beurteilung, wie gut oder schlecht er das macht, unterscheidet sich meist von Beobachter zu Beobachter). Dass die Partnerwahl aus Sicht des Unternehmens keine reine Privatsache ist, sollte hier betont werden. Unternehmen werden oft von Paaren, zumindest aber im gegenseitigen Einvernehmen, gegründet, auch wenn sich dies nicht immer in der Verteilung von Geschäftsanteilen niederschlägt.

Der Übergang zur zweiten Generation steigert die Zahl der Konfliktmöglichkeiten: je mehr Kinder und Erben es gibt, desto stärker. Wie die Beziehungen zwischen ihnen geregelt werden, wird im Allgemeinen noch von den Gründern, d. h. der ersten Generation, entsprechend ihrer Werte und Kriterien bestimmt. So kommt es, dass die zweite Generation das Familienleben nach den Spielregeln der ersten Generation zu gestalten hat. Meist spielt hier die Tatsache, dass die Eltern nicht zwischen ihren Rollen als Unternehmer und als Eltern trennen können, eine große Rolle. Dies führt auch häufig dazu, dass familiäre Kriterien (z. B. »Kinder müssen gleich behandelt werden!«) Entscheidungen bestimmen, die für das Unternehmen relevant sind. Dass Zweifel an der Funktionalität der so getroffenen Regelungen berechtigt sind, kann und soll bereits an dieser Stelle angemerkt werden.

Auch beim Übergang von der zweiten zur dritten Generation steigert sich, wenn alle Beteiligten Nachkommen haben, die Zahl der Familienmitglieder, so dass sich die Frage stellt, ob die von den Gründern festgelegten Maßnahmen zur Sicherung der Nachfolge noch angemessen sind.

Betrachtet man unterschiedliche Mehr-Generationen-Familienunternehmen, zeigt sich, dass jede der generationsspezifischen Lösungsmöglichkeiten für das Problem, die Familie zu einer entscheidungsfähigen Einheit zu machen, »eingefroren« werden kann. Sie wird dann zur Regel erhoben, die immer wieder, von Generation zu

Generation, aufs Neue praktiziert wird. Das Spektrum der Familienformen lässt sich so im Sinne eines Entwicklungsmodells verstehen, bei dem die Entwicklung auf unterschiedlichen Stufen festgeschrieben wurde. Es gibt allerdings auch Modelle, die bewusst auf jede Festschreibung verzichten, um den Raum für mögliche Entwicklungen und Umstrukturierungen auf Seiten der Familie nicht einzuschränken. Schließlich ist die Zukunft, so die zugrunde liegende Überlegung, nicht vorhersehbar, deswegen macht es keinen Sinn, heute Regelungen für morgen zu treffen ...

Die unterschiedlichen Modelle mit ihren spezifischen Vorzügen und Risiken wollen wir im Folgenden darstellen und an Beispielen illustrieren.

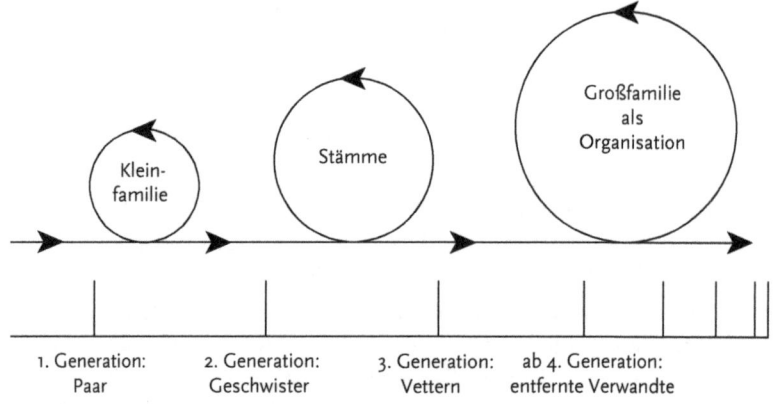

Abb. 4: *Stufenfolge familiärer Organisationsformen im Zeitverlauf*

4.4 Die Re-Inszenierung der Kleinfamilie

Auf den ersten Blick erscheint es plausibel, die Konstellation der Gründungsfamilie festzuschreiben und zu einem von Generation zu Generation jeweils neu inszenierten Modell zu machen.

In der ersten Generation ist die mit dem Unternehmen gekoppelte Familie die Unternehmerfamilie. Um sie zu »managen«, bedarf es keiner speziellen Institutionen, Verträge oder Gremien, denn alle wichtigen familieninternen Fragen können – wie in anderen Familien auch – am Frühstückstisch oder im Ehebett erörtert und entschieden werden. Schon aus rein quantitativen Gründen hält sich die Komplexität der familiären Beziehungen in Grenzen. Jeder ist mit jedem ver-

48

traut, die Kommunikationswege sind kurz und bedürfen keiner Formalisierung. Und auch für die Firma sind die Entscheidungsstrukturen auf der Eigentümerseite klar und durchschaubar: Einer hat das Sagen, da ihm das Unternehmen gehört, und er wird schon deswegen seine Entscheidungen sorgfältig abwägen, weil es immer auch um sein Eigentum geht. Er steht mit seiner ganzen Person für seine Entscheidungen, und er haftet in der Regel auch mit seinem ganzen Vermögen für sie.

Das Muster der Kleinfamilie und ihre innerfamiliären Spielregeln unterscheiden sich also zunächst nicht so sehr von denen anderer zeitgenössischer Familien. Allerdings ist die Verbindung zum Unternehmen im Allgemeinen so eng und existenziell für die ganze Familie, dass sie meist ganz auf das Unternehmen hin ausgerichtet ist und zwischen Unternehmen und Familienleben nie ganz klar zu trennen ist. Das gilt vor allem für kleinere Unternehmen, in denen Familienangehörige mitarbeiten (müssen/dürfen).

Für die Gründungsphase eines Unternehmens ist dies offenbar ein hoch funktionelles Modell. Die Konzentration aller auf das Unternehmen schafft eine unvergleichliche Dynamik, das Eigentum an der Firma sorgt für eine Identifikation mit der Arbeit, wie sie bei Angestellten in fremden Unternehmen nur selten zu finden ist – Selbstausbeutung funktioniert immer weit effektiver als jede Form der Fremdausbeutung. Daher werden die meisten Unternehmen als Familienunternehmen gegründet, und in dieser Phase der Unternehmensentwicklung stellt dieser Unternehmenstyp aus psychologischen wie ökonomischen Gründen ein kaum zu schlagendes Modell dar. Im Handwerk, bei kleinen Gewerbetreibenden und bei Selbstständigen ist er daher weit verbreitet.

Auch die meisten der von uns untersuchten Großunternehmen wurden einmal so gegründet. Die Firma Freudenberg startete vor ca. 150 Jahren als Handwerksbetrieb (Gerberei); Clemens & August Brenninkmeyer (C&A) waren reisende Händler (sog. Tüötten), die aus dem Münsterland kamen und in den Niederlanden ihr zu Hause produziertes Leinen verkauften; die Firma Merck in Darmstadt ging aus einer im Jahre 1668 gegründeten Apotheke hervor (und kann sich daher zu Recht das älteste pharmazeutische Unternehmen der Welt nennen).

In der Gründergeneration sind in diesem Modell die Eigentumsverhältnisse klar, und sie werfen auch keine innerfamiliären Probleme auf, da niemand dem Gründer das Recht an dem von ihm gegründeten Unternehmen absprechen wird. Die Vorzüge liegen – vor allem, wenn man den hohen Wert betrachtet, den Gründer ihrer Autonomie und der ihres Unternehmens zuschreiben – auf der Hand: kurze Entscheidungswege, kein langes Palaver, keine Konflikte und im Zweifelsfall klare Machtverhältnisse.

So liegt es nahe, auch für die Nachfolge bzw. die nächste Generation der Unternehmensführung solch eine Struktur zu installieren. Das heißt konkret: Eines der Kinder erbt die Firma bzw. eine ihm die volle Entscheidungsmacht verleihende, ausreichende Mehrheit der Anteile. Die anderen Kinder haben zum Wohle des Unternehmens ihr Zurücktreten zu akzeptieren (Pflichtteilsverzicht) und werden dafür, falls möglich, aus dem Privatvermögen abgefunden.

Diese Regelung der Erbfolge hat eine lange Tradition: In der Landwirtschaft wird in vielen Gegenden Europas der Hof an den Erstgeborenen vererbt, um den Betrieb nicht so zu zerstückeln, dass die einzelnen Teile aufgrund ihrer Kleinheit nicht mehr sinnvoll bewirtschaftbar sind. Auch Adelstitel und Rittergüter werden nach den Regeln der Primogenitur von Generation zu Generation weitergereicht.

Doch im Blick auf ein Unternehmen ist es nicht so einfach, die Verantwortung aufgrund der Geburtsreihenfolge zu übergeben, da die Qualitäten, die eine Person zur Führung eines Unternehmens befähigen, etwas anspruchsvoller sind als die zur Führung eines Titels. Gibt es mehrere Kinder, entsteht darüber hinaus ein Konflikt zwischen dem Ziel, einen starken und mächtigen Unternehmenslenker zu etablieren (was formell durch die Mehrheit der Gesellschafteranteile sichergestellt werden kann), und den innerfamiliären Erwartungen und Forderung nach Gerechtigkeit gegenüber den Kindern – und das heißt in den meisten Fällen nach ihrer Gleichbehandlung. Dieser Anspruch ist heute in unserem Kulturkreis nicht nur unausgesprochen vorgegeben, sondern auch durch Regelungen des Erbrechts untermauert.

Um diese allgemeinen Überlegungen zu illustrieren, ein konkretes Beispiel:

Leopold Kostal GmbH & Co. KG, Lüdenscheid[17]

Branche: Automobil-Elektrik, Industrie-Elektrik, Kontakt-Systeme, Prüftechnik

Umsatz: ca. 950 Mio. Euro

Mitarbeiter: ca. 10.000 weltweit, davon ca. 3000 in Deutschland

Kurzer geschichtlicher Rückblick

Der Gründer des Unternehmens, Leopold Kostal, wurde 1883 in Münchengrätz in Tschechien, das zu der Zeit noch zum österreichisch-ungarischen Herrschaftsbereich gehörte, geboren. Münchengrätz liegt in der Nähe von Reichenberg, dem damaligen Zentrum der österreichisch-ungarischen Industrie. Auch heute ist dort noch Skoda (damals Laurin und Klement) ansässig. Das Logo von Kostal (L und K) hat der Gründer, der Großvater des jetzigen Firmenchefs Helmut Kostal, nach dem Ersten Weltkrieg im Sinne dieser regionalen Tradition übernommen, als »Laurin und Klement« zu »Skoda« wurde. L und K lässt sich auch als »Leopold Kostal« lesen.

Werkzeugbau bei Kostal

---

17 Die hier präsentierte Skizze folgt der Darstellung von Helmut Kostal im Rahmen des Forschungsprojektes.

Die Gegend um Reichenberg war eine Wiege der Industriekultur. Der Firmengründer wurde als 13. Kind (genannt »Leopold der 13.«) einer Handwerkerfamilie (Seifensieder) geboren. Er verließ relativ früh das Elternhaus und machte eine Drechslerlehre. Dabei zeigte er offenbar schon früh einen außergewöhnlichen Fleiß, zumindest ist dies aus seinen damaligen Zeugnissen (alles »sehr gut«) zu schließen, die heute im Büro der Unternehmensleitung hängen.

Nach dem obligatorischen Wehrdienst entschloss er sich, nach Deutschland zu gehen, weil er dort größere Chancen für seine berufliche Entwicklung sah. Er arbeitete bei Bosch, einer schon damals guten Adresse, um sich fortzubilden.

Im Jahre 1907 wurde ein Sohn, Kurt Kostal, der Vater von Helmut Kostal, geboren. Später kamen noch zwei Töchter hinzu.

Nach einem Zwischenaufenthalt in Berlin zog die Familie nach Lüdenscheid, dem heutigen Sitz des Unternehmens, da die Frau von Leopold Kostal sich in der Großstadt nicht wohl fühlte. Lüdenscheid war damals eines der Zentren der Elektroindustrie und bot sich deshalb als Lebensmittelpunkt an. Seit 1912 firmierte Leopold Kostal als Einzelunternehmer. Er produzierte das, was er gelernt hatte: Drehteile. Schon bald hatte er mehrere Mitarbeiter. Er verarbeitete in erster Linie Isolationsstoffe, die in der Elektroindustrie, speziell bei der Herstellung von Haushaltsgeräten, benötigt wurden.

Aus dieser ersten Phase der Firmenentwicklung stammt einer der auch heute noch erinnerten Leitsätze von Leopold Kostal, der seinen unternehmerischen Geist symbolisiert: »Es ist keine Schande, Konkurs zu machen, aber es ist eine Schande, nicht am nächsten Tag in irgendeinem Keller wieder neu anzufangen.«

Schon ein Jahr nach der Unternehmensgründung war die Firma pleite. Ein Auftrag für Bosch war fehlerhaft und wurde nicht bezahlt, eine Kapitaldecke war nicht vorhanden, die logische Konsequenz war: Konkurs. Eine Tante, die Schwester des Vaters und Hofdame beim Kaiser, stellte Leopold 1000 Goldmark zur Verfügung. Eine Chance, für die er ewig dankbar war, was sich unter anderem darin zeigte, dass er ihr ein jährliches Deputat aussetzte.

Während des Ersten Weltkriegs musste seine Frau für längere Zeit das Unternehmen führen, da er zunächst bei einer anderen Firma kriegswichtige Leistungen zu erbringen und später auch noch als Soldat an der Front zu kämpfen hatte. Im Jahre 1927 wurde das Spektrum der Produkte bzw. der Industriezweige, in denen Kostal tätig war, um die Kraftfahrzeugbranche erweitert. Damit verbunden war das Überschreiten der regionalen Grenzen hin zu einer europäischen Orientierung: Der erste Kunde in diesem Bereich war Citroën, damals Hersteller von Motorrädern. Die Gleichwertigkeit der zwei Produktbereiche, Installationsmaterial und Elektroprodukte für die Automobilindustrie, blieb lange Zeit erhalten.

1935 war ein wichtiges Jahr für das Unternehmen, denn es wurde ein unter dem Namen Volkswagen bekannt gewordenes Auto aus der Taufe gehoben, und die Firma Kostal war stark an seiner Herstellung beteiligt. Zudem trat Kurt Kostal in die Firma ein. Er war damals 32 Jahre alt und hatte zu der Zeit bereits eine eigene Familie (drei Kinder, ebenfalls einen Sohn und zwei Töchter). Als gelernter Kaufmann hatte er seine Lehr- und Wanderjahre in Paris und Barcelona verbracht und war daher auch mehrsprachig. Geplant war ein kontinuierlicher Übergang der Führungsverantwortung an ihn. Der Zweite Weltkrieg machte diesen Plan zunichte. Er musste kurz nach seinem Eintritt in die Firma in den Krieg ziehen.

Nach dem Krieg wurden zum ersten Mal von Vater und Sohn bewusst Überlegungen zur Gesellschaftsstruktur angestellt und umgesetzt. Geplant wurde, dass die beiden Töchter des Gründers jeweils 25 % der Anteile erhalten sollten, der Sohn als in der Firma tätiger Geschäftsführer 50 %. Dies sollte ihm zum einen die nötige Macht verleihen, um unternehmerisch entscheiden zu können, zum anderen den familiären Gerechtigkeitsbedürfnissen Rechnung tragen. Gleich-

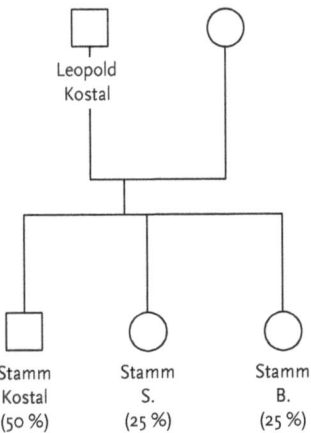

Abb. 5a: Gesellschafteranteile bei Kostal

zeitig wurde die Familie in drei Stämme aufgegliedert. Obwohl anteilsmäßig so im Konfliktfall ein Patt zwischen den vereinten Schwestern und dem Bruder möglich gewesen wäre, spielte dies faktisch keine entscheidende Rolle, da gemäß der damaligen Gesellschaftsform der KG der Komplementär im Zweifel hätte entscheiden können.

Durch diese Regelung wurde versucht, den beiden Wertsystemen, dem familiären wie dem unternehmerischen, gerecht zu werden: »Es war eben der Gesichtspunkt: Wer den Laden schleppt, der soll schon mehr haben als die anderen. Aber eine paritätische Verteilung machen wir deswegen nicht, sondern verteilen im Sinne der Gleichbehandlung in der Ungleichheit 2 zu 1 zu 1« (H. Kostal).

Diese Anteilsverteilung schafft offensichtlich keine klaren Verhältnisse. Einerseits gibt sie dem geschäftsführenden Gesellschafter ein Übergewicht, zum anderen schafft sie die Grundlagen für eine Stammesorganisation der Familie. Ein Kompromiss, der aus dem Versuch geboren wurde, der Familie und dem Unternehmen gleichermaßen gerecht zu werden.

1953 fiel die Entscheidung, den Programmbereich, mit dem man groß geworden war, Installationsmaterial, vollständig zu streichen und sich auf die Automobilzulieferung zu konzentrieren. Dem waren heftige Auseinandersetzungen zwischen Vater und Sohn, dem Gründer und seinem prospektiven Nachfolger, vorausgegangen. Erst nach

Drei Generationen Kostal: Kurt, Helmut und Leopold

dem Scheitern eines Projektes im Bereich Haushaltstechnik konnte sich der Sohn durchsetzen und die Konzentration auf den Automobilbereich vollziehen. Eine Entscheidung, die sich im Rückblick als richtig erwiesen hat.

Bevor die dritte Generation von Familienmitgliedern, vertreten durch Helmut Kostal, in das Unternehmen eintrat, kam es zu einer Grundsatzdiskussion über die Prinzipien der Anteilsverteilung. Sollte es, wie es dem Vater ein Anliegen war, dabei in erster Linie um familiäre Gerechtigkeit oder um die Steuerbarkeit des Unternehmens gehen? Mit den Worten Helmut Kostals: »Ich bin mir hier meiner Rolle als böser Bube bewusst, weil ich die Mentalität meines Vaters nie ganz geteilt habe. Als es anstand, seine Nachfolge vorzubereiten, habe ich gesagt: ›Du möchtest, dass ich irgendwann in das Unternehmen eintrete. Dazu bin ich auch bereit! Aber ich habe nicht vor, das aus der Position eines Minderheitsgesellschafters heraus zu tun.‹ Denn wenn sich das vorgegebene Erbverhältnis fortgesetzt hätte – auch ich habe zwei Schwestern –, hätte ich 25 % der Anteile erhalten. ›Weil ich keine Lust habe, nach der Pfeife anderer zu tanzen.‹ Ich habe meinem Vater gesagt, er solle sich Gedanken darüber machen, ob er vorbereitende Maßnahmen treffen kann, eine andere Anteilsverteilung zu ermöglichen. Das ist dann auch geschehen – mit dem Einverständnis meiner beiden Schwestern, die einen Erbverzicht ausgeübt haben. Das restliche Unternehmensvermögen ist so zusammengeblieben, unter der Voraussetzung, dass ich in das Unternehmen eintrete.«

Nachdem diese Vorbedingung erfüllt war, trat Helmut Kostal 1972 mit 27 Jahren in die Firma ein. Vier Jahre später wurde er mit 31 Jahren Geschäftsführer. Durch diese Regelung, die innerhalb des Stammes Kostal einer Person die Anteile und die Verantwortung für das Unternehmen übertrug, war innerhalb des Unternehmens aber immer noch nicht für klare und eindeutige Machtverhältnisse gesorgt. Denn die beiden anderen Stämme (auf die Töchter des Gründers zurückgehend) besaßen jeweils 25 % der Anteile. Die Möglichkeit, die Entscheidungen des geschäftsführenden Gesellschafters zu blockieren, war bis 1981 nicht, danach eher theoretisch gegeben. Denn bis dahin war Kostal eine Kommanditgesellschaft und der Komplementär entscheidungsberechtigt. Seit Änderung der Rechtsform in eine GmbH & Co. KG im Jahre 1981 wurde für den Fall einer eventuellen Pattsituation (die es bisher nie gegeben hat) einem Beirat die

Entscheidungskompetenz zugewiesen. In der Alltagspraxis der Unternehmensführung wurden die Autorität und der Anspruch des Kostal-Stammes, die Leitung an die eigenen Kinder weiterzugeben, nie in Frage gestellt. Dies war zunächst sogar im Gesellschaftervertrag verankert und wird jetzt immer noch als Gewohnheitsrecht praktiziert. In der Gesellschafterversammlung der Firma Kostal sind in der bisherigen Geschichte alle Entscheidungen einstimmig getroffen worden, was unter anderem dadurch zu erklären ist, dass die jeweiligen Stämme durch den Gesellschaftervertrag angehalten sind, eine einheitliche Stimmabgabe zu praktizieren. Unterschiedliche Auffassungen werden daher im Vorfeld ausdiskutiert und geklärt. Angesichts der Tatsache, dass die Zahl der Gesellschafter sehr niedrig ist (zurzeit: 7), funktioniert dies bislang gut.

Nach der Umwandlung der Leopold Kostal KG in eine GmbH & Co. KG blieb es das Ziel Helmut Kostals, eine Situation – nicht nur für sich, sondern auch für seine Nachfolger – zu schaffen, in der ein Gesellschafter allein entscheiden kann. Er wollte mindestens 50,1 % Mehrheit auf einen Gesellschafter konzentrieren: »Auch wenn ich das so dargestellt habe, als ob sich das erst in den letzten zwei Generationen entwickelt hätte, sehe ich, dass diese Systematik im Grunde, d. h. in ihrem Geist, von der Mentalität her, schon bei meinem Großvater angelegt war. Er hat das damals nur in dieser Klarheit noch nicht gesehen. Das lag an der Rechtsform der KG, basierend auf dem Weisungsrecht des Komplementärs. Ansonsten bin ich absolut sicher,

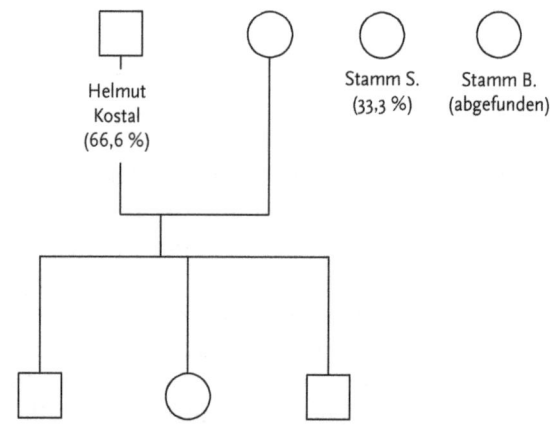

Abb. 5b: Gesellschafteranteile bei Kostal

dass er das anders gehandhabt hätte. Insofern sehe ich mich da voll in der Tradition. Ich habe versucht, das in den letzten Generationen konsequent fortzusetzen« (H. Kostal).

Dieses Ziel einer eindeutigen Mehrheit für den geschäftsführenden Gesellschafter konnte 1995 erreicht werden, als der Vertreter eines der beiden anderen Stämme einen höheren Kapitalbedarf hatte und sich von der Firma gegen Einziehung der Anteile finanziell entschädigen ließ.

Auch für die nächste, die vierte Generation ist geplant, das Modell des allein entscheidungsfähigen Gesellschafters aufrechtzuerhalten. Wieder gilt es, wie in den Generationen zuvor, zwischen den drei Kindern eine Lösung zu finden, die den familiären Gerechtigkeitsansprüchen und dem Unternehmensinteresse gerecht wird. Dass einer in die Verantwortung gehen muss (soll), ist vorgegeben und in der Familie akzeptiert. Deshalb waren auch alle drei Kinder bereit, einen Verzicht auf ihren Pflichtteil auszusprechen. Auf diese Weise entsteht Gestaltungsfreiheit.

Da sich die beruflichen Interessen der drei Kinder (die keine Kinder mehr sind) sehr unterschiedlich entwickeln, scheint es so, als ob auch in der nächsten Generation dieses Modell seine Fortsetzung finden dürfte.

Informelle (»ideelle«) Regeln der Familie

Durch die enge Bindung zwischen der Firma Kostal und der jeweiligen (Klein)Familie Kostal stand das Unternehmen immer – über die Generationen hinweg – im Mittelpunkt des Familienlebens (»eindeutiger Kristallisationspunkt«). Hier hat sich ein Muster fortgesetzt, dessen Wurzeln bereits in der Familie des Gründers gelegt waren. Sie lassen sich am besten durch die auch heute noch lebendigen und gelebten Prinzipien des Gründers bzw. drei von ihm immer wieder zitierte Leitsätze charakterisieren:

Der erste Leitsatz ist bereits erwähnt und betrifft die Pflicht, immer wieder anzufangen, auch wenn man mal geschäftlich gescheitert sein sollte. Der dominanteste und das Familienleben über die Zeit hinweg am meisten prägende Satz war: »Das Wohl des Unternehmens geht vor das Wohl der Familie!« Er hat die tiefsten Spuren hinterlassen. Und der dritte Satz lautete: »Man muss mehr sein als scheinen!« Der Gründer hatte wenig Wert auf eine Außendarstellung gelegt und das auch von seinen Nachfahren so verlangt.

Die Tatsache, dass dem Unternehmen und seinem Wohlergehen in den familiären Werten oberste Priorität eingeräumt wurde, hat dazu geführt, dass es zu wenigen oder keinen Konflikten über die Ausübung der Unternehmensleitung gekommen ist, auch ohne dass es eindeutige Mehrheitsverhältnisse gegeben hätte. Die Identifikation mit dem Unternehmen ist bei allen Gesellschaftern, auch bei denen, die nicht am Management teilhaben, sehr groß. Das Unternehmen zu leiten, wird eher als Pflicht betrachtet, denn als »vergnügungssteuerpflichtige Tätigkeit«. Durch die enge Verflechtung der Familie des geschäftsführenden Gesellschafters mit dem Unternehmen sind die heranwachsenden Kinder von Beginn an offenbar mit den Pflichten und Chancen vertraut, die das Unternehmen bietet.

»Wir betrachten das bei uns im Unternehmen wie einen Staffellauf. Man ist beim Staffellauf aufgefordert, mit der gleichen oder schnelleren Geschwindigkeit bis zu einer gewissen Distanz den Stab zu tragen, bis er weitergegeben und fortgetragen wird. Und wenn man ihn abgegeben hat, dann ist man der Verpflichtung auch entledigt. Das ist ein relativ typisches Bild davon, wie das bei uns in der Familie gesehen wird« (H. Kostal).

Die Kinder werden deswegen schon früh mit der Frage konfrontiert – bewusst oder unbewusst –, ob sie sich an diesem Staffellauf beteiligen wollen. Und wenn das der Fall ist, wird von ihnen eine angemessene Vorbereitung (Professionalisierung) erwartet.

Kommentar/Einschätzung aus der Außenperspektive
Das – hier sehr verkürzt dargestellte und nur skizzierte – Modell entspricht nicht zu hundert Prozent dem Modell, das sich, idealtypisch zugespitzt, als »Re-Inszenierung der Kleinfamilie« charakterisieren lässt. Da es Minderheitsgesellschafter gibt, ist die Rolle der Kleinfamilie relativiert. Das mag für die Familiendynamik und die Unternehmensführung einen Unterschied machen, da es Gesellschafter gibt, die nicht zur Kleinfamilie gehören, die mitbedacht werden müssen und von denen sich die Kleinfamilie beobachtet weiß. Dennoch werden auch hier die vielerlei Vorzüge und Nachteile bzw. Risiken deutlich, die diesem Muster des Mehr-Generationen-Familienunternehmens zu eigen sind. Es sind Charakteristika, die schon in der Konstellation der Gründerfamilie zu beobachten sind. Sie werden gewissermaßen von Generation zu Generation immer wieder neu belebt, d. h., das Modell zieht seinen Erfolg daraus, dass sich die Gründungs-

geschichte wiederholt: Ein entscheidungsfreudiger Unternehmer mit einer ihn stützenden Familie an der Seite bringt das Unternehmen voran. Das Bild des Staffellaufs illustriert dieses Prinzip aufs Beste. Auch dort beruht der Gewinn darauf, dass alle Staffelläufer etwa gleich stark sind. Doch was passiert, wenn auch nur eine Staffelübergabe misslingt oder auch nur einem das Staffelholz unterwegs verloren geht?

Der skeptische Einwand lautet also: Lässt sich wirklich sicherstellen, dass sich in der Familie immer einer als guter Staffelläufer erweist?

Unternehmerische Fähigkeiten können zwar durch Erziehung und Ausbildung gefördert werden, sie lassen sich aber nicht biologisch vererben. In der Familie Kostal/Firma Kostal hat sich dieses Modell bislang bewährt. Das heißt aber nicht, dass es ohne weiteres auf andere Familien und Konstellationen übertragen werden oder auch als Erfolgsmodell schlechthin beschrieben werden kann. Deswegen hier der Versuch, kritisch und allgemein, d. h. über die Erfahrungen dieses konkreten Beispiels hinausgehend, eine kurze Gegenüberstellung der Vor- und Nachteile vorzunehmen, bzw. eine Auflistung der Preise, die für bestimmte Leistungen des Modells zu zahlen sind.

Vorteile und Nachteile des Modells »Re-Inszenierung der Kleinfamilie«
Die klaren Machtverhältnisse und die Konzentration der Autorität auf dieselbe Leitfigur im Unternehmen und in der Familie sorgen dafür, dass die gemeinsame Entwicklung von Familie und Unternehmen nicht aus dem Fokus der Aufmerksamkeit verschwindet. Beide sind gewissermaßen durch die Person des geschäftsführenden Gesellschafters integriert und aneinander gekoppelt. Der geschäftsführende Gesellschafter verbindet beide Systeme, stellt die Kommunikation zwischen ihnen sicher. Im Unternehmen braucht sich im Prinzip keiner Gedanken um die Familie zu machen, weil dies ja der Unternehmer tut, und in der Familie kann man sich auch darauf verlassen, dass das Wohl des Unternehmens durch ihn im Blick bleibt.

Die Kommunikation über eine konkrete, unverwechselbare Person ist unmittelbar und schnell, sie bedarf keiner Gremien, keiner Sitzungen, keiner komplizierten Abstimmungsprozesse zwischen Fraktionen, Stämmen oder Individuen, die unterschiedliche Ziele und Interessen verfolgen. Und der geschäftsführende Gesellschafter kann als von der Familie nur ideell abhängiger, selbstständiger Unternehmer agieren, seine Autonomie kann nur durch ihn selbst begrenzt werden.

Doch für diese uneingeschränkte Autonomie ist auch ein Preis zu zahlen. Der Widerspruch zwischen den heute kulturell vorgegebenen Werten, an denen sich Entscheidungen in der Kleinfamilie orientieren, und den Entscheidungsgrundlagen der Unternehmensführung, die zu den oben dargestellten pragmatischen Paradoxien führen, muss individuell bewältigt werden. Das heißt, die Position des geschäftsführenden Gesellschafters ist unter anderem auch deswegen nicht »vergnügungssteuerpflichtig«, weil sie zwangsläufig zu großen persönlichen Konflikten für den Entscheider führen kann, der sich zwischen familiären und unternehmerischen Anforderungen hin- und hergerissen sieht. Die Paradoxie-Bewältigung erfolgt gewissermaßen intrapsychisch und ist mit den entsprechenden psychischen und mentalen Herausforderungen verbunden.

Die zentrale Position des geschäftsführenden Gesellschafters ist aber auch noch mit Risiken für das Unternehmen wie die Familie verbunden. Da er gewissermaßen die Schnittstelle zwischen beiden Systemen darstellt, hat er eine zentrale, nicht austauschbare Stellung und Funktion für beide Systeme. Wenn er als Person, aus welchen Gründen auch immer, ausfällt, gibt es keine Strukturen, die an seiner Stelle die Koordinationsfunktion zwischen der Familie und dem Unternehmen ausfüllen könnten.

Auf Familienseite kann die enge Kopplung von Familie und Unternehmen dazu führen, dass die skizzierte Paradoxie für den Unternehmer entschärft wird, indem – wie im Falle Kostal – der Leitsatz, der besagt, dass das Unternehmen Vorrang hat, offen kommuniziert wird. Solange diese Tradition allgemein akzeptiert ist, kommt es zu keinen (offenen) Konflikten, weil im Zweifel die individuellen Wünsche und Ziele zurückgesteckt werden. Aber, und hier zeigt sich die Kehrseite der unmittelbaren, personenorientierten Kommunikation, diese Bereitschaft, den Interessen des Unternehmens Vorrang vor eigenen Interessen einzuräumen, kann nicht garantiert werden. Im Erfolgsfall gelingt es, diese Einstellung im Laufe der Erziehung zu vermitteln. Aber Erziehungsprozesse, speziell in Eltern-Kind-Beziehungen, lassen sich nicht gezielt steuern. So kann hier auch ein Konfliktpotenzial heranwachsen, welches das Unternehmen sprengen kann. Denn eine sozial geforderte Konfliktvermeidung, so zeigt die familiendynamische Forschung, schlägt nur zu oft in eine Konfliktverstärkung um.

Ganz generell gilt: Je weniger Familienmitglieder für das Unternehmen relevant sind (Gesellschafterstatus haben), desto einflussreicher sind sie – im Positiven wie im Negativen. Und je familiärer ihre Beziehungen sind, desto mehr werden sie von Emotionen bestimmt. Wenn es beispielsweise in der Unternehmerfamilie zu einem Geschwisterkonflikt kommt, gibt es kaum Möglichkeiten, das Unternehmen vor dessen Auswirkungen zu schützen. Denn dann wird die einvernehmliche Lösung, dass einer in die Verantwortung eintritt, nicht ohne weiteres zu finden sein. Es wird keinen Verzicht auf Pflichtteile geben usw., stattdessen werden Kämpfe um die Nachfolge entstehen, oft in der juristischen Arena ausgetragen, mit all den bekannten, in der Boulevardpresse nachzulesenden Konsequenzen.

Aber auch ohne diese dramatischen Folgen ist die Auswirkung auf das Familienleben beträchtlich. Die Kinder wachsen gewissermaßen im Schatten des Unternehmens auf. Einige dürften dies als Chance erleben, als eine vielversprechende Zukunftsperspektive. Sie werden schon früh mit unternehmerischem Denken konfrontiert und lernen die damit verbundenen Anforderungen aus nächster Nähe kennen. Auf der anderen Seite stehen sie als Kinder oft mit dem Unternehmen in einer Konkurrenzbeziehung um die Aufmerksamkeit der Eltern. Manche Kinder empfinden den Erwartungsdruck, die Nachfolge anzutreten und das Lebenswerk der Eltern fortzusetzen, eher als Last. Potenzielle Nachfolger sind gelegentlich so sehr mit der Frage beschäftigt, ob sie in die Fußstapfen ihrer Eltern treten sollen oder nicht, dass sie gar nicht mehr dazu kommen, sich mit der Frage zu beschäftigen, was sie denn eigentlich mit ihrem Leben anfangen wollen und wo ihre ureigenen Interessen und Talente liegen. Oft führt das Bedürfnis, sich gegen die Anforderungen und Delegationen der Eltern und des Unternehmens abzugrenzen, dazu, dass gerade unternehmerisch talentierte und autonome Familienmitglieder nicht ins Unternehmen eintreten.

Ein Nachteil für das Unternehmen kann auch durch die enge Bindung seiner Entwicklung an die der Kleinfamilie entstehen, wenn z. B. der familiäre Lebenszyklus mit seiner Generationenfolge auch für die zeitlichen Rhythmen des Führungswechsels bestimmend wird. Die Veränderungen im Unternehmen und die anstehenden Personalentscheidungen erfolgen in der Regel nicht im Gleichschritt mit der körperlichen und professionellen Entwicklung der Kinder. Oft wird ein notwendiger Führungswechsel nicht vollzogen, weil auf ein

Familienmitglied gewartet wird. Außerdem ist die Gefahr, dass ein Erbe, der fachlich oder persönlich der Verantwortung und Aufgabe nicht gewachsen ist, die Nachfolge antritt, relativ groß. Die Zahl derer, aus denen die Auswahl zu bestreiten ist, ist zwangsläufig begrenzt. Hinzu kommt, dass das Unternehmen aufgrund der historisch starken Stellung des einen geschäftsführenden Gesellschafters selten Entscheidungskompetenzen aufbaut, die es relativ unabhängig von ihm machen. Ein Bewusstsein dafür, wie es bei Kostal zu finden ist, dass gezielt eine zweite Führungsebene aufgebaut und stark gemacht wird, und somit eine Risikovorsorge vorgenommen wird, ist leider nicht die Regel. Zudem hat Kostal einen starken Beirat installiert, der den Unternehmer in seiner Führungsarbeit kritisch begleitet.

Zu guter Letzt ist darauf hinzuweisen, dass der Versuch, die Verantwortung für das Unternehmen in einer Hand zu halten, fast immer mit der Notwendigkeit verbunden ist, die Geschwister des auserkorenen Nachfolgers angemessen zu entschädigen. Vor allem dann, wenn der Leitsatz, dass das Unternehmen stets Vorrang haben muss, nicht allgemein akzeptiert ist, kann dies zu einem Kapitalverlust und massiven Liquiditätsproblemen des Unternehmens führen. Gelingt es nicht, die verschiedenen Kinder aus dem Privatvermögen zu entschädigen, so sind die meisten Unternehmen damit überfordert, den Miterben die ihnen rechtlich zustehenden Anteile auszuzahlen. Das Überleben des Unternehmens ist bedroht.

In der Summe ist das Modell »Re-Inszenierung der Kleinfamilie« als hoch riskant für das dauerhafte Überleben des Unternehmens einzuschätzen. Die Abhängigkeit von wenigen, nicht austauschbaren Personen (den wenigen Mitgliedern einer Kleinfamilie) ist extrem hoch. Dies kann im positiven Fall eine Chance sein, im negativen ist es eine Gefahr. Wenn nur ca. 50 % der Familienunternehmen den Übergang von der ersten zur zweiten Generation schaffen, so bedeutet die Re-Inszenierung der Gründerfamilie, dass auch diese Schwellensituation mit ihrem hohen 50-prozentigen Scheiterrisiko immer wieder aufs Neue re-inszeniert wird.

4.5 Die Stammesorganisation

Wenn ein Unternehmer(paar) nur ein Kind hat, so ist die Nachfolgefrage, zumindest im Blick auf das zu vererbende Vermögen, einfach zu beantworten. Haben sie jedoch mehrere Kinder oder ist ein Unternehmer mehrere Ehen eingegangen (was ja nicht selten der Fall ist), aus denen jeweils Kinder hervorgegangen sind, wird die Situation erheblich komplexer – emotional wie erbrechtlich.

Wenn der nun schon mehrfach erwähnte familiäre Anspruch auf Gleichbehandlung der Kinder bei der Nachfolgeregelung Vorrang vor eventuellen sachlichen, geschäftlichen Erwägungen genießt, führt dies fast immer zunächst erst einmal zur Bildung von Stämmen. Diese zeitliche Einschränkung ist hier vorgenommen, weil Stammesbildung in Mehr-Generationen-Familienunternehmen so etwas wie ein Übergangsphänomen darzustellen scheint, das mit großer Wahrscheinlichkeit durchlaufen wird, aber irgendwann überwunden wird, weil es mit erheblichen Risiken verbunden ist (so etwa ganz dezidiert bei Schmidt + Clemens im Übergang von der zweiten auf die dritte Generation).

Die Bildung von Stämmen ist als ein Versuch zu werten, alle Kinder gerecht – und das heißt vordergründig erst einmal: gleich – zu behandeln. Doch das ist bei näherer Betrachtung gar nicht so einfach, auch in anderen Familien nicht. Kinder sind unverwechselbare Individuen und haben dementsprechend unterschiedliche Bedürfnisse, Fähigkeiten, Möglichkeiten und Beschränktheiten. Ihnen gerecht zu werden, ist eine elterliche Aufgabe, die – nüchtern betrachtet – immer nur annäherungsweise zu lösen ist. Der einzige Bereich, in dem dies einigermaßen realisierbar erscheint, ist das Erbe, soweit es sich durch Geld bewerten lässt. Die Anteile an einem Unternehmen können wie ein Kuchen scheinbar objektiv in gleiche Portionen zerteilt werden. Wenn jeder ein gleich großes Stück erhält, kann sich keiner beklagen.

Dieses Prinzip ist jedoch nur in der zweiten Generation umsetzbar. Denn der Altersunterschied der so beteiligten Geschwister führt zu einem Auseinanderfallen der jeweiligen Lebensläufe. Die älteren Geschwister gründen manchmal ihre eigenen Familien, bevor die jüngeren Geschwister oder Halbgeschwister überhaupt geboren sind. So finden sich Vertreter der dritten Generation in derselben Altersstufe wie Vertreter der zweiten Generation, manche Enkel des Gründers sind älter als seine nachgeborenen Kinder. Die Generationen entwickeln sich nicht mehr synchron, die Entkopplung der Lebenszyklen nimmt von Generation zu Generation zu.

Um diesem Phänomen Herr zu werden, werden Stämme gebildet. Die Stammesmütter und -väter sind in der Regel Geschwister, meist die Kinder des Gründers.[18] Die Bildung von Stämmen kann dabei als Versuch verstanden werden, die Geschwisterbeziehung der zweiten Generation festzuschreiben.

Wir haben es also mit einer Stufenfolge der möglichen familiären Organisationsmodelle zu tun: Werden die Verhältnisse der ersten Generation als Muster verwendet, kommt es zur Re-Inszenierung der Gründerfamilie; werden die der zweiten Generation »eingefroren«, so kommt es zur Stammesbildung.

Auch für das Modell der Stammesbildung nachfolgend ein exemplarischer Fall:

Verlag Dr. Otto Schmidt KG, Köln[19]

Branche: Fachinformationen für die Rechts- und Steuerpraxis, d. h. Buch- und Zeitschriften-Fachverlage, Fachbuchhandlungen, fachbezogene Dienstleistungen

Umsatz: ca. 60 Mio. Euro

Mitarbeiter: 310 im Verlag einschl. Beteiligungsgesellschaften (Buchhandlungen etc.)

Kurzer geschichtlicher Rückblick

Das Unternehmen wurde 1905 unter dem aus heutiger Sicht etwas undurchschaubaren Namen »Centrale für GmbH Dr. Otto Schmidt« gegründet. Um ihn und damit auch den bis heute am Leben erhaltenen Geist des Unternehmens zu verstehen, bedarf es eines Blicks zurück in die Zeit der Gründung:

Die damalige preußische Staatsregierung beabsichtigt zu jener Zeit eine Änderung des Einkommenssteuerrechts, das die Bedingungen der erst seit 13 Jahren bestehenden Rechtsform der GmbH verschlechtern soll. Um dies zu verhindern, gründet der damals 39 Jahre alte Dr. rer. pol. Otto Schmidt die oben genannte Interessengemeinschaft in Unternehmensform. Es gelingt auch aufgrund ihrer Akti-

---

18 Dass hier geschlechtsspezifisch von Gründern die Rede ist, hat damit zu tun, dass es meist Männer waren, die in dieser Rolle erfolgreich waren; das mag in Zukunft anders sein, angesichts des sich ändernden Verständnisses der Geschlechterrollen, aber bei den vor 100 oder 150 Jahren gegründeten und heute noch überlebenden Familienunternehmen waren Männer die Gründer.

19 Die folgende Darstellung folgt den Ausführungen von Dr. Hans-Martin Schmidt und Dr. Andreas Schmidt, die als Vertreter der dritten und vierten Generation leitend im Unternehmen tätig waren/sind und beide am Forschungsprojekt aktiv beteiligt waren, Dr. Hans-Martin Schmidt als dessen Initiator und Ideengeber.

vitäten, eine geplante steuerliche Doppelbelastung zu verhindern. Daraufhin schließen sich Hunderte von GmbHs gegen einen Jahresbeitrag von 20 Reichsmark der »Centrale für GmbH« an.

Dr. Otto Schmidt d. Ä.

Aus Informationsveranstaltungen und Informationsschriften der »Centrale« entwickelt sich in den Folgejahren eine immer stärker verlegerisch geprägte Tätigkeit. So entsteht 1909 aus den von der Centrale herausgegebenen »Mitteilungen« eine Fachzeitschrift (»Rundschau für GmbH«), die noch heute als »GmbH-Rundschau« eine marktführende Stellung in ihrem Bereich innehat. Schließlich führt der Gründer neben der »Centrale für GmbH« ab 1919 den Firmennamen »Verlag Dr. Otto Schmidt« ein. Er verstärkt weiter seine verlegerische Tätigkeit durch die Herausgabe von Werken und Zeitschriften vor allem zum Steuer- und Gesellschaftsrecht. 1922 erscheint die »Steuerrechtsprechung in Karteiform«, eines der ersten umfangreichen Werke in Loseblattform – möglicherweise sogar das erste Loseblattwerk überhaupt –, das bis heute angeboten wird. Seit 1929 beteiligt sich auch der einzige männliche der vier Nachkommen, RA Dr. Otto Schmidt jun., maßgeblich an der Entwicklung des väterlichen Unternehmens, vor allem durch eigene Autorentätigkeit.

1940 wird der Verlag in eine Kommanditgesellschaft umgewandelt, da dies zu der Zeit als die für Familienunternehmen günstigste Gesellschaftsform erscheint. Das Eigentum am Unternehmen wird mit gleichen Anteilen auf die vier Kinder des Gründers übertragen, die auch Kommanditisten des Unternehmens werden. Dieser Regelung gehen massive Auseinandersetzungen zwischen dem Gründer und seinem Sohn, also zwischen Otto Schmidt sen. und Otto Schmidt jun., voraus. Der Sohn möchte die Nachfolge allein antreten, scheitert aber am Gerechtigkeitssinn des Vaters, der alle vier Kinder gleich bedenken will.

»Der Sohn hatte sich vorgestellt, wenn schon ein Sohn da ist, welcher Vorteil! Die drei Töchter hatten damals sowieso keinerlei Anspruch darauf, eine Nachfolge anzutreten. Und warum sollte der Vater dann nicht den einen Sohn zum alleinigen Inhaber machen? (...) Es war für den Vater schon schwierig, im Krieg zu sagen: ›Ich bin gerecht.‹ Obwohl es einfacher gewesen wäre, es nur dem Sohn zu ermöglichen ... Aber als die Entscheidung dann gefallen war, war der Friede wieder zurückgekehrt, es blieben keine Narben zurück ...« (H.-M. Schmidt).[20]

Bertha Schmidt und Kinder um 1914

Die Kinder des Gründers sind die Stammesväter und -mütter der jetzt noch existierenden Stämme. Da eines der vier Kinder ohne eigene Kinder verstarb und seine Anteile auf die Nichten und Neffen verteilt wurden, gibt es nur noch drei Stämme mit jeweils einem Drittel der Anteile.

Kurz vor Kriegsende 1945 stirbt der Gründer im Alter von 79 Jahren. Da der Sohn durch politische Aktivitäten ausgelastet ist (später

---

20 Hier zeigen sich deutliche Parallelen zum Kostal-Fall, in dem auch der Senior eher auf gerechte Gleichbehandlung aller Nachkommen und der Sohn eher auf seine unternehmerische Handlungsfähigkeit geschaut hat. Offenkundig ändert sich im Alter der Fokus der Übergebenden. Liegt er anfangs schwerpunktmäßig beim Unternehmen, so verschiebt er sich mit zunehmendem Lebensalter mehr zur Familie.

wird er Landesminister und Vorsitzender des Bundestags-Finanzausschusses), wird nach dem Krieg ein Externer mit dem Wiederaufbau von Verlag und »Centrale« beauftragt. Neben ihm fungiert die Witwe des Gründers, Berta, bis zu ihrem Tod 1955 als persönlich haftende Gesellschafterin.

1958 tritt Dr. jur. Hans-Martin Schmidt, Enkel des Verlagsgründers, im Alter von 29 Jahren in den Verlag ein. 1973 wird er einziger persönlich haftender Gesellschafter des Verlags. Unter seiner Leitung wird das Verlagsprogramm weiter ausgebaut und auf neue Rechtsgebiete ausgeweitet. Es wird eine Vielzahl neuer »Standardwerke« im Bereich Recht, Wirtschaft und Steuern begründet. Das Unternehmen erlangt schließlich den Ruf als führender deutscher Fachverlag im Steuerrecht.

In der Zeit von 1991 bis 1994 teilen sich Hans-Martin Schmidt und ein Familienfremder, der frühere Hauptgeschäftsführer des Deutschen Anwaltvereins e. V., die Geschäftsführung. Letzterer übernimmt 1995 allein die Funktion des Geschäftsführers und persönlich haftenden Gesellschafters (ohne Kapitalbeteiligung) und hat sie bis heute inne.

Die Gesellschafterversammlung besteht derzeit aus 26 Familienmitgliedern der dritten und vierten Generation nach dem Gründer.

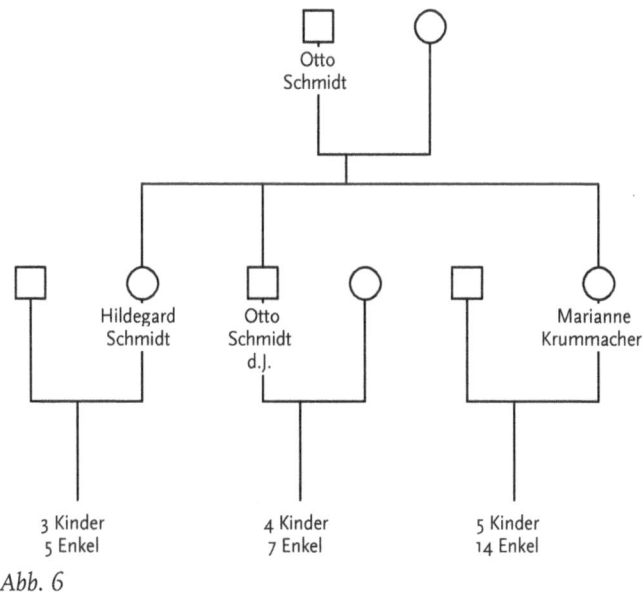

Abb. 6

Die Altersspanne erstreckt sich von Anfang 30 bis Mitte 70 Jahre. Der Gesellschafterkreis ist geschlossen, da eine Übertragung der Anteile grundsätzlich nur innerhalb der Familie zulässig ist, wobei die Stammesangehörigen jeweils Vorzugsrechte genießen.

Wie man dem Schaubild entnehmen kann, wurde das Unternehmen von Dr. Otto Schmidt sen. gegründet. In der zweiten Generation bilden sich aus den vier Kindern des Gründers drei Stämme (da eines kinderlos verstarb). In der dritten Generation finden sich 11 direkte Nachfahren (ein zwölfter ist verstorben), allesamt Gesellschafter, und in der vierten Generation weitere 26 Familienmitglieder, davon 16 Gesellschafter. Alle Familienangehörigen, also auch Partner oder Partnerinnen und die Kinder der fünften Generation – ca. 50 Personen –, treffen sich seit 1975 jährlich am verlängerten Pfingstwochenende zu einem selbst gestalteten Programm.

Die rechtliche Struktur des Unternehmens
Die Wirkung der Stammesbildung auf die gegenseitige Beeinflussung von Familie und Unternehmen hängt generell in hohem Maße von den mit ihr verbundenen juristischen Regelungen ab, angefangen bei der Rechtsform bis hin zu Einzelheiten des Gesellschaftervertrages und den Gremien, die explizit dazu eingerichtet werden, diese Koordinationsfunktion zu übernehmen. Hier zeigt sich ein erster gravierender Unterschied zum Modell der Re-Inszenierung der Kleinfamilie: Eine Person ist allein nicht in der Lage, diese Aufgabe zu erfüllen. Schon die Zahl der Gesellschafter, ihr Altersunterschied, ihr unterschiedlicher beruflicher Hintergrund und verbunden damit ihr unterschiedliches Verständnis der wirtschaftlichen Notwendigkeiten des Betriebs machen die Einrichtung von sozialen Institutionen notwendig, durch welche das Management der Schnittstelle zwischen Unternehmen und Familie sichergestellt wird. Wie dies im Verlag Dr. Otto Schmidt geregelt ist, zeigt ein Blick auf die Rechtsform und die Organe des Unternehmens.

Der Verlag Dr. Otto Schmidt wird in der Rechtsform der Kommanditgesellschaft geführt, seit der Gründer im Jahr 1940 seine vier Kinder an dem Einzelunternehmen beteiligt hat. Die Gründe, warum die Rechtsform der KG für Familienunternehmen günstig erscheint, liegen in den zwei unterschiedlichen Typen von Gesellschaftern.

Die Rechte und Pflichten der beiden Gesellschaftertypen lassen sich im Wesentlichen so abgrenzen:

Persönlich haftender Gesellschafter	Kommanditisten
• persönliche, unbeschränkte Haftung für Schulden • eigenverantwortlicher Tätigkeitsbereich • Weisungsfreiheit • Abberufung des persönlich haftenden Komplementärs aus der Geschäftsleitung rechtlich möglich, aber faktisch schwierig; bei Ausscheiden des (letzten) Komplementärs erstreckt sich die persönliche Haftung auf alle Gesellschafter.	• beschränkte Haftung mit dem (Fest)Kapital • Zuständigkeit (nur) für Beschlussfassungen über außergewöhnliche Geschäfte und in Grundsatzfragen • freie Entnahme der Gewinne, wenn der Gesellschaftsvertrag keine Beschränkung vorsieht • beschränkte Auskunfts- und Einsichtsrechte bei Geschäftsvorgängen • Gesellschafterwechsel oder Ausscheiden grundsätzlich nur mit Zustimmung der Mitgesellschafter; der Gesellschaftsvertrag sieht dafür in der Regel eine qualifizierte Mehrheit vor.

Die in der Geschäftsleitung tätigen Gesellschafter übernehmen die persönliche Verantwortung, während die Gesellschafter, die nichts zum laufenden Tagesgeschäft beitragen (können, wollen, sollen), auch keine persönliche Verantwortung übernehmen müssen; sie sind jedoch bereit, dem Unternehmen Kapital zur Verfügung zu stellen.

In der Rechtsform der Kommanditgesellschaft hat der persönlich haftende Gesellschafter-Geschäftsführer eine sehr starke Stellung, die einen »Unternehmer und keinen Manager erfordert« (H.-M. Schmidt). Das gibt ihm im Verhältnis der Stämme zueinander, unabhängig von seinem persönlichen Anteil, ein starkes Gewicht.

Die Organe und ihre Funktionen
Es gibt vier Gesellschafts-»Organe« im Verlag Dr. Otto Schmidt, nämlich neben der Geschäftsführung und der Gesellschafterversammlung auch den Gesellschafterausschuss und den Beirat.

Die Geschäftsleitung
Bislang standen in der Geschäftsleitung des Verlags immer Familienmitglieder und Familienfremde im Wechsel. Auch die (bislang zwei) familienfremden Geschäftsführer hatten/haben die Position eines (persönlich haftenden) Gesellschafters inne, allerdings ohne Kapitalbeteiligung am Unternehmen.

Die Geschäftsleitung lag bisher immer in der Hand von Juristen, die unternehmerisch motiviert waren. Die Zugehörigkeit zur Gesellschafterfamilie war dabei keine Bedingung für das Ausüben der Leitungsfunktion.

Die Gesellschafterversammlung

Die Gesellschafterversammlung besteht derzeit aus 26 Familienmitgliedern der dritten und vierten Generation. Das Mindestalter für die Erlangung des Gesellschafterstatus ist 30 Jahre. Ziel dieser Regelung ist es, »gestandene«, d. h. autonome und nicht durch Eltern oder sonst wen von außen steuerbare, Individuen in die Verantwortung zu bringen. Der Gesellschafterkreis ist geschlossen, da eine Übertragung der Anteile nur innerhalb der Familie zulässig ist, wobei die jeweiligen Stammesangehörigen Vorzugsrechte haben.

In der Gesellschafterversammlung wird über die wesentlichen Belange der Gesellschaft abgestimmt. Sie findet in der Regel zweimal im Jahr statt, das eine Mal im Anschluss an den Jahresabschluss. Sie beschließt über den Jahresabschluss, alle Fragen außerhalb des gewöhnlichen Geschäftsbetriebs und den Gesellschaftsvertrag. Abgestimmt wird nach Kapitalanteilen, wobei es – derzeit – keine familienspezifischen Sonderrechte, Beschränkungen oder stammesspezifische Stimmenpools gibt.

Da die meisten Mitglieder der Gesellschafterversammlung nur begrenzte betriebswirtschaftliche oder Branchenkenntnisse haben, werden die Entscheidungen im Allgemeinen durch informelle Gespräche vorbereitet, so dass die Sitzungen selbst relativ harmonisch ablaufen. Dies ist auch das Ziel der Arbeit des Gesellschafterausschusses.

Der Gesellschafterausschuss

Der Gesellschafterausschuss hat die Aufgabe, die Gesellschafterversammlungen vorzubereiten, kann aber auch eine Mittlerfunktion zwischen der Geschäftsführung und der – größer werdenden – Gesellschafterversammlung wahrnehmen.

Die Gesellschafter wählen in den drei Stämmen je zwei Vertreter der dritten und vierten Generation, die sie in den Gesellschafterausschuss entsenden und die sich gegenseitig vertreten können. Die Wahl erfolgt für drei Jahre. Weiteres Mitglied des Ausschusses ist der Gesellschafter-Geschäftsführer.

Der Beirat

Die Gesellschafterversammlung des Verlags Dr. Otto Schmidt hat Anfang 2000 erstmalig einen Beirat für das Unternehmen gewählt. Nach den Regelungen des Gesellschaftsvertrages besteht der Beirat aus drei

Mitgliedern, die »im Wirtschaftsleben als Unternehmer oder Berater erfahrene Persönlichkeiten« sein sollen. Die Mitglieder des Beirats sind jeweils »Experten« auf einem für den Verlag wichtigen Themenfeld als

- »Kenner des Verlagsgeschäfts«,
- »Kenner des weltweiten elektronischen Medienwesens« und
- »Zielgruppenkenner«.

Zu den Aufgaben des Beirats gehören u. a. die Beratung der Geschäftsführung, die Beobachtung der wirtschaftlichen Entwicklung des Unternehmens, die Mithilfe bei einer geeigneten Nachfolgeplanung und bei der Wahl des Abschlussprüfers. Über eine erweiterte Entscheidungsbefugnis des Beirats, evtl. in Form eines aus Sachverständigen und Gesellschaftern bestehenden Beirats, wird nachgedacht.

Informelle (»ideelle«) Regeln der Familie
Wie in fast allen Familienunternehmen werden durch den Gründer bzw. durch die Gründerfamilie bestimmte Werte realisiert, die meist unbewusst in der Familie praktiziert und von Generation zu Generation weitergegeben werden. Da in Familien eine personenbezogene Kommunikation herrscht, bei der Personen andere Personen beobachten und sich an ihnen orientieren, werden familiäre Werte eher durch das Vorbild prägender Persönlichkeiten als durch Satzungen, Leitbilder und Verträge vermittelt. Das kann auch für die Familie Schmidt und die aus ihr hervorgegangenen Stämme festgestellt werden. Es gibt zwar keine Familienverfassung, aber das Bild des Gründerpaares ist lebendig, was unter anderem an den Geschichten deutlich wird, die über dieses Paar in der Familie erzählt werden:
»Er hatte eine sehr gute Geschäftsidee und war der liebevolle Vater seiner Familie. Er wollte sehr gerne Kinder und Enkelkinder, er war sicher kein stetig präsenter Kindervater, aber er war auch kein Patriarch. Eher ein pater familias, der sein Familienverantwortungsbewusstsein auch erkennbar machen konnte. (...) Dieser Geist ist dann auch von den Folgegenerationen verinnerlicht worden. Die Urenkel haben den Respekt vor dieser Person übernommen. (...)
Und seiner Ehefrau, die selbst aus einem Geschäftshaushalt stammte, war es immer bewusst, dass geschäftliche Angelegenheiten

an einem Familientisch nicht ausgeschlossen werden konnten. Auch hat sie in schwierigen Zeiten ... immer selbst mit angepackt. Nach dem Tod ihres Mannes hat sie wie selbstverständlich die persönliche Haftung ihres Mannes mit übernommen. (...) Der Gründer war zunächst 35 Jahre Einzelunternehmer und hat für die Ko-Evolution von Familie und Unternehmen einiges getan. Er hat an einem insgesamt harmonischen Familienleben mitgewirkt ... und er hat 1940 alle vier Kinder gegen den Widerstand des Sohns beteiligt. Sowohl die Kinder- als auch die Enkelkinder-Generation haben in ihm so etwas wie eine Leitfigur gesehen. Die hatten aber alle noch einen persönlichen Bezug. Die kannten ihn ja alle, da wurde das auf sie übertragen. Und deshalb jetzt die familieninternen Publikationen über das Gründerpaar und ihre Kinder, um denen, die sie nicht gekannt haben, das nahe zu bringen. Ich denke, das nimmt natürlich ab, je weiter die Entfernungen sind. Das sind die Probleme, die auch jetzt in dieser Übergangssituation auf die vierte Generation eine Rolle spielen« (H.-M. Schmidt).

Die Botschaft, die in diesen Geschichten vermittelt und gepflegt wird, lautet offenbar: Es gilt stets das Interesse des Unternehmens und das der Familie im Gleichgewicht zu halten. Das Unternehmen hat nicht Vorrang, aber die Familie auch nicht.

Neuerdings ist es das Bestreben, diese Balance eher in Richtung Unternehmen zu verschieben. Mit der absehbaren Zunahme der Gesellschafter in der vierten Generation ist das Ziel verbunden, die Relevanz der Stammeszugehörigkeit abzuschwächen. Bewusst werden Informationsveranstaltungen des Unternehmens für die Großfamilie (!) angeboten, auch gibt es – was nahe liegt für einen Verlag – eine Zeitschrift mit dem bezeichnenden Titel »Klartext«, die alle Gesellschafter über Unternehmens- und Branchenentwicklungen informieren soll. Zudem wurde ein Gesellschafterausschuss gebildet, der die Doppelfunktion übernimmt, zwischen den Stämmen und Generationen zu vermitteln. Damit hat der Verlag eine Infrastruktur aufgebaut, die ungewöhnlich ist für die noch relativ geringe Gesellschafterzahl von 26 Personen, aber schon die Möglichkeit bietet, den Schritt zur Großfamilienorganisation zu vollziehen.

Bevor die Vor- und Nachteile des Modells der Stammesorganisation im Einzelnen diskutiert werden, zur Ergänzung ein zweites Beispiel einer bekannten Stammesorganisation: die Familie Oetker.

Dr. August Oetker KG (als Holding des Familienkonzerns), Bielefeld[21]

Branche: Nahrungsmittel, Sekt/Wein/Spirituosen, Bier, Schifffahrt, Finanzdienstleistungen

Umsatz: ca. 6,4 Mrd. Euro

Mitarbeiter: ca. 21.000 (weltweit)

Kurzer geschichtlicher Rückblick
Die Familie des Firmengründers Dr. August Oetker (sen.) betrieb seit dem 17. Jahrhundert Landwirtschaft in Niedersachsen. Großvater und Vater des Gründers waren selbstständige Bäckermeister. Der älteste Sohn, der spätere Dr. August Oetker, verließ wie zwei seiner fünf Brüder das Elternhaus in dem Bestreben nach größerem wirtschaftlichen Erfolg. Alle drei wurden Unternehmer in der Ernährungsindustrie, wobei August der erfolgreichste war.

Firmengründer Dr. August Oetker

1891 erfolgte die Gründung des Unternehmens durch August Oetker ohne externes Kapital. Die Grundlage war eine Marketingidee, die in einer Bielefelder Apotheke geboren wurde. Dort arbeitete der junge Dr. Oetker und experimentierte mit verschiedenen Chemikalien. Das

---

21 Die folgende Darstellung orientiert sich an den Ausführungen von Dr. h. c. August Oetker während des Projektes.

Ergebnis war die Revolution des Backens: die Produktion des Backpulvers »Backin«. In kleine Tütchen wird genau die Menge Backpulver gefüllt, die auf ein Pfund Mehl zum Gelingen eines Kuchens notwendig ist. Durch die Standardisierung von Menge und Qualität kann der Backerfolg garantiert werden. Als auf die Backin-Packungen dann obendrein noch der weiße Frauenkopf auf rotem Grund (»Hellkopf«) gesetzt wurde, der auch heute noch als geschütztes Warenzeichen die Dr. Oetker-Produkte ziert, wurde das Unternehmen zu einem der Pioniere des Marketings und der Markenbildung. Auf die alltäglichen Bedürfnisse der Verbraucher(innen) abgestellte Marketingstrategien (Publikation von Rezepten, Backkurse usw.), die bereits die Gründungsphase des Unternehmens kennzeichnen, haben auch später wesentlich zum Erfolg des Unternehmens beigetragen.

Backin-Tütchen, um 1920

In Folge der Kriege muss die Familie zwei Schicksalsschläge verkraften. 1916 fällt Rudolf Oetker, der einzige Sohn und designierte Nachfolger von Dr. August Oetker. Der Gründer selbst stirbt zwei Jahre später. Er hinterlässt einen erfolgreichen Betrieb, der bereits über die deutschen Grenzen hinaus expandiert hat. Einige Jahre führt die Witwe des Gründersohnes das Unternehmen, bis sie Richard Kaselowsky, einen Freund der Familie, ehelicht, der ab 1920 die Leitung der Firma übernimmt.

1944 folgt der zweite Schicksalsschlag: Richard und Ida Kaselowsky sowie ihre zwei Töchter sterben in Folge eines Bombentreffers auf die Villa in Bielefeld. Früher als geplant übernimmt Rudolf-August Oetker, Enkel des Gründers, die Unternehmensführung. Ihm gelingt es, die schon vor dem Krieg übernommenen Beteiligungen unternehmerisch auszubauen. Die Gewinne im Stammgeschäft Nahrungsmittel, das in der Nachkriegszeit aufblüht, werden genutzt, um die Dr. Oetker-Gruppe aufzubauen. Was zunächst wie ein wahllos zusammengekauftes Sammelsurium an Unternehmen aussieht (Nahrungsmittel, Reederei, Banken, Hotels etc.), erweist sich in den Aufs und Abs der letzten 50 Jahre als durchaus erfolgreiche Diversifikationsstrategie.

Firmengebäude Dr. Oetker

1981 übernimmt Dr. August Oetker, der Urenkel des Gründers und ältester der fünf Söhne Rudolf-August Oetkers, die Leitung. Er setzt die Firmenpolitik seines Vaters fort, so dass inzwischen in der Dr. Oetker-Gruppe über 250 Unternehmen in folgende Geschäftsbereiche vereinigt sind:

- Nahrungsmittel (Dr. Oetker Backartikel, Dessertprodukte, Pizzen, Langnese-Honig, Costa etc.)
- Bier und alkoholfreie Getränke (Radeberger, Schöfferhofer, Selters etc.)
- Sekt, Wein, Spirituosen (Fürst von Metternich, Henkell, Wodka Gorbatschow etc.)
- Schifffahrt (Reederei Hamburg Süd)
- Finanzdienstleistungen (Bankhaus Lampe, Condor Versicherungsgruppe)
- Weitere Interessen (Chemische Fabrik Budenheim ...)

Gesellschafter/Gesellschafterversammlung

Das Unternehmen agiert als Personengesellschaft in Form einer KG als Holding der Dr. Oetker-Gruppe und wird durch den Beirat, die Gesellschafterversammlung sowie die so genannte Gruppenleitung (für jeden der sechs Geschäftsbereiche ein Leiter) gesteuert. Der Beirat, der aus fünf Mitgliedern besteht, von denen drei obligatorisch familienfremde Personen sein müssen, hat eine starke Machtposition, da er über die Besetzung der Leitungsposten entscheidet. Persönlich haftender Gesellschafter ist im Moment neben einem familienfremden Geschäftsführer der schon erwähnte Urenkel des Gründers, der auch den Namen des Gründers trägt, Dr. h. c. August Oetker.

Am stark vereinfacht dargestellten Familienstammbaum lässt sich die Entwicklung der Gesellschafteranteile aufzeigen.

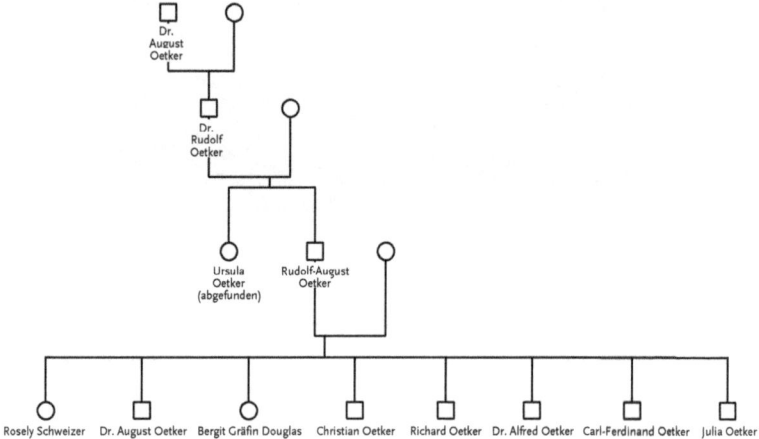

Abb. 7: Stammbaum der Familie Oetker (stark vereinfacht)

Geplant ist ursprünglich, dass das Unternehmen vom Gründer auf seinen Sohn Dr. Rudolf Oetker übergeht. Da dieser, wie erwähnt, früh verstirbt, führt zunächst dessen Frau Ida und später, nach der Heirat, Richard Kaselowsky das Unternehmen. Von Anbeginn ist klar, dass dies interimistisch geschehen soll, bis Rudolf-August Oetker ein Alter erreicht, um das Unternehmen übernehmen zu können. Auf Gesellschafterseite kommt es nach dem tragischen Bombentreffer 1944 zu einer Aufspaltung des Konzerns. Die ältere Schwester von Rudolf-August Oetker erbt diverse Unternehmensbeteiligungen, zudem wird sie für ihre Anteile an der August Oetker Nährmittelfabrik (GmbH) abgefunden. Auf diese Weise wird der Gründerenkel Rudolf-August Oetker zum alleinigen Familiengesellschafter und setzt so die Tradition des Gründers fort.

Zu einem grundlegenden Wandel kommt es im Übergang zur vierten Generation, denn jedes der im Alter weit auseinander liegenden Kinder wird bedacht. Rudolf-August Oetker, der einen geringen Anteil behält, und seine acht Kinder (von denen einige wiederum Kinder haben) sind die derzeitigen Familiengesellschafter der Dr. August Oetker KG. Jedes seiner Kinder begründet zukünftig einen Stamm, sie alle sind gleichberechtigte Gesellschafter. Nicht-Familienmitglieder oder Angeheiratete können nicht Gesellschafter werden und müssen gegebenenfalls einen Erbverzicht aussprechen.

Zweimal jährlich stattfindende Gesellschafterversammlungen bieten eine regelmäßige, stammesübergreifende Kommunikationsgelegenheit für die Familienmitglieder in ihrer Rolle als Gesellschafter. Die Gesellschafterversammlung besteht aus maximal acht Mitgliedern, so dass die Stämme sich auf jeweils einen Vertreter einigen müssen. Entscheidungen werden nach dem Mehrheitsprinzip gefällt und werden in Pattsituationen vom Beirat entschieden. Der Gesellschaftervertrag, in dem die Stammesorganisation geregelt ist, ist sehr kompliziert. Er wurde von Rudolf-August Oetker in dieser Präzision gefordert, um möglichst vielen Unwägbarkeiten von vornherein gerecht zu werden.

Eine wichtige Rolle bei der Forcierung des Stammesmodells dürfte in diesem Fall auch der Wunsch der Geschwister, speziell des ältesten männlichen Erbens, August Oetker, gewesen sein, eine gerechte geschwisterliche und dennoch dem Unternehmen angemessene Lösung zu finden. Den Vater davon zu überzeugen, war ein mühevoller Prozess.

Implizite familiäre Regeln

Die Unternehmerfamilie wird als eine »Schicksalsgemeinschaft« begriffen – kein Wunder, angesichts der genannten Schicksalsschläge, die ihre Fortsetzung in der erpresserischen Entführung eines Familienmitglieds, Richard Oetker, fanden. Das Verhältnis der Mitglieder untereinander erscheint dadurch mitbestimmt. Das betrifft vor allem auch die Öffentlichkeit, von der man sich beobachtet weiß. Als Familie heißt man eben nicht ungestraft wie ein Markenartikel (das ist die Kehrseite der Marketingorientierung des Unternehmens). Die familiäre Identität und die ihrer Mitglieder sind kaum vom Unternehmen zu trennen. So weiß offenbar jeder, dass seine eigenen Aktionen auf das Image des Unternehmens Auswirkungen haben, wie auch jeder weiß, dass sein eigener Wohlstand zu einem nicht geringen Teil vom Unternehmen abhängt.

Es gibt eigentlich kaum eine Zeit, in der das Unternehmen nicht mitgedacht wird. Auch dies dürfte wieder mit der öffentlichen Allgegenwart des Namens Oetker (zumindest in Deutschland) zu tun haben. So erinnert sich August Oetker an eine Fahrt als Kind mit dem VW-Bus ins firmeneigene Erholungsheim in Garmisch-Partenkirchen: »Wir fuhren im Schokoladenpudding mit Vanillesauce. Also, der Bus hatte braune Kotflügel, oben war er gelb, und dann war noch der Dr. Oetker-Kopf drauf. Damit wurde man dahin gebracht. Und wenn man dann zurück musste, und es kam ein VW-Bus, der grün war, dann wollte man da gar nicht einsteigen. Ohne Firmenfarben? Das kann nicht sein. Das Unternehmen war also von Anfang an präsent.«

Im Rückblick gesehen war nach dem Krieg die Rolle von Rudolf-August Oetker zentral. Er wirkte als Integrationsfigur in der Familie wie im Unternehmen. Eine Erwartung, die heute auf die persönlich haftenden Gesellschafter übergegangen ist.

Vorteile und Nachteile der Stammesorganisation
In beiden Familien, Oetker und Schmidt, sind die Gesellschafter in Stämme aufgeteilt. Genau genommen befindet sich das Unternehmen Schmidt im Übergang zu einer Großfamilienorganisation und Oetker am Anfang einer Stammesorganisation. Im Falle des Verlags Dr. Otto Schmidt gibt es nun schon eine mehr als 60 Jahre umfassende Erfahrung mit diesem Modell, im Falle Dr. Oetker steht die Bewährung noch bevor.

Aus wissenschaftlicher Sicht muss die Organisation des Gesellschafterkreises nach Stammesgesichtspunkten kritisch beurteilt werden. Die Vorgeschichte ihrer Etablierung zeigt auf den problematischen Punkt: In den meisten Fällen (Oetker scheint hier eine Ausnahme zu sein) sind sie auf den Wunsch des jeweiligen Patriarchen nach einer, seiner familiären Situation gerecht werdenden Lösung zurückzuführen. Dies ist sicher eine ehrenvolle Absicht und ein respektabler Wert – und als Ziel sicher auch funktionell für das Überleben des Unternehmens –, aber die Stammesorganisation birgt so viele Risiken, dass sie auf Dauer nicht wirklich zu empfehlen ist. Vergleicht man die beiden skizzierten Beispiele mit Unternehmen, die ein paar Generationen älter sind, so erweist sich, dass fast alle im Laufe ihrer Geschichte die Organisationsform der Stammesbildung durchlaufen hatten und sie aus Gründen der Familienstruktur oder in der Erkenntnis eines potenziellen Widerspruchs zu einer möglichst kompetenten und sachorientierten Führung der Geschäfte verlassen haben (s. u. C&A, Merck, Freudenberg, Haniel, Schmidt + Clemens).

In beiden Fällen handelt es sich, wie in den kurzen theoretischen Vorüberlegungen bereits dargestellt, um den Versuch, die Situation der zweiten Generation nach dem Gerechtigkeits- oder Gleichheitsideal für die Zukunft festzuschreiben. Das gilt auch – und wie es scheint: ganz besonders – für den Fall Oetker, denn Rudolf-August Oetker war eigentlich (formal juristisch) Neu-Gründer des Unternehmens und hat bis ins hohe Alter die Kontrolle über sein Unternehmen behalten. Auch wenn in den Gesellschafterverträgen Änderungsmöglichkeiten vorgesehen sind, sind diese Regelungen von der Idee geleitet, die Zukunft des Unternehmens und der Familie zu bestimmen. Soweit dies vorhersehbare Konfliktpunkte betrifft, ist dies sicher auch eine sinnvolle Überlegung. Allerdings scheint uns, dass die Stammesgliederung hier mit großer Wahrscheinlichkeit zu paradoxen Resultaten führt.

Aber, bevor diese Risiken erörtert werden, noch ein Blick auf die Vorzüge der Stammesorganisation. Das Beispiel Oetker, in dem die Zahl der Mitglieder der Gesellschafterversammlung auf acht (je ein Vertreter jeden Stammes) begrenzt ist, zeigt, dass die Unüberschaubarkeit und Komplexität der Beziehungen einer größer werdenden Familie sich so reduzieren lassen. Es ist sicher einfacher, sich unter acht als unter (später einmal) Hunderten von Familienmitgliedern über die zur Entscheidung anstehenden Fragen zu einigen. Die inhaltlich-sachlichen Auseinandersetzungen sind in die Stämme delegiert. Sie haben mit einer Stimme zu sprechen – und das tun sie denn auch. Das scheint die Abstimmungsprozesse zwischen Unternehmen und Familie einfacher zu machen. Allerdings ist dies nicht nur ein Vorteil, sondern auch der Nachteil. Die Stämme bilden gegeneinander abgegrenzte soziale Gruppierungen, die auch als handelnde Einheiten festgelegt sind. Wenn es zu Konflikten kommt, so sind sie als einander gegenüberstehende Konfliktparteien vorgegeben. Es geht dann bei irgendwelchen Auseinandersetzungen nicht mehr um inhaltlich-sachliche Fragen, sondern allein um die Unterscheidung »wir« vs. »die anderen«. Analog zur Staatenbildung, in der die nationale Identität jedes Einzelnen durch seine Geburt bestimmt wird (das ist ja die wörtliche Bedeutung von »Nationalität«), ist die Identität der nachgeborenen Familienmitglieder durch ihre angeborene Stammeszugehörigkeit bestimmt. Und wie bei der Zugehörigkeit zur »Nation« ist die Zugehörigkeit zu einem »Stamm« mit Loyalitätsforderungen verbunden. Kommt es zu einem Konflikt zwischen den Angehörigen unterschiedlicher Stämme, wird dies relativ schnell – unabhängig von Sachfragen – zu einem Konflikt zwischen den Stämmen.

Dies ist eine sicher nicht beabsichtigte, aber kaum vermeidbare Nebenwirkung der Stammesbildung, die Kehrseite der mit ihr verbundenen Komplexitätsreduktion. Sie festzuschreiben, kann daher in der Summe nicht im Interesse des Unternehmens liegen. Dies umso weniger, als sie sowieso aller Wahrscheinlichkeit nach spontan und selbstorganisiert stattfindet. Denn das »normale«, zeitgenössische Familienleben führt fast zwangsläufig – dem Drei-Generationen-Schema entsprechend – dazu, dass sich zwischen den Verwandten in direkter Linie engere Beziehungen und ein häufigerer Kontakt entwickeln als zwischen den entfernten Verwandten. Die Folge ist ein spontan entstehendes Stammesdenken. Auch ohne Festlegung in Gesellschafterverträgen neigen die meisten Menschen dazu, sich im Konfliktfall eher mit den ihnen näher stehenden oder vertrauteren Personen (hier: Verwandten) zu solidarisieren. All dies führt dazu, dass der Kern der Auseinandersetzungen sich von der Inhalts- auf die Beziehungsebene verschiebt, d. h., es geht dann darum, welche Partei oder familiale Fraktion (= Stamm) gewinnt, und nicht mehr um die Frage, welches die sachlich beste Lösung ist.

Hinzu kommt, dass die Beziehung von Geschwistern meist nicht konfliktfrei ist, gerade dann, wenn es »etwas zu erben« gibt. Die Festschreibung der Beziehungen der zweiten Generation in Form von Stämmen ist daher oft nicht mehr und nicht weniger als die Festschreibung eines nicht gelösten Geschwisterkonfliktes. Und dieser bei der Gründung der Stämme bereits bestehende Konflikt wird dann von Generation zu Generation weitervererbt, ohne dass die jeweils aktuellen Stammesmitglieder noch wissen, wie er einmal entstanden ist. Er wird zum Teil der familiären Kultur. Wenn dann noch hinzukommt, dass der Patriarch mehrfach geheiratet hat – was ja nicht so selten ist –, dann ist die Stammesregelung meist sein Versuch, auch all seinen verschiedenen Frauen und Ehen (Kleinfamilien) gerecht zu werden. Die Stämme liefern dann nicht nur eine Struktur, um Geschwisterkonflikte weiterzuvererben, sondern auch die Loyalitätsforderungen den jeweiligen Müttern gegenüber.

Es gibt noch einen weiteren Punkt, der ein kritisches Licht auf die von einem Patriarchen festgelegte Aufspaltung der Familie in Stämme wirft. Mit ihrer Hilfe wird versucht, eine Gleichheit festzuschreiben, die nur existiert, solange der jeweilige Patriarch noch seine Macht besitzt. Hierarchien haben generell – in jedem sozialen System, einer Familie wie einem Unternehmen – die Wirkung, dass sie bestimmte Kommunikationen überflüssig machen. Das gilt vor allem für Auseinandersetzungen über die Frage der Macht. Solange ein Hierarch (Firmenchef, Vater etc.) über die Macht verfügt, können die ihm Untergebenen sich im Blick auf ihre eigene beschränkte Macht in ihrer Gleichheit gegenseitig akzeptieren. Sobald er aber aus dem Spiel ist, entsteht ein Machtvakuum, und die Karten werden neu gemischt, d. h., die bis dahin nicht hinterfragte Gleichheit wird nun nicht mehr als selbstverständlich akzeptiert, und Machtansprüche werden angemeldet. Wenn sie nicht konsensuell entschieden werden können, dann kommt es zum »Krieg«. Es fehlt eine friedensstiftende »höhere Macht« oder Autoritätsinstanz.

Das ist einer der wichtigsten Gründe, warum es immer wieder nach dem Ausscheiden eines in seiner Autorität von allen gewürdigten Firmenchefs – scheinbar aus heiterem Himmel – zu hoch emotionalen und bis aufs Messer geführten Konflikten zwischen Menschen kommt, die bis dahin freundschaftlich, ja, geschwisterlich und erfolgreich kooperiert haben. Was zu Lebzeiten des Patriarchen noch zähneknirschend akzeptiert wird, führt nach dessen Ableben zu heftigen Kämpfen. Das Ziel so mancher Stammesbildung liegt vermutlich darin, genau dies zu verhindern. Die Form des Stammes macht Streit aber aller Erfahrung nach wahrscheinlicher und, da es sich dann nicht um Konflikte Einzelner handelt, sondern um die zwischen Stämmen, für das Unternehmen gefährlicher.

Deswegen reicht es im Allgemeinen nicht aus, auf eine Stammesbildung zu verzichten. Da sie spontan entsteht, empfiehlt es sich, ihr systematisch entgegenzuarbeiten (wie dies im Modell der »Großfamilie als Organisation« geschieht). Ein Beispiel für dieses Entgegenarbeiten bzw. für das Entschärfen der Wirkung von Stammesbildung ist die Regel des Verlags Dr. Otto Schmidt, dass nur Personen, die mindestens 30 Jahre alt sind, Gesellschafter werden können. Das Ziel ist, »gestandene Leute mit selbst erarbeitetem Einkommen, die nicht zwangsläufig tun, was ihnen ihre Eltern sagen, auch wenn Erbteil oder Pflichtteil immer noch von einem ›Wohlverhalten‹ abhängig gemacht werden kann« (H.-M. Schmidt), in der Gesellschafterversammlung zu haben. Auch die Tatsache, dass alle Gesellschafter in der Gesellschafterversammlung sitzen, sie keine Vertreter senden können und die Stimmen nicht gepoolt werden dürfen, setzt die spaltende Wirkung von Stämmen faktisch weitgehend außer Kraft. Eine andere Form der Entschärfung der Stammesdynamik ist die Etablierung eines starken, von familienfremden Persönlichkeiten dominierten Beirates, wie dies bei Schmidt + Clemens geschehen ist.

Zusammenfassend lässt sich sagen, dass die Stammesbildung aus innerfamiliären Gründen erfolgt. Sie führt dazu, dass die Familie für das Unternehmen auf den ersten Blick überschaubarer wird, weil – wie im Fall Oetker – die einzelnen Familienmitglieder nicht mehr wirklich wichtig in den Gremien sind. Der Preis auf individueller Ebene ist, dass das persönliche Potenzial der Familienmitglieder nur wenig als Ressource für das Unternehmen ins Blickfeld gerät. Vollends problematisch ist es, dass mit den Stämmen Konfliktlinien suggeriert (und gegebenenfalls realisiert) werden, die frei von allen für das Überleben des Unternehmens entscheidenden sachlichen Kriterien sind. Der Stamm wird für die Mitglieder zur emotional wichtigeren Überlebenseinheit. Dieser werden im Konfliktfall die Interessen des Unternehmens untergeordnet. Aufgrund dieser Verbundenheit geht es immer (zumindest auch) um die Beziehung der Stämme zueinander – und diese Stämme halten fast immer so große Anteile, dass sie sich gegenseitig blockieren könnten. Die Oetker'schen acht Stämme sind eher die Ausnahme, oft gibt es nur zwei oder drei Stämme, unter denen Einigungszwang herrscht. Der Zwang, sich einigen zu müssen, wird nach außen oft als große Übereinstimmung dargestellt: »Schon seit 20 Jahren sind alle Gesellschafterentscheidungen einstimmig verlaufen!« Übersehen wird dabei, dass jede Uneinigkeit zugleich eine Pattsituation hervorrufen würde. Sachkonflikte werden nicht ausgetragen, damit nicht der Worst Case eintritt und es zu Stammesfehden kommt.

Vorgegebene Konfliktlinien und eine Konsenspflicht ergeben eine hoch riskante Mischung gegenläufiger Dynamiken. Was sich auf den ersten Blick als stabiles Muster auf Eigentümerseite zeigt, erweist sich auf den zweiten Blick als eine Organisation der Gesellschafter, die viele langlebige Unternehmen aus guten Gründen verändert haben.

Dass ihnen die Auflösung der Stämme – oft erst nach Auseinandersetzungen, die das Unternehmen existenziell bedrohten – gelungen ist, mag aber auch dem Faktor Zeit zuzuschreiben sein. Denn der Grad der Verwandtschaft mit den Stammesgründern wie auch untereinander und die aufgrund eines gemeinsam geteilten Alltagslebens entstehende emotionale Nähe nehmen mit jeder weiteren Generation mit einer gewissen Wahrscheinlichkeit ab – und damit auch die Loyalitätserwartungen innerhalb der Stämme.

4.6 Das Mehr-Familien-Unternehmen

Nicht selten werden Unternehmen von mehreren nicht miteinander verwandten Personen gegründet. Vor einigen Jahren fand man dieses Phänomen häufig bei den aus dem Boden schießenden Internet-Firmen, wo Freunde oder Geistesverwandte sich zusammentaten, um »die Welt zu erobern«. Sie hatten meist nicht im Sinn, ein Familienunternehmen zu gründen, zumal sie für die Gründung von Familien meist gar keine Zeit hatten. Ob vor hundert Jahren die Beziehung von Unternehmensgründern anders war, als dies heute der Fall ist, weiß natürlich keiner mehr genau. Aber, und das kann sicher festgestellt werden, viele solcher, um die Wende des 19. zum 20. Jahrhundert von mehreren Personen gegründeten Unternehmen waren und sind sehr erfolgreich und erfreuen sich bester Gesundheit. Es lohnt sich also, auch einen Blick auf das Modell des Mehr-Familien-Unternehmens zu werfen und auch hier zu untersuchen, wie die Familienseite sich organisiert.

Zunächst scheint es, als ob wir es hier mit einer Spezialform der Stammesorganisation zu tun hätten. Macht es wirklich einen Unterschied, ob zwei Stämme einer Familie (die möglicherweise nicht einmal denselben Namen tragen) oder zwei Familien gemeinsam die Anteile an einem Unternehmen halten? Eine Frage, die es näher zu überprüfen gilt. Auch hier hilft der konkrete Fall, um Hypothesen zu erstellen bzw. ihre Stichhaltigkeit zu klären.

Huf Hülsbeck & Fürst GmbH & Co. KG, Velbert[22]

Branche: Mechanische und elektronische Schließsysteme für die Automobilindustrie

Umsatz: ca. 720 Mio. Euro

Mitarbeiter: ca. 5100

Kurzer geschichtlicher Rückblick

Das Unternehmen wurde mit 10.000 Goldmark Startkapital 1908 als GmbH von Ernst Hülsbeck, dem Großvater des heutigen persönlich haftenden Gesellschafters, zusammen mit August Fürst gegründet. Unternehmenszweck damals wie heute: Herstellung und Verkauf von Schlössern. Dabei hat sich im Laufe von fast 100 Jahren Unternehmensentwicklung die Art der Schlösser gewandelt. Huf Hülsbeck & Fürst wurde vom Hersteller von Möbelschlössern zum Lieferanten fast aller großen Automobilproduzenten weltweit. Schon 1920 wurden Opel, Audi und Mercedes beliefert, und auch heute noch, mehr als 80 Jahre später, bestehen die Geschäftsbeziehungen. Im Laufe der Zeit sind immer mehr nationale und internationale Automobilhersteller hinzugekommen ($^2/_3$ aller in Deutschland gefertigten Autos sind mit Huf-Schließsystemen bestückt). Das Unternehmen ist deshalb auch international ausgerichtet. Nur noch ein Drittel der Mitarbeiter ist in Deutschland beschäftigt, und nur noch die Hälfte des Umsatzes wird im Inland erzielt.

Ernst Hülsbeck, Gründer   *August Fürst, Gründer*

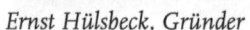

22 Die Fallskizze folgt der Darstellung des Unternehmens durch Ulrich Hülsbeck, des persönlich haftenden Gesellschafters der Huf Hülsbeck & Fürst GmbH & Co. KG im Rahmen des Forschungsprojektes.

Die Gründungsgeschichte beginnt mit der professionellen Beziehung zweier Menschen, der beiden Gründer, denen von Beginn an die gleichberechtigte Kooperation ein hoher Wert war. Beide hatten sich in ihrer Lehrfirma kennen und schätzen gelernt. Ernst Hülsbeck stammte aus einer Bauernfamilie, war aber nicht der Erstgeborene, konnte daher nicht den Hof übernehmen und wurde Kaufmann. Er erbte aber Anteile an einem verkauften Hof, so dass er im Alter von 25 Jahren über das nötige Kapital für eine Unternehmensgründung verfügte. Um dem 14 Jahre älteren Werkmeister August Fürst die gleichberechtigte Teilhabe am Unternehmen zu ermöglichen, stellte er seinem Mitgründer die nötigen 50 % Gründungskapital als Kredit zur Verfügung. Trotz des unterschiedlichen Investments wurde das Verhältnis stets als egalitär gehandhabt. Die Gleichheit zwischen beiden und in der Folge zwischen ihren Familien war von Beginn an ein wichtiger Wert, der von allen respektiert wurde. Obwohl es nirgendwo in Verträgen oder Satzungen festgeschrieben wurde, ist dies offenbar eine der Grundlagen der gelingenden Kooperation der beiden nicht miteinander verwandten oder verschwägerten Familien. Das galt für die ersten 90 Jahre, in denen die Anteile zu jeweils 50 % auf die beiden Familien entfielen; und es gilt im Prinzip immer noch, obwohl 1997 Siemens als strategischer Partner 25,1 % der Anteile übernommen hat. Bis dahin stellte jede Familie einen Geschäftsführer, jetzt ist ein dritter, von Siemens benannter Geschäftsführer hinzugekommen.

Trotz oder wegen (?) der theoretisch möglichen Pattsituation zwischen den beiden Familien kam es nie zu irgendwelchen Machtkämpfen um die Kontrolle des Unternehmens. Programmatisch war hier offenbar die Beziehung der Gründer zueinander. Sie standen persönlich auf gutem Fuß miteinander, hatten aber – trotz der räumlichen Nähe (beide Familien wohnten lange Zeit im selben Haus) und der zwangsläufig vielen, miteinander verbrachten Arbeitszeit – nie eine familienartige, primär von Emotionen bestimmte, »nahe« Beziehung. Sie hatte von Anbeginn einen professionellen Charakter, d. h., sie wurde von Sachfragen geleitet, und beide hielten stets eine gewisse formelle Distanz aufrecht. Dennoch kann gesagt werden, dass bislang das gute gegenseitige, persönliche »Verstehen« der Vertreter beider Firmen ein entscheidender Faktor für die reibungslose Zusammenarbeit war. »Glück gehabt«, sagt Ulrich Hülsbeck, doch dahinter steckt mehr.

Beide Familien respektierten jeweils ihre Familiengrenzen und mischten sich nicht gegenseitig in Erbregelungen oder die jeweils an-

Blick in die Fertigung von Huf Hülsbeck & Fürst, 5oer Jahre

dere Familie betreffende, interne Fragen ein. So kommt es, dass in beiden Familien ganz unterschiedliche Erbregelungen praktiziert wurden. Einzig gemeinsames Prinzip ist die Vorgabe: Ein Familienvertreter (möglichst ein Sohn) ist jeweils als Geschäftsführer für das Unternehmen verantwortlich.

Es wurde aber nicht nur eine klare Grenzziehung zwischen den beiden Familien aufrechterhalten, sondern auch die Grenze zwischen Unternehmen und Familie war und ist deutlich. Das gilt auch heute noch, wo beispielsweise im Alltagsleben der Familie Hülsbeck das Unternehmen keine Rolle spielt, d. h., die Kinder haben erst sehr spät mitbekommen, dass die Familie eine so enge Beziehung zur Firma Huf Hülsbeck & Fürst hat. Da das Familienleben stark vom Unternehmen abgeschottet ist, entwickeln die Kinder auch nicht die Erwartungshaltung, im Unternehmen eine wichtige Rolle spielen zu müssen. Ihre Identifikation mit der Firma ist begrenzt.

In der Familie Hülsbeck gab es im Laufe der Geschichte unterschiedliche Erbregelungen. Der Gründer hatte drei Kindern das Unternehmen zu unterschiedlichen Teilen vererbt, wobei dessen Sohn, Dr. Werner Hülsbeck, der seine Nachfolge in der Geschäftsleitung angetreten hatte, einen höheren Anteil erhielt. »Dem Entgegenkommen meiner beiden Tanten, Schwestern von Werner, ist es zu verdanken, dass mein Vater deren Anteile über eine langfristige Bezahlung erwerben konnte. Das hohe Risiko, das mein Vater als haftender Komplementär der KG alleine mit einem Geschäftsführer der Familie Fürst tragen musste, war damals ein starkes Argument für die Anteilsübertragung. Ein weiteres Argument war, dass auch bei der Familie Fürst die Anteile an einen einzigen Erben weitergegeben wurden (den Geschäftsführer), so dass durch die Übertragung auf meinen Vater in beiden Familien die Anteile jeweils von einer Person gehalten wurden. Beide Familien haben dann im nächsten Erbgang ebenfalls die Anteile auf einen einzigen Erben in jeder Familie weitergegeben. Somit hat sich aus der praktischen Erfahrung des ersten Erbgangs so etwas wie eine ungeschriebene Regelung herausgebildet.

»Vorausgesetzt, jede Familie kann einen Nachkommen als kompetenten Geschäftsführer stellen, halte ich das Zusammenhalten der Anteile für eine gute Lösung, weil viele Entscheidungen einfacher werden, wenn nur eine Person in der Familie das Sagen hat« (U. Hülsbeck).

Mit dem Erwerb der Anteile durch Dr. Werner Hülsbeck wurden die Eigentumsverhältnisse in einer Weise geändert, dass wieder die Verhältnisse wie bei der Gründung des Unternehmens hergestellt wurden (»Re-Inszenierung der Gründerfamilien«). Das Prinzip, das Kapital in einer Hand zu halten, wird von beiden Familien befolgt. Eine Folge dieser Regelung ist, dass die jeweils abgefundenen Familienmitglieder in der Beziehung zum Unternehmen wie fremde Dritte behandelt werden und, so zeigt die Erfahrung, sich auch nicht mit ihm identifizieren.

Durch festgeschriebene Verkaufsregelungen wird der Zwei-Familiencharakter des Unternehmens gesichert: Anteile können innerhalb der eigenen Familie übertragen werden, dann ist die jeweils andere Familie berechtigt, und dann kommen erst fremde Dritte (wie Siemens) ins Spiel.

Mit dem Verkauf von Anteilen an Siemens wurde eine von beiden Familien zu gleichen Teilen getragene Beteiligungsgesellschaft gegründet.

Informelle Regeln der Familie und des Unternehmens
Wie in vielen Familienunternehmen hat sich auch bei Huf Hülsbeck
& Fürst ein Motto etabliert. Das von Großvater Hülsbeck ausgegebene
Firmen-Motto lautet: »Wagen und Wägen.« Dazu die Erklärung von
Ulrich Hülsbeck: »Ich fragte meinen Vater: ›Warum denn nicht erst
Wägen und dann Wagen?‹ Da sagte er: ›Das ist eben das Entscheiden-
de, dass das praktisch eine Aufzählung ist und nicht eine Abfolge, weil
es nämlich gleichzeitig passiert. Wenn man zu lange wägt, dann ist es
zu spät zum Wagen.‹«

Zudem wird »eisenhart« der Grundsatz »Firma geht vor Familie«
gelebt – auch ohne dass es dafür juristische Hebel gibt. Das führt dazu, dass den Kindern nicht das Gefühl vermittelt wird, sie könnten
irgendwelche Ansprüche an das Unternehmen stellen. Deshalb hat
wahrscheinlich auch bislang das Prinzip, das Kapital in einer Hand in
jeder Familie zu halten, ohne allzu große Konflikte funktioniert.

Da zwischen den Familien keine »innige« Beziehung besteht,
wird die Grenze zwischen Privat- und Firmenvermögen konsequent
respektiert (schon um zu vermeiden, dass Misstrauen und Neid zwischen den Familien entstehen können).

Kommentar aus der Außenperspektive, Vor- und Nachteile des Modells
Sowohl im Mehr-Familien-Modell als auch im Stammesmodell muss
die Entwicklung des Unternehmens mit der mehrerer sozial gegeneinander abgegrenzter Einheiten koordiniert werden. Doch darin er-
schöpfen sich schon die Gemeinsamkeiten. Das beginnt bei der Entstehung dieser Einheiten bzw. der Beziehung ihrer Begründer zueinander. Stämme entstehen als familieninterne Strukturen, und sie
gehen auf Zwangsbeziehungen (zwischen Geschwistern) zurück, die
biologisch bedingt sind und nicht auf freiwilliger Partnerwahl beruhen. Wen man als Bruder oder Schwester hat, kann man sich nicht
aussuchen, und es ist oft genug ein (glückliches oder unglückliches)
Schicksal. Die Bildung der Stämme hat in der Regel familiäre, d. h.
keine aus der Unternehmensrationalität abgeleiteten, Gründe, und sie
ist meist von einem Erblasser verordnet, um den an sich selbst gerich-
teten Anspruch, seine Kinder gerecht zu behandeln, zu befriedigen.

Wenn beim Stammesmodell die Gefahr besteht, dass Geschwis-
terrivalitäten und -konflikte festgeschrieben werden und weitervererbt werden, so besteht beim Mehr-Familien-Modell im Gegensatz
dazu die Chance, dass die Kooperationswilligkeit und -fähigkeit der

Gründer, die ohne äußeren Zwang zusammengefunden haben, als spezifisches Kulturmerkmal beider Familien an nachfolgende Generationen weitergegeben wird.

Auch wenn man die internen Strukturen vergleicht, unterscheiden sich beide Modelle. Im Falle Huf Hülsbeck & Fürst folgen beide Gesellschafterfamilien dem Schema »Re-Inszenierung der Kleinfamilie«, während innerhalb von Stämmen meist eine Verkleinerung der individuellen Anteile (Beispiel Verlag Dr. Otto Schmidt) zu beobachten ist, was mit der Notwendigkeit der Schaffung von Koordinationsgremien innerhalb der Stämme verbunden ist. Im Mehr-Familien-Unternehmen sichern hingegen Personen, die beiden Vertreter der Familie in der Geschäftsführung, die Schnittstelle zwischen den Familien und dem Unternehmen. Auch dies ist analog zum Kleinfamilienmodell, nur dass es jetzt eben nicht ein Unternehmer ist, sondern zwei, die sich verstehen müssen.

Risiko und Chance solcher sehr auf die betreffenden Personen hin orientierten Modelle halten sich wohl die Waage. Wenn es gut geht (die Personen kompetent sind und sich verstehen), dann ersetzt die persönliche Beziehung alle denkbaren Gremien. Unkomplizierte und informelle Kommunikationsmuster ermöglichen schnelle und konsensuelle Entscheidungen. Wenn es nicht gut geht, dann eröffnet eine 50/50-Anteilssituation natürlich jeder nur denkbaren Pathologie Tür und Tor. Doch es mag gerade dieses Bewusstsein des Risikos sein, das die Familien so sorgsam miteinander umgehen lässt. Beide akzeptieren den Wert, dass das Unternehmen Vorrang hat, und beide sind in ihren finanziellen Ansprüchen an das Unternehmen bescheiden. Dies bietet die Grundlage für eine umkomplizierte Konsensbildung. Dass beide Familien trotz langer gemeinsamer Geschichte eher distanziert miteinander umgehen, dürfte auch helfen, das Konfliktpotenzial niedriger zu halten als zwischen Stämmen. Die Kommunikation zwischen Stämmen wird schließlich immer als Form der innerfamiliären Intimkommunikation verstanden, d. h., den kulturellen Mustern entsprechend ist hier der Ausdruck von Gefühlen nicht nur erlaubt, sondern er wird auch erwartet. In der Beziehung zwischen Fremden (fremden Familien) sorgt die Einhaltung von Konventionen des guten Benehmens immer für eine höhere Affektkontrolle, als dies innerhalb einer Familie zu erwarten ist.

Aber auch innerfamiliär dürfte die Tatsache, in einer gemeinsamen Verantwortung mit einer anderen Familie für das Unternehmen zu stehen, eine disziplinierende Wirkung haben. Man weiß sich immer durch die andere Familie – zumindest im Blick auf das, was man im Unternehmen und mit ihm anstellt – beobachtet. So wird eine gegenseitige formale Kontrolle überflüssig, weil vorauseilend Selbstkontrolle praktiziert wird.

Aus den genannten Gründen erscheinen die langfristigen Erfolgschancen von Mehr-Familien-Unternehmen größer als die von Unternehmen, in denen sich die Familie in Stämme aufspaltet. Die Risiken wie Chancen liegen, wie in allen Unternehmensformen, die eher über einzelne Personen statt durch Prozeduren und Gremien strukturiert sind, in den konkreten Personen. Das Unternehmen ist abhängig von deren persönlichen Qualitäten und der Qualität ihrer Beziehung.

4.7 Die Großfamilie als Organisation

Familien wachsen exponentiell. Die Wahrscheinlichkeit, dass eine Familie von Generation zu Generation immer mehr Mitglieder umfasst, ist groß. Bei Familien, die in ihrer Entwicklung nicht mit einem Unternehmen gekoppelt sind, wird dieses Problem durch das oben skizzierte Drei-Generationen-Schema gelöst, das es jedem erlaubt, die Geschichte neu zu beginnen und seine eigene Familie zu gründen. Wenn aber ein (erfolgreiches) Unternehmen im Familienbesitz ist, beginnt die Geschichte nicht immer wieder neu, sondern sie hat mit der Gründung des Unternehmens und der Unternehmerfamilie begonnen. Deshalb muss die Familie eine Strategie zur Bewältigung ihres eigenen Wachstums finden. Was macht man mit 150, 500 oder gar 1000 Familienmitgliedern? Wie koordiniert man deren Beziehungen? Wie werden Entscheidungen getroffen, die alle zumindest grundsätzlich mittragen können?

Die Re-Inszenierung der Kleinfamilie ist ein Versuch, die vorhersehbare Komplexität der Familie durch ihre bewusste Verkleinerung in den Grenzen der Gründungssituation zu halten. Dann hat man es mit einer Form des Familienlebens zu tun, das sich nur wenig von dem der anderen Familien im jeweiligen kulturell-gesellschaftlichen Umfeld unterscheidet. Man braucht keine spezielle Familienverfassung oder formalisierte Spielregeln, die den Umgang der Generationen miteinander festschreiben.

Die Aufteilung der Familie in Stämme ist ein Versuch, die Komplexität durch Differenzierung zu organisieren. Doch wenn man nur lange genug wartet, so werden auch die Stämme so groß, dass ein nächster Schritt der Komplexitätsbewältigung ansteht. Werden die Konflikte zwischen den Stämmen unüberbrückbar, kommt es oftmals zur Aufspaltung des Unternehmens (Realteilung), so dass die Stämme dann ihre nun juristisch klar getrennten Unternehmen autonom führen können. Damit ist das Problem erst einmal gelöst, um sich dann jedoch innerhalb der Stämme nach einigen Generationen zu wiederholen, wenn erneut das Familienwachstum zu bewältigen ist. Auch auf dieser Stufe gibt es also die Möglichkeit, einmal gefundene Lösungen zu re-inszenieren.

Ein ganz anderer Weg, und der scheint von der Theorie wie von den Erfahrungen der untersuchten Mehr-Generationen-Unternehmen her der langfristig sinnvollste und aussichtsreichste zu sein, ist die Auflösung der Stämme und die Bildung einer Großfamilie. Ihr eröffnen speziell geschaffene, organisatorische Strukturen die Möglichkeit, die Ressourcen der Familienmitglieder ohne Rücksicht auf Stämme oder besondere verwandtschaftliche Bindungen für das Unternehmen zu nutzen. Es ist ein Modell, das wir »Großfamilie als Organisation« bezeichnen wollen. Es ist bei solch nachhaltig erfolgreichen Unternehmen wie Merck, Freudenberg, C&A und Haniel zu finden.

Auch muss betont werden, und das soll in der Bezeichnung »Familie als Organisation« impliziert sein: Es gibt eine Vielzahl unterschiedlicher Organisationsformen der Großfamilie, die allesamt mit dem Wohlergehen des Unternehmens vereinbar sind.

Was die Familien der Familienunternehmen von anderen Familien und Familienunternehmen von anderen Unternehmen unterscheidet, ist die Komplexität der Beziehungen, die dadurch entsteht, dass jeder Einzelne gleichzeitig unterschiedlichen sozialen Systemen angehören kann, die seine Identität bestimmen. Denn die individuelle Identität ist immer zu einem großen Teil von den sozialen Zugehörigkeiten bzw. der individuellen Mischung von Zugehörigkeiten bestimmt. Für die Identität der Mitglieder von Unternehmerfamilien sind dabei die drei bereits genannten, strukturell gekoppelten sozialen Systeme entscheidend: die Familie, die Gemeinschaft der Eigentümer und das Unternehmen. Jedes dieser drei Systeme definiert nach ganz unterschiedlichen Kriterien seine Grenzen und damit die Regeln des Zutritts und Austritts. Die Komplexität einer jeden Großfamilie entsteht dadurch, dass die betroffenen Personen nicht alle die

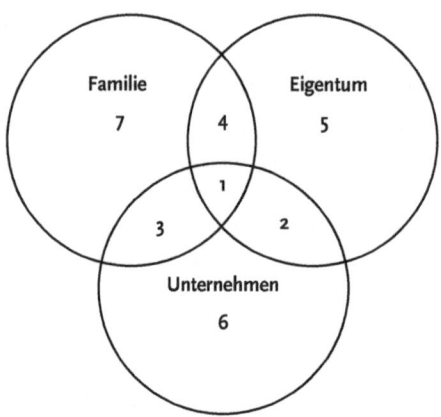

1: Familienmitglied, Anteilseigner,
   im Unternehmen tätig
2: Anteilseigner, im Unternehmen tätig
3: Familienmitglied, im Unternehmen tätig

4: Familienmitglied, Anteilseigner
5: Anteilseigner
6: im Unternehmen tätig
7: Familienmitglied

Abb. 8: Mögliche Zugehörigkeit von Personen zu unterschiedlichen sozialen Systemen

gleichen Zugehörigkeiten aufweisen. So gibt es Familien, in denen einige Familienmitglieder im Unternehmen arbeiten, andere nicht, und nur wenige Menschen, die im Unternehmen arbeiten, sind Familienmitglieder. In manchen Familien sind nur ein oder zwei Mitglieder auch Gesellschafter, und in manchen Unternehmen gibt es neben Familienmitgliedern auch familienfremde Gesellschafter usw. (siehe Abbildung 8).

Die Variationsmöglichkeiten sind groß. Eine großfamiliäre Struktur zu finden, die all diesen Unterschieden gerecht wird, ist objektiv gesehen schwierig.

Ein Weg der Komplexitätsreduktion ist es, bestimmte Zugehörigkeiten zu fordern oder zu verbieten, um bestimmte Funktionen im Unternehmen oder der Gesellschafterversammlung auszuüben. Zwei extreme Beispiele, die gewissermaßen Gegenpole bilden, sollen im Folgenden skizziert werden: C&A und Haniel.

Die extremen Pole des Spektrums: Es gibt nur tätige Gesellschafter (C&A) vs. es gibt gar keine tätigen Gesellschafter im Unternehmen (Haniel).

Eines der besten Beispiele, in dem nur im Unternehmen tätige Familienmitglieder auch den Inhaberstatus erreichen können, dürfte

wohl die Familie Brenninkmeyer[23] liefern, bzw. ihr Unternehmen
C&A. Im oben gezeigten Schema heißt dies, dass Personen, die der
Position 1 angehören, eine besondere Prominenz genießen und eine
Leitungsfunktion ausüben. Sie weisen eine dreifache Zugehörigkeit
(»Identität«) zu Familie, Gesellschafterkreis und Unternehmen auf.
Um sie zu erwerben, bedarf es spezieller Zugangs- und Austrittsre-
geln. Die Rollenkombinationen und Identitäten 4 (Familienmitglieder, die Anteilseigner, aber nicht im Unternehmen tätig sind), 2 (Anteilseigner, die im Unternehmen tätig sind, aber nicht zur Familie gehören) und 5 (Anteilseigner, die weder zur Familie gehören, noch im
Unternehmen tätig sind) sind in diesem Modell bei C&A – wenn unsere Analysen und Annahmen stimmen – hingegen nicht vorgesehen.

C&A

Branche: Textileinzelhandel, Immobilien, Finanzdienstleitungen

Umsatz: keine Angabe

Mitarbeiter: keine Angabe

Kurzer geschichtlicher Rückblick
Die Familie Brenninkmeyer stammt aus Mettingen in Westfalen, einer damals rein landwirtschaftlich geprägten Region, die über Jahrhunderte vorwiegend vom Flachsanbau lebte. Die Herstellung und
der Handel mit dem daraus gewonnenen Leinen und Leinenproduk-
ten bildeten »seit jeher« die wirtschaftliche Lebensgrundlage des klei-

---

23 Zu unseren hier präsentierten Schlussfolgerungen gab es keinen Kommentar seitens
Herrn Brenninkmeyers. Themen bezüglich Nachfolge, Gesellschafterstatus und damit
verbundene Erbschaftsregelungen werden in der Familie strikt »privat« behandelt. Aufgrund der Tradition in der Familie (siehe folgender Abschnitt) sowie unserer und auch anderer Analysen darf allerdings angenommen werden, dass Unternehmen und Familie
strikt getrennt wurden und werden. Insofern würde oben angeführte Annahme, dass es
bei C&A nur tätige Gesellschafter gibt, zutreffen. Siehe dazu unter anderem auch den Artikel von Ruth Vierbuchen »Eine unheimlich kluge Balance« (Handelsblatt, 16.2.2005),
worin sie, sich stützend auf Analysen von Dietrich Reinhardt, Kapl Consulting, das Familienmanagement der Brenninkmeyers beschreibt. Einiges davon konnte durch Herrn
Brenninkmeyer durchaus bestätigt werden, anderes unterlag als »privat« dem Siegel der
Verschwiegenheit. Selbstverständlich haben wir dies respektiert, haben uns aber erlaubt,
aus dem, was bekannt ist, einige Schlussfolgerungen zu ziehen, und haben Annahmen
formuliert, die mit hoher Wahrscheinlichkeit zutreffen. Dennoch muss betont werden,
dass von den hier abgedruckten Folgerungen explizit nur die von Bernward W. M. Brenninkmeyer autorisiert worden sind, die als wörtliche Zitate ausgewiesen sind.

nen Ortes. Das Weben des Flachses zu Leinen war meist den weiblichen Familienmitgliedern, der Verkauf von Haus zu Haus (besser wohl: Hof-zu-Hof-Verkauf) den männlichen Familienmitgliedern zugeordnet. Diese folgten, bepackt mit der Ware in Körben auf ihren Rücken, als so genannte »Kiepenkerle« bestimmten Handelsrouten in verschiedene Richtungen und besuchten ihre Kunden.

Die in Mettingen und Umgebung lebenden Familien waren durch ihren streng katholischen Glauben und durch eine eigene, im Laufe der Zeit unter den Leinen-Händlern entstandene »Geheim«-Sprache eng miteinander verbunden. Ein Konkurrenzproblem gab es nur in geringem Maße, denn die Familien widmeten sich alle dem Fernhandel. Jede Familie oder jede Gruppe von Familien hatte ihre eigenen Handelspfade, und Europa war in abgegrenzte Interessengebiete aufgeteilt. So gingen die Handelsrouten über die Hansestädte Lübeck, Danzig bis nach Stockholm und St. Petersburg im Norden und Osten und über Friesland in den Norden Hollands sowie über Bentheim und Oldenzaal bis nach Amsterdam im Westen.

Dabei vergaßen die jeweiligen Familien nie ihre gemeinsamen Wurzeln und Traditionen. Wenn »Not am Mann« war, konnte man untereinander immer auf Hilfe rechnen. Aus dieser Tradition sind viele Unternehmen hervorgegangen: Noch heute stehen Familiennamen aus Mettingen und Umgebung für bekannte Unternehmen der Textilbranche (z. B. Voss, Hettlage, Peek & Cloppenburg).

Dieses zentrifugale Muster, das in Mettingen praktiziert wurde und den verschiedenen Familien erlaubte, in derselben Branche (im Verlaufe der Zeit entwickelten sich die verschiedenen Familien auch in unterschiedlichen Branchen weiter) erfolgreich zu sein, ohne miteinander in Wettbewerb treten zu müssen, bildet auch – das sei hier kommentierend vorweggenommen – das Muster des Wachstums und der globalen Expansion der Firma C&A.

1841 gründeten die Brüder Clemens und August (C&A) Brenninkmeyer eine Niederlassung in Sneek, im Norden der Niederlande. Dies wurde nötig, da es durch politische Grenzziehungen zur Behinderung des Fernhandels in Europa gekommen war.

Von Beginn an war die Egalität der Brüder ein konstituierendes Prinzip des Unternehmens. Das erste Kassenbuch zeigt, dass Clemens im Vergleich zu August etwa das 5fache eingebracht hat. Trotzdem dürfte das Egalitätsprinzip unter den Brüdern vorgeherrscht haben. Sie waren sich ihrer unterschiedlichen Qualitäten wohl bewusst,

denn aus dem Kassenbuch geht hervor, dass August auch wesentlich
mehr ausgab als Clemens, was wiederum auf eine entsprechende Arbeitsteilung hinweist. Der eine mehr »Kaufmann«, mehr Spesen ver-
ursachend, der andere vielleicht eher der Organisator. Es gibt allerdings nirgendwo Hinweise darauf, dass durch erhöhte Einnahmen
und unterschiedliche Aufgaben der eine Bruder »mehr zu sagen gehabt hätte« als der andere. Das zeigt sich auch daran, dass der Gewinn
von ca. 1000 Gulden, den die beiden Brüder im ersten Jahr erwirtschafteten, fast gleich unter den beiden Brüdern aufgeteilt wurde.
»Der Spruch »Eintracht bedeutet Macht« ist ein bekannter Leitspruch
in der Familie«, betont Bernward W. M. Brenninkmeyer, »schon von
den ersten Generationen an. Das war auch wichtig, denn schon in der
ersten Generation war den beiden Brüdern bewusst, der eine konnte
nicht ohne den anderen, sie mussten und wollten sich aufeinander
verlassen können. Sie vertrauten einander blind; eine Tatsache, die bis
heute unter den Inhabern der Unternehmen der Gesamtgruppe eine
wichtige Grundvoraussetzung ist.«

Clemens Brenninkmeyer   *August Brenninkmeyer*
(1818–1902)   *(1819–1892)*

Nur so lässt sich wohl tatsächlich erklären, dass der aus den familiären
Verhältnissen heraus erwachsene schon starke Zusammenhalt zwischen den beiden Brüdern, aber auch mit den anderen Familienmitgliedern, die zu Hause in Mettingen geblieben waren, zu einem un-
erschütterlichen Vertrauen wuchs. Dies dehnte sich auch auf ihre
Kunden aus, obwohl Clemens und August ihre Ware nur gegen Bar-

zahlung verkauften (eine eiserne Regel, an die sich beide strikt hielten). Dafür war die Ware günstiger als in den lokalen Märkten. Außerdem war sie immer von hoher und gleich bleibender Qualität. Es entstand eine starke Bindung, eine hohe Loyalität zwischen dem jungen, florierenden Geschäft der beiden Brüder und ihren Kunden.

Dieses Vertrauen, kombiniert mit bäuerlichem »gesunden Menschenverstand«, dürfte dann auch dazu geführt haben, dass die erste Nachfolge für sie kein Problem darstellte. Beide Unternehmer hatten mehrere Kinder – die Söhne wurden schon früh als »Packenträger« (Hausierer) mit eingesetzt, die Töchter blieben zu Hause und waren, der Tradition entsprechend, mitverantwortlich für die Leinenproduktion. Schon ziemlich früh zogen sich die Gründer aus dem täglichen Geschäft zurück und ließen die Söhne die Geschäfte fortführen. Es war ja schließlich Schwerstarbeit, mit den Körben voller Waren auf dem Rücken durch die Lande zu ziehen. Einige Jahre später übergaben sie dann das Geschäft den Söhnen (die weiblichen Nachkommen kamen damals, der Tradition und dem gesellschaftlichen Brauch entsprechend, dafür nicht in Betracht). Eine »Weichenstellung«, die noch lange fortdauern sollte in den nächsten Generationen. (Erst vor einigen Jahren wurde bekannt, dass diese »Regelung« aufgehoben wurde und auch weibliche Nachkommen von Clemens und August die Laufbahn in der Firma einschlagen können.)

So reisten auch die Söhne von Clemens und August anfangs noch als »Packenträger« durch die Gegend. Doch bald schon wurden erste Filialen in Amsterdam gegründet. 1911 eröffnete ein Mitglied der zweiten Generation in Berlin das erste Kaufhaus für Textilartikel. Als revolutionär erwies sich die Fertigung von Konfektionswaren, so dass in der Folgezeit Jahr für Jahr neue Filialen eröffnet werden konnten. Die industrielle Revolution, anfänglich als Bedrohung gesehen, machte es möglich: Neue Nähmaschinen und neue Produktionsverfahren und -kenntnisse erlaubten die günstigere Herstellung von Konfektionsware.

Da auch die zweite Generation, ganz der »jungen Tradition« folgend, sich relativ früh aus dem Geschäftsleben zurückzog, war ein großer Expansionsschritt der dritten Generation vorbehalten. 1922 gingen Mitglieder der dritten Generation nach England, so dass nunmehr in drei Ländern Niederlassungen existierten: Niederlande, Deutschland, England.

Um auch den nächsten Generationen ein Tätigkeitsfeld zu eröffnen, und natürlich auch, um entsprechende Marktchancen zu nützen, wurde es nötig – dem Mettinger »Wander«-Muster folgend –, neue Niederlassungen in anderen Ländern zu eröffnen. Die vierte und fünfte Generation betrieb bzw. betreibt Niederlassungen in insgesamt über zehn Ländern, neben den schon genannten u. a. in Belgien, Spanien, Frankreich, Schweiz, Österreich, Brasilien, Japan und mittlerweile auch in einigen der »neuen EU-Länder«. Bis in die späten 8oer Jahre des 20. Jahrhunderts war die Kombination von »familiengetriebener Expansions-»Strategie« unter Ausnützung entsprechender Marktchancen« erfolgreich. Jede Landesgesellschaft wurde relativ autonom von Familienmitgliedern gemanagt.

Anfang der 1990er Jahre stürzte das Unternehmen mit dieser Strategie in eine tiefe Krise. Zehn national, fast vollständig separat (von Familienmitgliedern) gemanagte Landesgesellschaften in einer zunehmend funktionierenden EU, führten dazu, dass möglich gewordene Synergie-Potenziale nicht genügend genutzt wurden. Darüber hinaus veränderten sich Kundenbedürfnisse ebenfalls in zunehmendem Maß. Die Unternehmensgruppe musste neue Antworten auf neue Fragen finden. »Wir haben uns verzettelt«, gestand Lucas Brenninkmeyer, der aktuelle Europa-Chef, in einem Interview, befragt nach diesem Zeitabschnitt. Das Unternehmen fand zunächst keine Antwort auf die jungen Konkurrenten H&M, Esprit, GAP etc. Mit dem Konzept »Back to the roots«[24], also dem Motto: »Gute Qualität zu fairen Preisen für die ganze Familie«, gesteuert aus einer mittlerweile entstandenen neuen Europa-Zentrale in Brüssel, welche die Strategien unter starker Berücksichtigung der Landesorganisationen ausarbeitet, diese dementsprechend mit Ware versorgt und die Bereiche, wo Synergien möglich sind, stark nutzt, und der Schließung unrentabler Standorte (in England wurden z. B. alle 110 Filialen geschlossen) sowie mit einer geradezu revolutionär und gleichzeitig evolutionär zu bezeichnenden Offensive wurde die Krise überwunden, der Turnaround geschafft. Inzwischen wird wieder expandiert: Im Mai 2005 wurde eine erste Filiale in Moskau eröffnet.

Die Gesellschafter
Bei allen Großfamilien-Unternehmen stellt sich die Frage nach der Beziehung zwischen Gesellschaftern und Nicht-Gesellschaftern. In den meisten Fällen ist dies mit der Frage nach dem Verhältnis von bio-

---

24 Vgl. FAZ 2004.

logischen Abkömmlingen des oder der Gründer und angeheirateten Familienmitgliedern gleichzusetzen. Auch in der Familie Brenninkmeyer muss die Abstammung gegeben sein, jedoch ist man nicht »automatisch in der Firma«. Das Prinzip der Freiwilligkeit herrscht hier vor[25]. Das macht ja auch Sinn, denn sich unfreiwillig unternehmerisch zu betätigen, wird kaum zum gewünschten Erfolg führen. Auch Bernward W. M. Brenninkmeyer sagt dazu: »Ich hatte nie das Gefühl, in die Firma gehen zu *müssen*. Sicher war ein gewisser Druck da. Nur, der wurde sicher auch dadurch verursacht, dass man sich diesen selber machte: Es stellt(e) ja schließlich auch eine interessante und vielversprechende Alternative dar.«

Dieses Prinzip der Freiwilligkeit muss wohl einen wichtigen Grundsatz darstellen, um überhaupt zur Trennung von Familie und Unternehmen gelangen zu können. So haben Familienmitglieder im Prinzip alle die Möglichkeit, ins Unternehmen einzutreten (wenn sie die dazu notwendigen Fähigkeiten und Grundvoraussetzungen mitbringen), dürften aber erst im Verlaufe der Zeit auch Anteile übertragen bekommen. »Man hat Unternehmen und Familie getrennt. Familienmitglieder haben zwar die Möglichkeit, ins Unternehmen aufzusteigen, haben aber nicht automatisch Anspruch darauf. (...) Sie haben aber nicht automatisch »qua Geburt« direkten Zugriff auf das Unternehmen – und schon gar nicht auf die Chefetage.« [26]

Es ist allgemein bekannt, dass diejenigen Familienmitglieder, welche die »Firmenlaufbahn« wählen, in der Folge an das Durchlaufen einer langjährigen Initiationszeit gebunden sind. Bernward W. M. Brenninkmeyer beschreibt: »Ich war einige Jahre in verschiedenen familieneigenen Unternehmen in Europa sowie in Kanada, um das Handwerk von der Pike an zu lernen. Bei jeder Station bekam ich mehr Verantwortung übertragen, bis ich dann 1988 in die Direktion

---

25 Siehe auch Weiguny 2005, S. 101 f. Dort werden zwei Familienmitglieder aus früheren Interviews zitiert: »Gezwungen wird niemand ... und ... wer nicht ins Unternehmen will, dem stehen heute alle anderen Berufswege offen« und »Früher war es nicht leicht, ›Nein‹ zur Familie zu sagen ...«. Bettina Weiguny fasst zusammen: »Nach dem Schulabschluss wird jeder Brenninkmeyer von der Familie gefragt, ob er ins Familienunternehmen einsteigen möchte – seit ein paar Jahren gilt dieses Angebot sogar für die Brenninkmeyer-Mädchen. Drei Jahre lang haben sie Zeit, sich das Angebot zu überlegen. Entweder sie akzeptieren es und sind von da an Teil der Familien-Maschinerie, oder sie lehnen ab, dann sind sie draußen.«
26 Siehe Ruth Vierbuchens Artikel »Eine unheimlich kluge Balance« im Handelsblatt vom 16.2.2005, in dem sie Dietrich Reinhardt zitiert.

von C&A in Österreich kam, wo ich bzw. wir dann, gemeinsam mit noch einem Cousin und zwei Nicht-Familienmitgliedern im Direktionsteam und einer Truppe junger Executives, innerhalb von einigen Jahren ein stattliches Unternehmen aufbauten.«

Die Ausbildungszeit dient einerseits der fachlichen Ausbildung im Textileinzelhandel und wohl auch der Vorbereitung auf die Gesellschafterrolle, andererseits zur Ausbildung und auch der Selektion der Personen, die zu den von diesem Kreis nachgegangenen geschäftlichen Aktivitäten einen Beitrag liefern können und wollen.[27] Nach der erfolgreichen Initiationszeit, in der sicher nicht nur die fachlichen Qualitäten unter Beweis gestellt werden mussten, sondern auch das Durchdrungensein von der Firmen- und Familien-Philosophie, wird dem jungen Familienmitglied der Inhaberstatus zuerkannt. »Kurz nach Anfang meiner Tätigkeit in Österreich wurde ich zum Mitinhaber. Ein wichtiger Schritt für mich, aber auch für die schon bestehenden Kollegen. Wir ›glaubten‹ sozusagen aneinander‹ – ein hoher gegenseitiger Vertrauensbeweis: Es war schließlich die Fortführung dessen, was Clemens und August mit ihren eigenen Kindern genau so gemacht hatten«, so Bernward W. M. Brenninkmeyer.

So wächst man also, nachdem man sich als junges Mitglied der Familie Brenninkmeyer für diese Laufbahn entschieden hat, in die Unternehmerrolle hinein. Diejenigen, die nicht diese Laufbahn gewählt haben, entwickeln ihr Leben nach eigenen Vorstellungen, also wohl genauso freiwillig. Sie dürfen aber – nach allem, was bekannt ist – keine Anteile übertragen bekommen.[28] Somit dürfte es keine nicht tätigen Gesellschafter oder Gesellschafterinnen in irgendeinem der zur Gruppe gehörenden Unternehmen geben. Die Trennung von Familie und Unternehmen wäre damit schon fast perfekt. Wirklich erreicht wird sie dann, wenn man die Anteile, die man während der Laufbahn – sozusagen treuhänderisch – innehat und nach bestem

---

27 Siehe auch Weiguny 2005, S. 102. Bettina Weiguny zitiert wiederum Aussagen von zwei Familienmitgliedern: »Über die Karriere im Unternehmen entscheidet allein die Leistung« und »Wenn man merkt, einer schafft das nicht, dann wird ihm nahe gelegt, sich seinen Fähigkeiten entsprechend ein Job außerhalb der Unternehmensgruppe zu suchen«.

28 Siehe Ruth Vierbuchens Artikel »Eine unheimlich kluge Balance« im Handelsblatt vom 16.2.2005, in dem sie Dietrich Reinhardt zitiert: »... wenn sie [die Familienmitglieder, Anm. F. B. Simon] aber darin tätig sind, dann sind sie auch Unternehmer.« Umgekehrt schließt Reinhardt, dass diejenigen, die nicht im Unternehmen arbeiten, keine »Unternehmer« (Gesellschafter) sind.

Wissen im Wert zu vermehren versucht, nach dieser Laufbahn wieder zurückgibt und dafür entsprechend entschädigt wird.[29]

Dieses Vorgehen ermöglicht es, dass diejenigen Abkömmlinge, die nicht für die Firmenlaufbahn optieren, im Erbfalle den ihnen zustehenden Erbanteil in Form von Vermögen, nicht aber in Form von Anteilen übertragen bekommen können. Auf diese Weise wird die sonst unausweichliche »Zersplitterung« vermieden.

Was die Ausübung ihrer geschäftlichen Tätigkeiten betrifft, so waren bzw. sind die Familienmitglieder, der Tradition der Vorfahren getreu, innerhalb gewisser, gemeinsam besprochener Grundsätze im Prinzip frei zu tun, was ihnen jeweils sinnvoll erscheint. Das Prinzip des Vertrauens, überliefert aus den Gründergenerationen, spielt hier offensichtlich noch eine große Rolle. Das dürfte daran liegen, dass die Rollen Management und Eigentümer jeweils in einer Person vereint sind, abgesehen davon werden diese Rollen offenbar auch innerhalb der Familie durch gute Absprachen gut gemanagt. »Das hohe Vertrauen, das vorherrscht, schafft es immer wieder, die Bereitschaft, trotz gelegentlicher Probleme, zur Einigkeit zu erhalten. ›Geben und nehmen‹ sowie ›leben und leben lassen‹ sind dazu wichtige Werte und Prinzipien« (Bernward W. M. Brenninkmeyer).

Diese Art zu denken und zu handeln gibt, so scheint es für den Außenstehenden, offensichtlich eine große »innere Stärke«. Es handelt sich wohl um eine Art »psychologischen Kontrakts«, der für die Stabilisierung der gegebenen Strukturen und Machtverhältnisse weit über die formelle Aufteilung von Aufgaben, Kompetenzen und Verantwortungen in Funktionen und Gremien, die es bei der Familie Brenninkmeyer natürlich ebenfalls gibt, hinausgeht. Das Gesamtsystem von formellen Gremien und Regeln in Kombination mit dem darüber hinausgehenden informellen Zusammenhalt durch Werte sowie Tradition bei gleichzeitiger Innovation ergibt offensichtlich eine klare »Family-Governance«. Diese sorgt für eine klare Innen-Außen-Unterscheidung zwischen denen, die (Mit)Inhaber eines der zur Gruppe gehörenden Unternehmen sind, und dem Rest der Familie. Das Motto: »Geschäft ist Geschäft, Familie ist Familie« wird nicht nur gegenüber der Öffentlichkeit, sondern auch innerhalb der Familie hochgehalten. Es vermeidet die Vermischung von Interessen.

---

29 Dass dies tatsächlich so geregelt ist, legen diverse Analysen nahe, u. a. die von R. Vierbuchen zitierte Arbeit von Reinhardt; es handelt sich um eine Verfahrensweise, die große Ähnlichkeiten zum Modell der Privatbank Pictet (Schweiz) aufweist (dazu später mehr).

Im Rückblick und von außen betrachtet, kann das Organisationsprinzip der Inhaberfamilie mit der Forderung, dass jeder eine leitende Stellung in einer der zur Unternehmensgruppe gehörenden Organisation einzunehmen hat, als Treiber der globalisierten Unternehmensentwicklung angesehen werden. Schließlich gab es immer wieder Familienmitglieder, die eine Nachfolge anstrebten, gleichzeitig gab es immer wieder die dafür »notwendigen« Marktchancen.

Allerdings erwies sich das bis Anfang der 1990er Jahre aufgebaute C&A-Modell der separaten Einheiten, wie bereits erwähnt, bei der immer mehr zur Einheit werdenden EU und sich verändernden Kundenbedürfnissen als geschäftlich nicht mehr tragfähig. Es entstand die Notwendigkeit des Umbaus des Unternehmens hin zu Konzernstrukturen nach dem Prinzip »Make 1 out of 10!«: Zehn C&A-Standorte in Europa (= Länder) mit jeweils meist mehreren Familienmitgliedern vor Ort wurden zu einem Konzern verschmolzen. Das führte zwangsläufig zu der Frage, was mit all den Gesellschaftern geschehen sollte, die teilweise im Rahmen dieses »Umbau-Prozesses« ihre Funktionen im Topmanagement von C&A-Landesgesellschaften einbüßen mussten. Eine Frage, die dem Denk- und Handlungsmuster der Familie entsprechend dazu geführt hat, dass die schon erwähnten neuen Aktivitäten entwickelt wurden. Schließlich zogen schon die Mettinger Familien und die eigenen Vorfahren in verschiedene Gegenden Europas, nun galt es nach neuen Geschäftsmöglichkeiten zu suchen. Diese Herausforderung wurde, wie in den Generationen zuvor, angenommen. Es entwickelten sich daraus neue Aktivitäten wie die Ausgliederung und das professionelle Management der familien-/unternehmenseigenen Immobilien. Es folgten Finanzdienstleistungen und Beteiligungen.

Auch wurde gemeinsam eine Ausstiegsoption entwickelt. Neue Aktivitäten für so eine große Gruppe von Inhabern zaubert man schließlich nicht aus dem Hut. Diese Ausstiegsoption ermöglichte es Familienmitgliedern, die aufgrund der veränderten Rahmenbedingungen ihren eigenen Lebensweg gehen wollten, den Kreis der Inhaber gehobenen Hauptes zu verlassen. Auch hier versuchte man gemeinsam und vertrauensvoll an dieser Aufgabe zu arbeiten, um auch die ultimative unternehmerische Entscheidung des »Aussteigens« zu ermöglichen. So bewertet zumindest Bernward W. M. Brenninkmeyer diesen Prozess, der wie einige andere Familienmitglieder auch von dieser Möglichkeit Gebrauch gemacht hat: »Für sowohl den

Kreis meiner Kollegen, allesamt Inhaber der zur Gruppe gehörenden Unternehmen, als natürlich auch für die jeweils Betroffenen war der Ausstieg einiger Kollegen sicherlich kein leichter Schritt. Dennoch haben einige Familienmitglieder – auch ich selbst – den Schritt des Ausstiegs getätigt. Er wurde dadurch möglich, dass wir alle gemeinsam in Zeiten, die nicht so einfach waren, zusammengehalten haben und nach Lösungen gesucht haben. Auch nach Lösungen, die eher ›undenkbar‹ erschienen und trotzdem besprechbar und lösbar gemacht wurden. Realitätssinn und der echt gemeinte Wille, für alle eine passende Lösung zu finden, waren wieder mal die Antriebsfeder, wie in den vergangenen Generationen, um aus Krisen Chancen zu machen. Obwohl es für mich und sicherlich für viele meiner Kollegen, die jetzt noch der Gruppe der Inhaber zugehörig sind, ein schwieriger Schritt war, dass einige ihrer Kollegen den Kreis verließen, war die Kraft, diesen Schritt zu vollziehen, ja nicht nur in den ›Genen‹ der Verlassenden vorhanden, sondern auch bei den Verbleibenden.

Den ›Schmerz‹ für mich selber als auch für meine Kollegen so gering wie möglich zu halten, war mir wichtig. Ich habe darauf viel Mühe verwendet. Ich wollte, nachdem ich selber dann die Entscheidung gefällt hatte, dass meine Kollegen mich verstehen. Ich wollte das Vertrauen, das ich als so hohen Wert kennen gelernt hatte, meinen Kollegen gegenüber weder aufgeben noch preisgeben. Es ist mir meiner Ansicht nach auch gelungen, denn ich habe zu vielen meiner ehemaligen Kollegen nach wie vor einen ausgezeichneten Kontakt. Inzwischen habe ich in Wien eine Beratung für Familienunternehmen aufgebaut, und meine (neuen) Kollegen und ich konnten schon in einigen Fällen viel Wissen und Erfahrung verschiedenen Unternehmerfamilien nutzbringend zur Verfügung stellen.«

Die Nicht-Inhaber
Der Inhaberkreis, so wie er sich nach den verfügbaren Informationen darstellt, bildet den Kern der Großfamilie. Er schafft die Verbindung zwischen Familie und Unternehmen. Alle anderen Familienmitglieder sind, der Zugangslogik zum Unternehmen folgend, weder Eigentümer noch im Unternehmen tätig. Es muss sich bei diesem Teil der Familie um mehrere hundert Personen handeln. Sie gehören zur Familie und gehen ihren eigenen Tätigkeiten nach. »Familienleben« spielt sich in den einzelnen Kleinfamilien, aber auch in den Stämmen, etwa bei gemeinsamen Familienfeiern ab.

Diese »Stämme« sind in Mettingen auch durch unterschiedliche »Stammhäuser« repräsentiert, wo oft Familienfeiern stattfinden, und es werden dort Urlaube, vor allem von den Kindern und Jugendlichen, verbracht, die so zu den »Mettinger Wurzeln« zurückgeführt werden. Mettingen, der Ort, aus dem die Gründer, Clemens und August, sowie deren Vorfahren stammen, ist somit sowohl für die Inhaber und deren Familien als auch für die vielen Familienmitglieder, die Nicht-Inhaber sind, ein symbolischer Ort. Durch das Hoch- und Lebendighalten dieses »Symbols« wird der »Familiensinn« gefördert. All dies bedarf der gezielten Organisation, da diese Art von Familienleben sich nicht spontan entwickelt. Daher muss dies von denjenigen Inhabern, die bewusst diese Aufgabe übernommen haben, »gemanagt«, d. h. geplant und organisiert, werden.

Franz Haniel & Cie. GmbH, Duisburg-Ruhrort[30]

Branche: Groß- und Einzelhandel (z. B. Metro, Kaufhof), Baustoffe (Ytong), Pharmaka (Gehe/Celesio), Dienstleistungen

Umsatz: ca. 24,3 Mrd. Euro

Mitarbeiter: in der Holding ca. 180, in den Beteiligungsunternehmen ca. 53.000 weltweit, davon etwa ein Drittel in Deutschland

Was Franz Haniel & Cie. GmbH zum Gegenbeispiel zu C&A macht, kann wiederum anhand des Zugehörigkeitsschemas illustriert werden (vgl. Abb. 9).

Bei Franz Haniel & Cie. GmbH sind traditionell folgende Identitäten und Rollenkombinationen ausgeschlossen, d. h. explizit verboten: Position 3 (Familienmitglieder, die im Unternehmen operativ tätig sind); das umschließt selbstverständlich auch die Position 1 (Familienmitglieder, die im Unternehmen operativ tätig und Gesellschafter sind); ebenso wenig gibt es, da das Unternehmen zu 100 % in Familienbesitz ist, die Positionen 5 (familienfremde Anteilseigner – das gilt allerdings nur für die Holding, nicht für die Firmen, an denen Haniel nur Minderheitsbeteiligungen hält) und 2 (familienfremde Anteilseigner, die im Unternehmen arbeiten).

---

30 Die Darstellung folgt der Präsentation, die Jan von Haeften, bis 2003 Vorsitzender des Aufsichtsrats der Franz Haniel & Cie. GmbH, im Rahmen des Projektes gegeben hat.

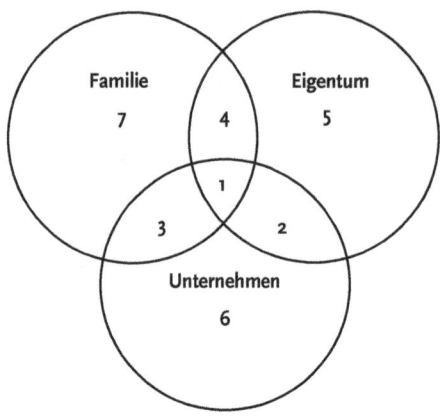

Abb. 9

Kurzer geschichtlicher Rückblick

Gegründet wurde das Unternehmen im Jahre 1756, wenige Monate vor Beginn des Siebenjährigen Kriegs. Außerhalb von Ruhrort erwarb die Familie Haniel, die damals Handel betrieb, ein Grundstück von der preußischen Domänenverwaltung. Die Urkunde, in der Friedrich der Große die Genehmigung dazu persönlich unterschrieben hat, ist das älteste, die wirtschaftlichen Aktivitäten der Familie dokumentierende Zeugnis und heute noch im Besitz der Firma.

Zunächst wurde vor allem Wein gehandelt, aber auch Kolonialwaren, Kohle. Später kam die Spedition hinzu. Diese Firma wurde 30 Jahre von der Mutter Franz Haniels als Witwe geführt. Es war die Zeit der Napoleonischen Kriege.

Franz Haniel, der eigentliche Gründer des Unternehmens, war ein hervorragender Unternehmer, der bei seiner Mutter das Geschäft gelernt hatte. Er war ein Pionier in den Aufbaujahren zu Beginn des 19. Jahrhunderts und brachte das Unternehmen nach vorne. Vielseitig interessiert und engagiert, war er auch in der Politik aktiv.

Entscheidend für ihn und die Entwicklung des Unternehmens war sein Interesse an Technik. Es gelang ihm früh, in England die Geheimnisse der Dampfmaschine zu »stibitzen«, die er dann als Erster in Deutschland baute und einsetzte. Er versuchte, mit ihrer Hilfe Wasserpumpen zu betreiben, um Fettkohle abzubauen. An diesen Versuchen wäre er beinahe Pleite gegangen. Er schaffte es jedoch und kam als Erster an die Fettkohle heran, was wichtig war, um Koks für die

Stahlerzeugung zu produzieren. Die Folge war 1817 die Übernahme der Gute-Hoffnungs-Hütte.

Franz Haniel (1779–1868)

Gleichzeitig wurde aber immer das Handelsunternehmen fortgeführt. Vor allem durch Schmuggel ließ sich sehr viel Geld verdienen. Sicherlich gehörte die Familie vor dem Ersten Weltkrieg zu den vermögendsten im Deutschen Kaiserreich.

Die wohl wichtigsten frühen Führungsprinzipien Franz Haniels waren Dezentralisierung und Delegation. So hat er seine Unternehmen nicht selbst geführt, sondern sie immer teils durch den Bruder, teils den Schwager operativ führen lassen. Hier zeigt sich bereits ein Prinzip in seinen Anfängen, das seit Anfang des 20. Jahrhunderts für die Familie Haniel verbindlich wurde: Familienmitglieder (Anteilseigner) sind nicht im operativen Geschäft der Unternehmen tätig, die im Familienbesitz sind. Es herrscht eine strikte Trennung zwischen den Funktionen des Gesellschafters und denen des Managements: »Das ist inzwischen ein eisernes Gesetz der Familie, und wie alle Gesetze ungeschrieben. Wir sind nur im Aufsichtsrat vertreten und nicht in der Operation« (J. v. Haeften).

Die Branchen, in denen das Unternehmen Haniel im Laufe seiner Geschichte tätig war, haben sich gewandelt. Über lange Zeit war der Name mit der Spedition und Binnenschifffahrt verbunden. Haniel betrieb das erste aus Stahl gebaute Schiff auf dem Rhein. Auch Bergbau und Stahlerzeugung waren über mehr als hundert Jahre zentral. In-

Haniel liefert Kohlen

zwischen hat sich der Wechsel der Branchen beschleunigt. »Re-invent yourself!« ist das Motto, das über dieser Entwicklung stehen könnte: »Das ist, wenn Sie so wollen, eine Tradition. Die ist sicher entstanden durch die drei Kriege. Da hat sich Unendliches über die Jahrhunderte verändert, und so haben wir sicherlich ausgehend von dem Beispiel von Franz gesagt, wir sind Händler, wir müssen mitgehen mit den Märkten, mit veränderten Gesetzen« (J. v. Haeften).

Dabei besteht die Neuerfindung aber weniger in der Veränderung konkreter Unternehmen – wie könnte da die Familie auch wirksam werden, da sie sich nicht ins operative Geschäft einmischt? –, sondern in der Neuordnung des Portfolios der Unternehmensbeteiligungen. Das Handelsunternehmen Haniel handelt eben mit Firmen. »Professional Ownership« ist das Stichwort, das die Identität des Unternehmens heute wohl am besten beschreibt. Man bleibt wandlungsfähig, weil man nichts für ewig als gegeben ansieht, und man beobachtet den Markt sehr genau, um antizyklisch investieren zu können.

Die Bindung an ein einzelnes Unternehmen ist in diesem Selbstverständnis weit lockerer als in anderen Familienunternehmen, und es stellt sich die Frage, ob man bei den im Besitz von Haniel befindlichen Unternehmen überhaupt von Familienunternehmen sprechen kann. Die Umschichtung des Portfolios erfolgt schnell, weil die Familie weder ein geduldiger Investor noch mit einer Branche oder einem Produkt identifiziert ist. Auch muss sie keine Rücksicht auf Familienmitglieder nehmen, die in einem Geschäftsbereich tätig sind, der eigentlich unter rein ökonomischen Gesichtspunkten verkauft werden sollte, und die dann irgendwie versorgt werden müssten.

Aufgrund der losen Kopplung an die Unternehmen kann sich Haniel in erster Linie auf die Erfüllung der hohen Renditeansprüche konzentrieren. Das Familienunternehmen Haniel ist heute – nüchtern betrachtet – eine Holding, die auf das ertragsorientierte Managen von Unternehmensbeteiligungen spezialisiert ist.

Die Gesellschafter

Die Gruppe der Gesellschafter umfasst zurzeit ca. 500 Personen, ihr Durchschnittsalter beträgt 37 Jahre, wobei das Altersspektrum vom Säugling bis in die hohen 90 reicht. Sie gehören zur sechsten bis neunten Generation. Rechnet man noch die angeheirateten Familienmitglieder dazu, so umfasst die Familie weit über 1000 Personen. Allerdings sind nur die Gesellschafter im Fokus der Aufmerksamkeit des Unternehmens.

Es gibt außer einem immer wieder aktualisierten und an die jeweilige neuere Rechtsprechung angepassten Gesellschaftervertrag keine Familiensatzungen oder andere festgeschriebene familiäre Gesetze. Darauf ist bewusst verzichtet worden, um nicht heute Regeln festzulegen, die dann spätere Generationen in einer unangemessenen Weise einengen und in ihrer Flexibilität beschneiden könnten. Außerdem führt die Tatsache, dass Regeln festgeschrieben werden, meist dazu, sie zu umgehen. Im Zweifel kommen dann noch Interpretationsstreitigkeiten hinzu, die juristische Auseinandersetzungen zur Folge haben können. All diese Komplikationen vermeidet man, wenn man sich eher auf informelle, durch Tradition gestützte Werte und Regeln verlässt oder aber den Freiraum überhaupt nicht einschränkt.

Die Gesellschafter mögen ihre privaten Kontakte untereinander haben, aber es gibt innerhalb ihrer Gesamtheit keine formalisierten Substrukturen wie Stämme oder Fraktionen, die übergeordnete Einheiten bilden würden. Die Gesellschafterversammlung ist ein Aggregat von Einzelakteuren. Da nur drei Anteilseigner einen Anteil haben, der über 5 % liegt (nämlich 7 oder 8 %), finden sich keine durch Mehrheiten vorgegebenen Machtstrukturen, die unabhängig von der jeweiligen Person bzw. dem von ihr erworbenen Respekt als Persönlichkeit begründet wären.

Die Anteile können vererbt werden, auch an adoptierte Kinder und an Ehefrauen und -männer, sie müssen aber von den Angeheira-

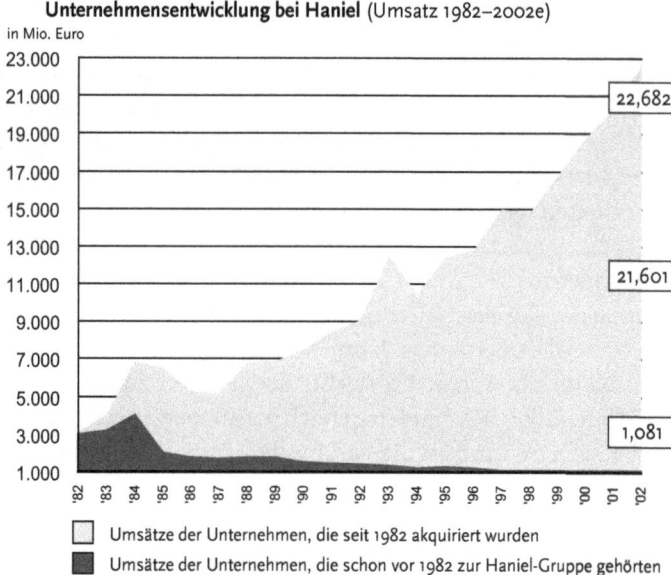

Unternehmensentwicklung bei Haniel (Umsatz 1982–2002e)
in Mio. Euro

Abb. 10: Umsatzentwicklung bei Haniel

teten im Todesfalle an die Familie zurückfallen. Dies geschieht in der Regel dadurch, dass die Anteile an ein anderes Familienmitglied verkauft werden[31]. Dies ist auch bei Aussteigewünschen eines Anteilseigners das Verfahren. Die Bewertung des Anteils erfolgt nach dem Stuttgarter Verfahren.

Der Aufsichtsrat (acht Mitglieder auf der Eigentümerseite – unterliegt dem Mitbestimmungsgesetz) wird von der Gesellschafterversammlung gewählt, und er seinerseits wählt den Vorsitzenden. In die Aufsichtsräte der Firmen, die im Familienbesitz sind, werden ebenfalls Familienmitglieder gesandt, so sie denn als kompetent genug erachtet werden. Auch hier spielt das Verständnis des »Professional Ownership« die entscheidende Rolle. Um dies sicherzustellen, werden die jungen, heranwachsenden Gesellschafter regelmäßig zu Treffen eingeladen, um sie systematisch auf ihre Rolle als Eigentümer vorzubereiten.

---

31 Wer dies möchte, bietet seine Anteile – hier spielt die Abstammung doch noch eine Rolle – zunächst Mitgliedern seines Stammes an, findet er unter diesen keinen Interessenten, wandert er bildlich gesprochen im Baum nach oben und von dort wieder seitwärts runter. Unterstützt wird er hierbei durch ein Family Office.

Das durchgängige Prinzip, nach dem die Großfamilie, d. h. hier die Gesellschafter, organisiert ist, leitet sich von dem Ziel ab, die Flexibilität und Entscheidungsfreiheit der Eigentümergemeinschaft zu gewährleisten. Festgelegt sind nur die Außengrenzen der Familie, d. h. die Regeln, wer dazu gehört und wer nicht. Intern gibt es lediglich informelle Erwartungen an ein eigenverantwortliches, zivilisiertes Verhalten, aber keine festgeschriebenen Gesetze: »… die Selbstverantwortung ist das Entscheidende, und du gehörst zu einer Familie, die eine gewisse Disziplin und eine gewisse Geschichte hat, und nun bitte verhalte dich entsprechend!« (J. v. Haeften).

Diesem auf individuelle Autonomie setzenden Selbstverständnis entsprechend stellt das Unternehmen auch keine Dienstleistungen für die Familienmitglieder bereit. Die Grenzziehung zum Unternehmen ist so strikt, dass Familienmitgliedern nicht einmal erlaubt ist, ein Praktikum im Unternehmen zu absolvieren, geschweige denn, irgendwelche Managementfunktionen zu übernehmen.

Was das Unternehmen als Investorengemeinschaft aber jenseits allen Familiensinns zusammenhält, ist die Rendite des Investments. Die Holding schlägt in ihrer Performance regelmäßig den Kapitalmarkt: »Das ist eigentlich der Erfolg, und der hält die Familie zusammen« (J v. Haeften).

Vor- und Nachteile der beiden Modelle:
ganz (C&A) oder gar nicht (Haniel)

Diese beiden Modelle sind hier einander gegenübergestellt, weil sie gewissermaßen die gegensätzlichen Endpunkte eines Spektrums möglicher Organisationsformen von Mehr-Generationen-Familien darzustellen scheinen. Auf der einen Seite sehen wir einen Kreis von Inhabern verschiedenster Unternehmen, in dem lauter Männer versammelt sind, die alle den gleichen Namen tragen (Brenninkmeyer), und der, wenn man den bisherigen Publikationen und Analysen Glauben schenkt, in seinen formellen (und informellen) Kommunikationsregeln und Strukturen durchaus an einen katholischen Orden erinnert (auch die gibt es schließlich in den meisten Fällen schon Hunderte von Jahren); auf der anderen Seite steht mit Haniel eine Familie, die ihre internen Beziehungen weitgehend ungeregelt lässt und sich wie ein freier Markt organisiert, in dem erwartet wird, dass der Umgang zwischen den Familienmitgliedern trotzdem »funktioniert«.

Um es theoretisch etwas genauer auszudrücken: Bei C&A haben wir es offensichtlich mit einem sozialen System zu tun, in dem die Akteure fest miteinander gekoppelt sind und ihre Interaktions- und Kommunikationsmuster, d. h. die erlaubten, vorgeschriebenen, aber sicher auch tabuisierten Verhaltensweisen, feste Strukturen aufweisen.

Man erlangt den Inhaberstatus nur nach erfolgreicher Absolvierung eines Karrierepfades und hat eindeutige Zugangskriterien zu erfüllen. Auch die Bereitschaft, gewisse Einheit stiftende Regeln zu akzeptieren, gehört sicherlich dazu. Die »Belohnung« dafür ist, dass man mit der Loyalität und dem Vertrauen der anderen rechnen kann. Das heißt, ein gewisses Gleichheitsprinzip wird aufrechterhalten, weil dies aus der Tradition und Erfahrung der Familie heraus ein hoher Wert ist. Auf der anderen Seite bedarf auch eine Familie der Hierarchie, um als »Organisation« funktionieren zu können. Es entsteht ein potenzieller Widerspruch zwischen der formellen Beziehungsdefinition innerhalb der Inhabergruppe und dem Versuch, im Grunde kleinfamiliäre Werte, die schon von Clemens und August vorgelebt wurden, innerhalb dieses Kreises aufrechtzuerhalten. Dieser »Widerspruch« wird in der Folge durch mehrere Gremien »abgefedert«: »Es gibt sicherlich einige Gremien, in denen im Prinzip alles besprochen werden kann. Das ist wichtig, sonst würde das Ganze nicht funktionieren«, so Bernward W. M. Brenninkmeyer. Da wird, so kann man folgern, offensichtlich eine funktionierende »Family-Governance« praktiziert. Nichtsdestotrotz ist nicht auszuschließen, dass ein Risiko in dem Konsensdruck besteht, der in solchen Konstellationen unweigerlich aufkommen muss. Diesen nimmt man offensichtlich in Kauf, wohl wissend, dass im schlechtesten Fall sachliche Konflikte nicht angemessen diskutiert werden und möglicherweise pseudoharmonisch Entscheidungen getroffen werden, die nicht nützlich oder gar gefährlich für das Unternehmen sind. Dem wird, wie schon gesagt, entgegengewirkt durch die Gremien, die aufgrund ihrer vermutlich unterschiedlichen Aufgaben, Kompetenzen und Verantwortung ein hohes Maß an »Checks and Balances« aufweisen.

Die Forderung, dass die drei – von außen gesehen – voneinander prinzipiell unabhängig definierbaren Rollen als Eigentümer, Führungskraft und Familienmitglied in einer Person vereinigt sein müssen, ist wohl der Versuch, allen Beteiligten die Unternehmerrolle zu geben. Aus Sicht eines Außenstehenden ist jedoch in diesem Fall nur unschwer zu erkennen, dass die Ressourcen der Familie dadurch nur begrenzt für das Unternehmen nutzbar gemacht werden. Denn all die Personen, die nicht bereit sind, sich der Initiationsphase zu unterziehen und alle drei Rollen auf sich zu nehmen, sind von vornherein für das Unternehmen verloren. Und es könnte gut sein, dass dadurch das Unternehmen gerade das Potenzial kreativer und eigenständiger Persönlichkeiten innerhalb der Familie nicht voll ausnutzt. Der Vorteil davon aber scheint wohl zu sein, dass eine gut aufeinander abgestimmte, relativ »eng verschworene Gemeinschaft« entsteht.

Dass diese Organisationsform zukunftsfähig ist, kann aus der Außensicht in Zweifel gezogen werden, es sei denn, es gelingt der Familie auch in Zukunft, an ihren innersten Werten nicht nur festzuhalten, sondern sie auch zu leben. Dies ist bis heute offenbar der Fall, erblickt man doch aufgrund der vielen Veränderungen in jüngster Zeit einen »neuen Geist«, der einerseits die Familie nach wie vor zusammenzuhalten scheint, andererseits aber doch neue geschäftliche Aktivitäten forciert. Diesem neuen Geist ist es offenbar gelungen, das Traditionsunternehmen C&A auf neue Schienen zu stellen. Außerdem wurden Geschäftsaktivitäten entwickelt, die (weit) außerhalb der Textilbranche liegen.

Zu dieser immer wiederkehrenden Offenheit und dem Wachhalten von »Unternehmertum« trägt auch die Möglichkeit bei, dass alle Nachkommen von Clemens und August Eigentümer von einer zur Gruppe gehörenden Gesellschaft werden können, und relativ viele Familienmitglieder davon Gebrauch machen. Die Abhängigkeit des Unternehmens von einzelnen Personen und ihrer Bereitschaft, sich für die Firma zu engagieren, wird dadurch reduziert. Solange es genügend Bewerber gibt und – was der Fall zu sein scheint – diese umfangreich auf ihre zukünftige Tätigkeit vorbereitet werden, ist der Erhalt des Unternehmens in Familienhand gewährleistet. Damit dies so bleibt, wird versucht, die jungen Familienangehörigen in direkter Abstammung für die Aktivitäten der Unternehmensgruppe zu interessieren. Dies geschieht u. a. durch diverse Veranstaltungen für junge Nachkommen.

Bei Haniel – als Gegenbild – wird ebenfalls versucht, die Identifikation der Familienmitglieder mit dem Unternehmen zu sichern. Um nicht nur als Aktionärsgemeinschaft zu fungieren, wurde eine Stiftung ins Leben gerufen, die Stipendien vergibt und kulturelle Aktivitäten fördert, die für die Familienmitglieder sinnstiftend wirken. Und auch bei Haniel werden große Familientreffen veranstaltet, deren Ziel das gegenseitige Kennenlernen und die Schaffung von Vertrautheit miteinander ist.

Trotz all dieser, was die eher »weichen« Faktoren betrifft, bestehenden Ähnlichkeit zu C&A, bildet das Modell Haniel den Kontrast. Um es auch wieder theoretisch zu formulieren: Die Gesellschafter bei Haniel, mehrere hundert, sind nur lose aneinander gebunden, und die Spielregeln des Umgangs miteinander lassen allen großen Spielraum – die Großfamilie als Markt der Möglichkeiten. Allerdings gibt es eine Möglichkeit nicht, die bei C&A gerade die Voraussetzung für die Eigentümerrolle ist: eine Tätigkeit im Management eines der Unternehmen. Während die bei C&A praktizierte Regel für die Exklusivität der Inhaberrolle sorgt, hat man im Prinzip bei Haniel schon durch die Geburt die Aufnahmekriterien als Gesellschafter erfüllt. Da keine Familienmitglieder ins Management dürfen, können sich die Gesellschafter auf ihre Eigentümerrolle und -interessen konzentrieren, denen sie dadurch am besten gerecht werden, dass sie ein professionelles, möglichst kompetentes Fremdmanagement engagieren.

Die Professionalisierung der Eigentümerrolle und ihre Ausschließlichkeit verhindern es, dass das einzelne Familienmitglied als Individuum Konflikte zwischen verschiedenen Rollenanforderungen erlebt und zu bewältigen hat. Statt solche Konflikte der individuellen, intrapsychischen Lösung zu überantworten, müssen sie nun in die Kommunikation zwischen den unterschiedlichen Rollenträgern kommen. Dies scheint aus der Außenperspektive der größte Vorteil dieser Rollentrennung: Wo immer es um Entscheidungen geht, entstehen Konflikte zwischen unterschiedlichen sachlichen Zielen und Werten, Perspektiven oder auch Prioritätensetzungen (siehe die verschiedenen Werte und Spielregeln der beiden Typen sozialer Systeme »Familie« und »Unternehmen«). Wenn es gelingt, sie in die Kommunikation zu bringen und sachgerecht zu diskutieren, entsteht die Wahrscheinlichkeit, intelligentere Lösungen zu finden, als wenn ein Einzelner diese Konflikte »mit sich abmacht« und dann entscheidet. Wo Familienmitglieder neben der Eigentümer- auch noch die Managementrolle innehaben, ist die Gefahr einfach größer, dass sie die Konflikte »mit sich abmachen«, den Konflikt miteinander um des »lieben (Familien)Friedens willen« vermeiden und nicht kontrovers um die besten Entscheidungen ringen.

Der dritte Weg: Alle Optionen sind offen (Merck)

Zwischen den beiden dargestellten Extremen, dem Gebot, dass alle Gesellschafter auch Managementfunktionen im Unternehmen zu übernehmen haben, und dem Verbot, dass Gesellschafter, oder noch weitergehend: Familienmitglieder, im Unternehmen beschäftigt werden dürfen, gibt es natürlich vielfältige Mittelwege. Exemplarisch dafür sind Firmen wie Freudenberg in Weinheim oder Merck in Darmstadt. Als Beispiel soll hier die Merck KGaA gewählt werden, da sie obendrein auch noch die Besonderheit aufweist, als Familienunternehmen an die Börse gegangen zu sein. Dies erfordert auf Seiten der Rechtsform Besonderheiten, hat aber auch Auswirkungen auf die Struktur der Familien.

Wenden wir wiederum das Schema unterschiedlicher Zugehörigkeiten zu den sozialen Systemen der Familie, des Unternehmens und der Eigentümer an, so ist Merck ein Beispiel dafür, dass alle Positionen besetzt sind.

Es gibt Eigentümer (Aktionäre), die nicht zur Familie gehören, und es gibt (oder gab zumindest bis vor kurzer Zeit) Topmanager, die Familienmitglieder und Gesellschafter sind. Keine der möglichen Zugehörigkeiten und Rollen 1 bis 7 ist prinzipiell ausgeschlossen oder vorgeschrieben (s. Abb. 8).

Merck KGaA, Darmstadt[32]

Branche: Pharma, Spezialchemie, Labor (breit diversifizierte Produktpalette)

Umsatz: ca. 5,9 Mrd. Euro

Mitarbeiter: ca. 29.000 (weltweit)

Kurzer geschichtlicher Rückblick

Die Wurzeln der Merck KGaA reichen zurück ins 17. Jahrhundert. 1668 erwarb der Apotheker Friedrich Jacob Merck die Engel-Apotheke in Darmstadt, die sich bis heute im Familienbesitz befindet. 1816 übernahm Heinrich Emanuel Merck (1794–855), der spätere Gründer des Unternehmens, die Apotheke. Dank seiner guten wissenschaftlichen Ausbildung gelang Heinrich Emanuel Merck die Isolierung und Reindarstellung von Alkaloiden. Deren Fabrikation im »Großen«

---

32 Diese Skizze folgt der Präsentation Jon Baumhauers, des Vorsitzenden der E. Merck OHG.

begann er 1827 mit einem »Pharmaceutisch-chemischen Novitäten-Cabinet«.

Die Engel-Apotheke im 18. Jahrhundert

Aus diesen Anfängen entwickelte sich eine chemisch-pharmazeutische Fabrik, die neben Arzneimittelgrundstoffen eine Vielzahl weiterer Feinchemikalien herstellte. Nach dem Tod von Heinrich Emanuel Merck 1855 wuchs das Unternehmen kontinuierlich, von 50 Beschäftigten im Jahre 1855 auf etwa 1000 um 1900. Der Rohstoff- und Arbeitskräftemangel nach Ausbruch des Ersten Weltkriegs beschleunigte im Pharmabereich den Übergang zur Spezialitätenproduktion. Das Kriegsende brachte den Verlust der Auslandsniederlassungen, darunter auch der Tochterfirma Merck & Co. in den USA. Die Zeit des Zweiten Weltkriegs war wiederum gekennzeichnet durch Mangelwirtschaft. Bei Kriegsende waren die Fabrikanlagen von Merck größtenteils zerstört, die Produktionskapazität zu 70 bis 80 % vernichtet. Am 30. 4. 1945 erteilte die Militärregierung eine erste Produktionserlaubnis für Arzneimittel, zwei Monate später konnten auch Schädlingsbekämpfungsmittel, Konservierungsstoffe für Lebensmittel, Reagenzien und Feinchemikalien für Laborbedarf hergestellt werden.

E. MERCK, DARMSTADT

Die alte Fabrik in Darmstadt, Ende des 19. Jahrhunderts

Nicht nur das so genannte Wirtschaftswunder, sondern sämtliche Nachkriegsjahre brachten Merck bis heute im Durchschnitt zweistellige Umsatzzuwachsraten, betriebsbedingte Kündigungen sind ein Fremdwort für das Unternehmen. Ab 1950 kam es zu einer zunehmenden Internationalisierung: Südamerika, Spanien, USA, Asien. 1990 waren bereits 22.000 Menschen weltweit bei Merck beschäftigt. Es gibt Gesellschaften der Merck-Gruppe in 53 Ländern, produziert wird in 28 Ländern an über 60 Standorten mit derzeit rund 29.000 Mitarbeitern.

Seit 1995 ist das Unternehmen als KGaA mit ca. 26 % des Kapitals an der Börse vertreten, die übrigen 74 % befinden sich weiter im Familienbesitz.

Definition von Familie

Heinrich Emanuel Merck, der Fabrikgründer, hatte drei Söhne: Carl (Kaufmann), Georg (Chemiker) und Wilhelm (Chemiker und Kaufmann). Sie begründen die drei Zweige, von denen alle heutigen Gesellschafter abstammen.

Zunächst galt in der Familie die Erbregel, dass nur Söhne als Teilhaber aufgenommen werden; die Töchter wurden ausbezahlt. Seit der vierten Generation werden auch die Töchter als Gesellschafterinnen akzeptiert. Nicht zuletzt deshalb hat sich der Anteil der jüngeren Generationen an der Firma kontinuierlich gesteigert, was sich durch folgende Zahlen anschaulich machen lässt:

1994 hielt die fünfte Generation 26,0 %, die sechste Generation 73,0 % und die gerade in die Verantwortung eintretende siebte Generation 1,0 % der Anteile. In den drei Jahren bis 1997 hat sich das Verhältnis deutlich zugunsten der siebten Generation verschoben, die nun 15 % der Anteile hält, die sechste Generation bildet immer noch die Mehrheit mit 65,8 %, und die Anteile der fünften Generation sind auf 19 % zurückgegangen.

Von 1950 bis 2000 ist die Zahl der Gesellschafter von 22 auf 118 angestiegen. Die siebte Generation umfasst zurzeit 87 Personen, die Schätzungen für die achte Generation ergeben 148 Personen. Für das Jahr 2040 wird mit einer Gesellschafterzahl von 240 gerechnet.

Die Zahl der Gesellschafter steigt so rasant, da bei Merck eine von allen anderen bisher dargestellten Unternehmen abweichende Definition von Familie angewandt wird.

Heute wird das operative Geschäft in der Rechtsform einer Kommanditgesellschaft auf Aktien geführt. Komplementär dieser KGaA ist die Familie bzw. die Familiengesellschaft (OHG). Und hier gibt es offene Gesellschafter, die in einem Eigentumsvertrag ihre Beziehungen untereinander regeln, und es gibt die stillen Gesellschafter, die wiederum in einem Vertragswerk ihre Beziehungen untereinander regeln. Die Familiendefinition ist im § 1 des stillen Gesellschaftervertrages festgelegt: Sie besagt, dass nicht nur die Abkömmlinge des Unternehmensgründers, sondern auch deren Ehegatten bis zur Beendigung der Ehe Familienstatus erhalten. Dies gilt auch für die von der Familiengemeinschaft anerkannten Adoptiv- oder Stiefkinder.

1. »Familienmitglieder sind die Abkömmlinge (...) des Unternehmensgründers.
2. Familienmitglieder sind ferner die Ehegatten von Familienmitgliedern, solange die Ehe besteht, bei Beendigung der Ehe durch Tod bis zu einer Wiederverheiratung.
3. Als Familienmitglied können anerkannt werden (...) Adoptiv- und Stiefkinder. Über den Antrag entscheidet der Familienrat nach freiem Ermessen. Die Zustimmung muss einstimmig erfolgen.
4. Die Familienmitgliedschaft eines Gesellschafters nach 1. und 3. endet in dem Zeitpunkt, in dem der Gesellschafter, der (...) den Vertrag gekündigt hat, aus der Gesellschaft ausscheidet. Entsprechendes gilt für die Abkömmlinge des Gesellschafters, es sei denn, dass sie zum Zeitpunkt des Zugangs der Kündigung bereits Gesellschafter sind.«

Diese Definition des Familienmitglieds ist nicht nur biologisch, sondern – das ist der hervorzuhebende Unterschied – sozial bestimmt. Familienmitglied ist, wer jeweils aktuell Mitglied einer der Familien der Nachfahren des Unternehmensgründers ist. Das erhöht zwangsläufig die Zahl der potenziellen Gesellschafter.

Den Gesellschafterstatus kann man erwerben durch Erbe oder durch Kauf von Anteilen von anderen Familienmitgliedern. Hier herrschen keinerlei Einschränkungen des innerfamiliären Handels mit Anteilen. Familienmitgliedern ist es im Prinzip nicht verwehrt, im Unternehmen zu arbeiten. Es wird aber nicht angestrebt, dies in untergeordneten Positionen zu tun. »Das bekommt erfahrungsgemäß weder ihnen noch der Position« (J. Baumhauer). Wer in Führungspositionen gelangen will, muss die Qualitätsstandards erfüllen, die auch an externe Bewerber angelegt werden.

Unter den Gesellschaftern gibt es keine Stämme, keinen Sonderstatus, der die Gesellschafter unterscheiden würde. Die in der zweiten Generation entstandenen Stämme spielen keine Rolle mehr. Allerdings sind die Anteile unterschiedlich groß. 1000 Euro Gesellschaftsanteil entsprechen einer Stimme. Abstimmungen in der Gesellschafterversammlung erfolgen also nicht pro Kopf, sondern nach Kapital. Aus dem Familienstatus im Sinne des Gesellschaftervertrages ergibt sich auch die Möglichkeit, in die Organe gewählt zu werden. In den Gremien wird allerdings pro Kopf abgestimmt. Anhand dieser Regularien wird ersichtlich, wie viel Aufwand betrieben wird, damit den Erwartungen an Gleichheit und Gerechtigkeit entsprochen werden kann.

Um die Großfamilie, d. h. die jetzt schon große, aber absehbar in Zukunft noch größere Zahl der Gesellschafter, zu organisieren und zu einer handlungsfähigen Einheit zusammenzuführen, sind spezifische Organe und Kommunikationsforen geschaffen worden. Sie dienen zum einen der Vorbereitung von Entscheidungen und der Kooperation mit der Geschäftsleitung, zum anderen der Herstellung einer gemeinsamen Identität der Gesellschafter als Mitglieder einer gemeinsamen Familie – ein Bewusstsein, das nicht spontan entsteht. Angesichts der Vielzahl der Gesellschafter droht stets der Zerfall in Einzelinteressen. Dem gilt es vorzubeugen, denn Merck ist sich bewusst, dass bei einem Zerfall der Familie dem Unternehmen das Fundament abhanden kommt. Deshalb wird die Großfamilie so gut es geht über die Belange des Unternehmens unterrichtet. Es gibt regelmäßige Veranstaltungen und Gremien, die diesem Zweck dienen.

Konkret heißt das, dass die Gesellschafter gründlich und regelmäßig über aktuelle geschäftliche Ereignisse informiert werden. Daneben gibt es vertraglich geregelte Veranstaltungen: einmal im Jahr eine ordentliche Gesellschafterversammlung und normalerweise jährlich eine Informationsveranstaltung. Die Präsenz auf der Gesellschafterversammlung ist meist nahezu vollständig, was dafür spricht, dass sie auch die Funktion hat, die Familienmitglieder zusammenzuhalten.

»Die Gesellschafterversammlung ist immer ein Ereignis, auf das sich die Gesellschafter freuen. Sie findet meistens Ende Juni statt. Sie beginnt üblicherweise um 10 und endet etwa nachmittags um 14 Uhr. Die Gesellschafter werden über den Geschäftsverlauf gründlich informiert. Es werden aber auch u. U. spezielle Themen behandelt, z. B. zu Sparten oder Unternehmensbereichen oder zu Forschungsergebnissen. Am Abend der Gesellschafterversammlung trifft man sich zu einem Familienfest. Da kommen Alt und Jung sowie die Mitglieder der Geschäftsleitung mit ihren Ehepartnern, ebenso die ehemaligen Geschäftsleitungsmitglieder, ca. 150–160 Leute. Zu diesem Treffen laden Gesellschafter, die ihre Häuser zur Verfügung stellen, privat ein« (J. Baumhauer).

Neben diesen offiziellen Gremiensitzungen und der Gesellschafterversammlung gibt es eine Reihe informeller Treffen, um Entscheidungen vorzubereiten. Für die jungen Gesellschafter (bis 21 Jahre) werden spezielle Veranstaltungen anberaumt, um sie mit dem Unternehmen vertraut zu machen und in ihre Rolle als Gesellschafter einzuführen.

An Gremien, die der familiären Entscheidungsbildung und der Verbindung zum Unternehmen dienen, ist zunächst der »Familienrat« zu nennen. Er hat bis zu 13 Mitglieder, die von den Gesellschaftern gewählt werden. Das Wahlverfahren sichert, dass nur Personen gewählt werden, die eine breite Verankerung im Gesellschafterkreis haben. Die Treffen des Familienrates haben die Bedeutung einer »kleinen Gesellschafterversammlung«. Er ist zuständig für alle Familienbelange im engeren Sinn sowie für unternehmerische Entscheidungen von grundsätzlicher Bedeutung.

Aus dem Familienrat werden fünf Mitglieder in den »Gesellschafterrat« gewählt. Dieser wird vervollständigt durch vier externe Mitglieder und trifft sich bis zu achtmal im Jahr. Er übernimmt die Pflichten des Aufsichtsgremiums, bildet Ausschüsse.

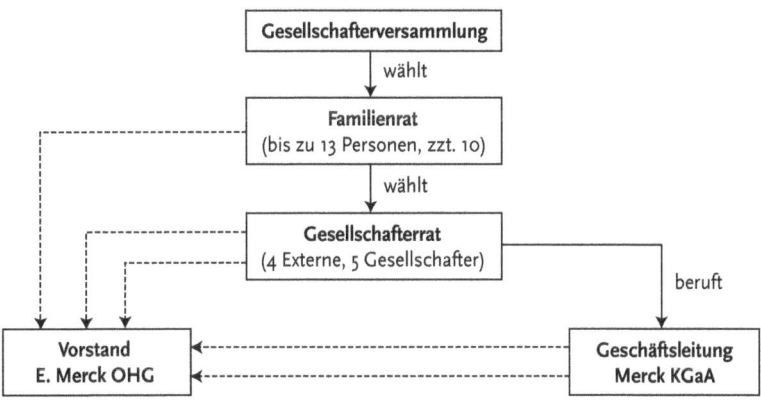

Abb. 11: Gremien bei Merck

Die Gremien unternehmen in größeren Abständen Informationsreisen zu verschiedenen Standorden des Unternehmens, was die Vertrautheit ihrer Mitglieder mit dem Geschäft und die Kommunikation untereinander fördert.

Eine in diesen Gremien praktizierte und auch kommunizierte Botschaft lautet: Das Unternehmenswohl geht vor Individualinteresse. Allerdings, hier zeigt sich eine der Paradoxien erfolgreicher Familienunternehmen, ist dies in der Realität nicht wirklich ein Widerspruch, denn die Anteilseigner haben in der Regel langfristig in der Vergangenheit stets eine bessere – vor allem aber eine weitaus sicherere – Rendite mit ihrer Beteiligung erzielt, als wenn sie auf eigene Faust am Kapitalmarkt spekuliert hätten.

Bislang, so scheint es, gelingt es der Familie Merck, das Unternehmen Merck als Quelle einer gemeinsamen Identität zu nutzen. Doch dies ist ein Prozess, der dauerhafter Anstrengung bedarf. Mit den Worten dessen, der sich in der Verantwortung dafür sieht: »Ich glaube, dass alle Familiengesellschafter, alle Familienmitglieder sich sehr stark mit Merck identifizieren und dass sie das Bewusstsein haben, dass aus der Zugehörigkeit zum Untenehmen auch ein Mehrwert für sie entsteht. Die Firma ist ein Teil ihres Selbstverständnisses. Unter den Gesellschaftern gibt es ein starkes Bewusstsein der Gemeinsamkeit. Über die Risiken sind wir uns im Klaren. Es wird auch über die Frage dieser identitätsstiftenden Elemente gesprochen. Ob sie noch tragfähig sind? Was und wer zu einem langfristigen Zusammenhalt beitragen kann? Ein Zerfall in Partikularinteressen bei so vielen Gesellschaftern ist immer möglich. Schwierig wird es sicherlich, wenn in der Familie Streit ausbricht. Bislang halten alle Familienmitglieder zusammen. Aber ohne den langfristigen Zusammenhalt würde man sich fragen, ob es sinnvoll ist, das Unternehmen in dieser Form weiterhin zu führen. (...) Es besteht das Gefühl einer großen Sicherheit, in der Gemeinschaft sein Vermögen angelegt zu haben. Und es herrscht sicherlich ein anderes Grundverständnis, als es in einer Publikumsgesellschaft wäre ...« (J. Baumhauer).

Vorzüge und Nachteile aus der Außenperspektive
Durch die soziale Definition von Familie erhöht sich die Zahl der potenziellen Gesellschafter, was die Zahl der Beziehungen zwischen ihnen exponentiell steigert und damit natürlich auch die Komplexität der familiären Strukturen. Dem steht aber entgegen, dass sich auch das Potenzial von Personen, die für das Unternehmen nutzbar sind, erhöht. So hatte auch der 40 Jahre lang das Unternehmen führende Prof. Hans Joachim Langmann in die Familie eingeheiratet. In seiner Amtszeit stieg der Umsatz von 570 Millionen Mark bei 12.000 Beschäftigten auf zwischenzeitlich 7,5 Milliarden Euro bei 34.000 Mitarbeitern.

Dass die Familie nicht, wie (merkwürdigerweise) bei den meisten anderen Unternehmen, biologisch definiert wird, sondern sozial als Lebensgemeinschaft konkreter Menschen, die eine spezifische Beziehung zueinander haben, führt zu Regeln, die gerade den Faktor besonders in Rechnung stellen, durch den sich Familienunternehmen von Publikumsgesellschaften unterscheiden: die Kopplung bzw. Ko-Evolution von Familie und Unternehmen. Beides sind soziale Systeme, und ihre Kommunikationsmuster sind sozial ausgehandelt. Sich hier auf allein biologische Kriterien der Zugehörigkeit zur Familie zu beschränken, wird dem System Familie genauso wenig gerecht, als wenn man biologische Kriterien zur Grundlage der Zugehörigkeit zum Unternehmen machen wollte. Bei der Familie ist die Geburt sicherlich eine zentrale Zugangsmöglichkeit, aber sie ist nicht die einzige. Alle nicht durch Geburt miteinander verbundenen Mitglieder einer Familie als Nicht-Familienmitglieder zu definieren (z. B. Ehepartner), wird der Spezifität der Familie als sozialem System nicht gerecht. Die Merck'sche Definition erfasst besser als die anderen die Charakteristika von Familien. Dadurch macht sie zum einen zusätzliche personelle Ressourcen für das Unternehmen nutzbar. Zum anderen verhindert sie, dass sich innerhalb der Kleinfamilien ein Gegensatz aufbaut zwischen der Großfamilie als Gesellschafterkreis und der Kleinfamilie, in der ein Ehepartner keine formellen Mitbestimmungsrechte hat (und diese sich auf anderem Wege holt). Dass die soziale Definition auch die Nicht-mehr-Zugehörigkeit zur Familie formal eindeutig festlegt, liegt in der Logik dieses Ansatzes.

Eine solche Zahl von Familienmitgliedern bedarf der bewussten Organisation. Die dazu geschaffenen Strukturen sind elaboriert und dürften auf jeden Fall die Chance erhöhen, dass eine Identifikation der nachwachsenden Generationen mit dem Unternehmen gelingt. Auch wenn eine angemessene Rendite die eher »weichen«, familiären Faktoren erhärten helfen dürfte, scheint die Konzeptualisierung der Großfamilie als Organisation mit ihren typischen Prozessen und Strukturen, wie sie bei Merck vorbildlich praktiziert werden, eine der Voraussetzungen dafür zu sein, das Überleben des Unternehmens als Familienunternehmen zu sichern.

Zur Systematik der Großfamilien-Organisation
Es lohnt sich zu versuchen, die unterschiedlichen Typen von Mehr-Generationen-Familien nach einheitlichen Kriterien zu systematisieren. Sie unterscheiden sich (u. a.) im Blick auf zwei Fragen oder Dimensionen: (1) Wie stark ist der Umgang der Gesellschafter miteinander formell und informell durch Regeln festgelegt und vorbestimmt? Eng damit verbunden bzw. eine Konsequenz daraus ist die Frage: Wie weit wird der individuelle Handlungsspielraum der Beteiligten durch solche Regeln eingeschränkt? Je größer das Maß der festgeschriebenen oder auch tradierten Regeln, desto eingeschränkter ist zwangsläufig die Handlungsfreiheit der Gesellschafter. Und als zweite Frage: (2) Wie hoch oder niedrig ist die Bindung der Anteilseigner aneinander? Wenn die Zugehörigkeit zur Gruppe der Gesellschafter für die Beteiligten identitätsstiftend ist oder sie emotional oder wirtschaftlich voneinander abhängen, so kann man von einer hohen Bindung sprechen, wenn die Rolle des Gesellschafters leicht aufzugeben ist, dann besteht offenbar eine geringere Bindung.

Sich in ein soziales System zu integrieren, bedeutet immer, seinen persönlichen Freiraum den herrschenden Regeln gemäß einzuschränken, d. h. gewisse (formelle oder informelle) Gebote zu erfüllen und gewisse Verbote zu respektieren. Dies gilt auch für alle Typen von Großfamilien. Aber das Maß der Einschränkung des eigenen Entscheidungs- und Handlungsspielraums kann doch sehr verschieden sein, so dass es sich dazu eignet, unterschiedliche Organisationsformen zu unterscheiden. Diese Einschränkung der Freiheit mag sich rein formal auf den Verkauf von Anteilen beziehen, sie kann aber auch die Einhaltung von in Satzungen festgelegten Normen umfassen oder aber informelle, emotional bedeutsame Regeln der familiären Sitten und Gebräuche.

Die zweite Dimension, die hier als hohe oder niedrige persönliche Bindung bezeichnet wird, zielt nicht nur, wie der Begriff suggerieren mag, auf die emotionale Bindung der Familienmitglieder aneinander ab, sondern auch auf die größere oder geringere Verknüpfung der Lebenswege der jeweiligen Familienmitglieder. Wenn Vettern zusammen eine Firma leiten und sich regelmäßig in Geschäftsführungssitzungen begegnen oder die Mitglieder eines Familienrats sich mehrmals jährlich zusammensetzen, so bedeutet das in dem hier gemeinten Sinn, dass ihre Bindung größer ist, als wenn sie sich nur einmal jährlich auf einer Gesellschafterversammlung treffen. Es geht also darum, gemeinsam gelebte Geschichte zu erfassen. Hat man viel oder wenig miteinander zu tun? Ist das, was der eine tut, von Wichtigkeit für das, was der andere tut? In Kleinfamilien begegnet man sich fast täglich, ohne dass dies organisiert werden müsste, in Großfamilien ist das unwahrscheinlich. Selbstverständlich hat solch eine gemeinsame Geschichte auch emotionale Wirkungen und Ursachen, doch da diese schwer zu objektivieren sind, sollen sie hier lediglich mit anklingen, und mit dem Begriff Bindung »oberflächlichere« und *formale* Aspekte der Beziehung der Familienmitglieder zueinander und zur Firma bezeichnet sein. Das betrifft beispielsweise den Gesellschafterstatus und die Managementfunktionen: Wie leicht oder schwer ist es, Gesellschafter zu werden und diesen Status auch wieder zu verlieren, d. h., wie hoch oder niedrig sind die Eintritts- und Austrittsbarrieren? Wie eng sind Management- und Führungsfunktionen an die Familienmitgliedschaft gebunden? Muss man als Gesellschafter im Topmanagement (C&A) Verantwortung tragen, oder ist es gar verboten, Führungsverantwortung zu übernehmen (Haniel)? Gehört man noch zur Familie, wenn man nicht mehr Gesellschafter ist? usw.

Das sind natürlich auf den ersten Blick relativ weiche Kriterien, und manchmal fällt die Abgrenzung nicht ganz einfach. Aber es geht hier ja auch nicht um eine objektivierbare Diagnostik, sondern eher um eine differenzierende Beschreibung von Möglichkeiten, die zeigt, dass es

Wechselbeziehungen zwischen einzelnen Aspekten der Organisation von Großfamilien gibt: Man kann z. B. nicht alle Eventualitäten regeln, ohne die Handlungsfreiheit der Beteiligten einzuschränken. Und man kann nicht alles ungeregelt (»unverbindlich«) lassen, ohne zu riskieren, dass die Beteiligten die Bindung aneinander verlieren.

Legt man diese beiden Dimensionen der Beschreibung von Großfamilien zugrunde, so lassen sich die hier diskutierten Modelle wie in Abb. 12 dargestellt zueinander in Beziehung setzen:

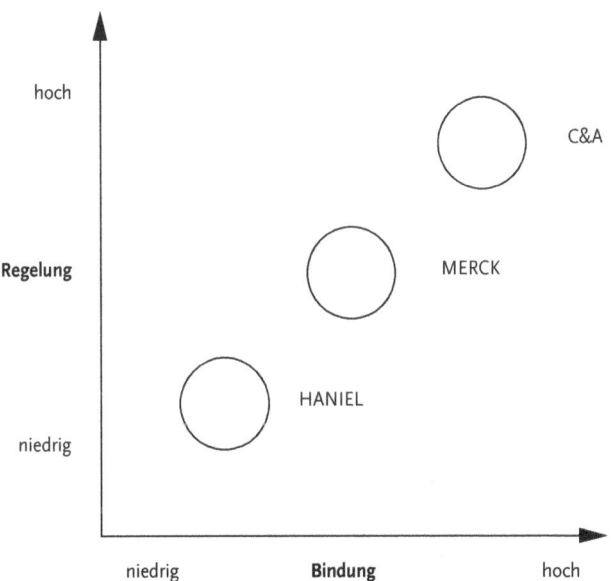

Abb. 12: Bindung/Regelung (eigene Quelle) [33]

Setzt man das Maß der Regelung mit dem Maß der Einschränkung des individuellen Handlungsspielraums gleich, so zeigt sich, dass die Risi-

---

33 Allerdings muss hier relativierend angemerkt werden, dass Franz Haniel beim Gegenlesen des Manuskripts das Unternehmen durch dieses Schema nicht angemessen dargestellt sieht, weil nur die formale Bindung beschrieben ist, d. h. der Verzicht auf vertragliche Regelungen, die den Ausstieg erschweren. Hier müsste seines Erachtens genauer auf die Unterscheidung formell/informell geblickt werden, denn die informellen Bindungswirkungen der Haniel-Prinzipien hält er für sehr stark. Da es uns hier aber *allein* um die formale Ebene geht (d. h. nicht um kulturelle oder emotionale Aspekte), halten wir die Darstellung trotzdem für angemessen.

Auch sollte noch einmal betont werden, dass die Position, die der C&A-Unternehmensgruppe zugewiesen wurde, nur zu einem Teil auf Ergebnissen der Arbeitsgruppe, zum anderen Teil auf Annahmen und Folgerungen der Verfasser beruht, wobei auf schon bestehende Publikationen und Analysen zurückgegriffen wurde.

ken der Modelle qualitativ verschieden sind. Im Falle C&A liegen sie darin, dass Personen, denen ihre Individualität ein hoher Wert ist, systematisch davon abgehalten werden könnten, sich auf den mühevollen und sie in ihrem Bewegungsraum möglicherweise relativ stark einengenden Weg in die Dreifachrolle als Topmanager und Gesellschafter im Familienverband zu begeben. Das wäre in einer Zeit, in der von der umgebenden Gesellschaft Individualität als hoher Wert proklamiert und vorgelebt wird, sicher ein Hemmnis. Die Frage stellt sich, ob in so einem Modell sich wirklich immer die kompetentesten, kreativsten, flexibelsten usw. Familienmitglieder eingeladen fühlen würden, sich dies zuzumuten. Die Gefahr besteht, dass in so einem Fall die Mischung der Gesellschafter, die obendrein auch noch operative Verantwortung tragen, nicht immer ausgewogen ist und der Konservativismus überwiegt. Ob das in dieser schnelllebigen Branche die beste Selektionsmethode von Führungspersonal ist, erscheint zumindest fragwürdig. Aufgrund der neueren Entwicklungen in den neuen geschäftlichen Aktivitäten ist jedoch, wie in früheren Zeiten durch das Hinzuziehen neuer Länder, offenbar ein »Ventil« geöffnet worden, das Chancen nutzt, Potenziale entwickelt und neue Möglichkeiten für die Familie schafft.

Beim Haniel-Modell liegen die Risiken auf der Gegenseite. Da es nur relativ wenige formalisierte Regeln gibt, die dafür sorgen, dass in der Beziehung Verbindlichkeit entsteht, rücken – wie in allen Marktmodellen – zunächst rein wirtschaftliche Gründe für die Zugehörigkeit zur Familie in den Vordergrund. Das ist, wenn man die Seite der Chance ansieht, natürlich ein Ansporn für die jeweiligen Fremdmanager, da sie wissen, dass die Familie nicht geduldig ist, wenn ihre Renditeerwartungen nicht erfüllt werden. Das Modell nimmt potenziell aber der Familie ihren, über die Renditeerwartungen hinausgehenden Einfluss auf die ihr zugehörigen Unternehmen. Die spezifische Haniel-Kultur, die ideelle Werte lebt und persönliche Identität stiften kann, ist auf die Familie beschränkt und stärkt hier intern die Bindung. Denn die tradierten Werte sind allen bewusst: Das Unternehmen hat Vorrang, der Wettbewerb und der Umgang mit Mitarbeitern müssen fair sein, um nur ein paar der familiären Werte zu nennen. Aber dass diese Werte auf die jeweiligen, im Portfolio befindlichen Unternehmen abfärben, darf bezweifelt werden – zumindest ist es in diesem Modell unwahrscheinlicher, als wenn Familienmitglieder mit operativer Verantwortung im Unternehmen solche Werte als Personen sichtbar leben und symbolisieren. Deshalb dürften familiäre Werte auch nur wenig Einfluss auf die Unternehmenskultur der mit der Familie Haniel verbundenen Unternehmen haben.

Das Risiko in diesem Modell liegt darin, dass die Beteiligten sich von ihren Anteilen trennen, sobald die Rendite nicht stimmt. Allerdings, das schränkt dieses Risiko wieder ein, gibt es – neben den informellen Bindungen – genug Regelungen und Einschränkungen der individuellen Entscheidungsfreiheit, dass der Erhalt der Anteile in der Familie gesichert ist. Auch Haniel kann aber nicht auf Aktivitäten wie regelmäßige Treffen der Gesellschafter verzichten, um diese informellen Bindungen und das Bewusstsein der Einheit zu erhalten. Vor einer ähnlichen Aufgabe stehen zurzeit die Gesellschafter von Schmidt + Clemens, die um eine Stärkung ihres Zusammenhalts als Großfamilie ringen, eine Voraussetzung dafür, dass die innere emotionale Beziehung dieser Gemeinschaft zu ihrem Unternehmen nicht endgültig verloren geht.

Im Rahmen unserer Chancen/Risiko-Einschätzung scheint das Merck-Modell am günstigsten (das von der Familie Freudenberg praktizierte Modell, das bereits 1917 mit der Formulierung eines neuen GmbH-Vertrages eingeführt wurde und ebenfalls Ehepartner als Familienmitglieder ansieht, ist sehr ähnlich; es funktioniert mit ca. 290 Gesellschaftern). Hier wird eine sehr sorgfältig durchkomponierte Struktur auf der Seite der Großfamilie hergestellt und aufrechterhalten. Diese Großfamilie erfüllt sowohl emotionale Funktionen für ihre Mitglieder als auch kontrollierende und die strategische Ausrichtung des Unternehmens bestimmende Funktionen. Sie erfüllt damit die Aufgabe, die beiden Systeme Familie (im Sinne von Kleinfamilie) und Unternehmen zu koordinieren und ihre Ko-Evolution zu sichern. Auch wenn es sicher zeitlich und kostenmäßig sehr aufwendig ist, dürfte sich dieses Investment lohnen, da hier die Großfamilie zum Ort und zur Methode wird, an dem und durch die jene Widersprüche zwischen den Regeln der zeitgenössischen Kleinfamilie und des Unternehmens (wie sie in Abschnitt 3.2 skizziert wurden), die immer wieder zu pragmatischen Paradoxien führen, bewältigt werden. Das Erfolgsgeheimnis der Großfamilie scheint dabei zu sein, dass sie einerseits eine Organisation darstellt – und damit den Spielregeln einer sachbezogenen Kommunikation folgt, die auch für Unternehmen gelten –, aber gleichzeitig auch den Spielregeln von Familien mit ihrer personenbezogenen Kommunikation gerecht wird, in denen es primär um emotionale Bindungen geht.

5. Das Unternehmen

5.1 Was unterscheidet Mehr-Generationen-Familienunternehmen von großen Publikumsgesellschaften?

Die hier untersuchten Unternehmen sind zumeist in einer Größe, wie man sie auch bei börsennotierten Aktiengesellschaften findet. Die meisten sind weltweit operierende Konzerne oder Unternehmensgruppen, deren wirtschaftlicher Erfolg all den Bedingungen unterworfen ist, die auch für große Publikumsgesellschaften gelten, einige sind auch an der Börse notiert. Mit den Erfolgsfaktoren von Unternehmen im Allgemeinen beschäftigt sich die Management- und Organisationsforschung seit langer Zeit. Die spezielle Frage, die im Rahmen der vorliegenden Untersuchung von zentralem Interesse ist, gilt den Besonderheiten von Familienunternehmen. Was unterscheidet ein langfristig erfolgreiches Mehr-Generationen-Familienunternehmen in seiner Geschäftspolitik, seiner Strategie, dem Investitionsstil, seiner Personalpolitik, seinem Produktportfolio, der Beziehung zu den Anteilseignern usw. von Publikumsgesellschaften? Oder – Gegenthese – gibt es keine Unterschiede, ist erfolgreiches Management immer von denselben Prinzipien bestimmt, ob es sich um Familienunternehmen handelt oder nicht?

Unabhängig davon, wie die Antwort auf diese Fragen lauten mag, langlebige Familienunternehmen sind auf jeden Fall Beispiele für eine erfolgreiche Unternehmensführung, sonst hätten sie nicht so lange überlebt. Insofern liegt es nahe zu überprüfen, was aus ihren Erfolgsmustern für Unternehmen im Allgemeinen gelernt werden kann.

Um ein Ergebnis vorwegzunehmen: Im Laufe unseres gemeinsamen Forschungsprojektes hat sich in der Auseinandersetzung mit den Familienunternehmern über ihr Handeln und die Grundlagen der in ihren Unternehmen getroffenen Entscheidungen eine zentrale These herausgebildet; sie liegt der Auswertung unserer Fallstudien zugrunde:

Das Management von Familienunternehmen bzw. von Familien und Unternehmen ist mit Widersprüchen zwischen den unterschiedlichen Regeln und Werten von Unternehmen und Familien konfrontiert, die zu paradoxen Handlungsaufforderungen führen; diese pragmatischen Paradoxien werden vermieden, wenn Unternehmen und Familien, wie heute üblich, unabhängig voneinander ihre Entwicklung durchlaufen; die Langlebigkeit von Familienunternehmen ist möglicherweise dadurch zu erklären, dass sie die Paradoxien nicht durch Spaltung der beiden Bereiche beseitigen, sondern dadurch, dass sie die Paradoxien am Leben erhalten und sich damit einem Dauerkonflikt aussetzen, der immer wieder neu und kreativ gelöst werden muss und so zum Treiber der gemeinsamen Entwicklung von Familie und Unternehmen wird.

Nach Untersuchung der verschiedenen konkreten Familienmodelle kann gesagt werden, dass die Bildung von Großfamilien eine Form und ein Mittel ist, die genannten Paradoxien zu bewältigen und nutzbar zu machen. Erst die Kopplung von Familie und Unternehmen hat das Phänomen Großfamilie entstehen lassen: ohne Unternehmen keine Großfamilie.

Doch das ist nur die eine Seite der Beziehung zwischen der Familie und dem Unternehmen. Daher gilt der nächste Schritt der Überprüfung der Frage, wie sich konkret diese gemeinsame Entwicklung und die Unvermeidbarkeit des Konfliktes zwischen den Anforderungen beider Systeme auf die Politik des Unternehmens auswirken.

5.2 Die Kopplung von Familie und Unternehmen: Personen vs. Gremien

Bevor wir uns mit den Auswirkungen der Kopplung von Familie und Unternehmen beschäftigen, noch ein Blick auf die Formen der Kopplung, d. h. die Kommunikationswege und -mittel, die Unternehmen und Familie miteinander verbinden.

Es dürfte bei der Diskussion der unterschiedlichen Familienmodelle bereits deutlich geworden sein, dass aus ihnen auch unterschiedliche Modalitäten der Kopplung von Unternehmen und Familie resultieren. Zieht man die empirisch verfügbaren Modelle in Betracht, so lassen sich zwei Kopplungsprinzipien unterscheiden: durch Personen bzw. Rollenträger oder durch Gremien bzw. Verfahrensregeln.

Beginnen wir beim Modell der Re-Inszenierung der Kleinfamilie. Es stellt gewissermaßen die Extremform der Kopplung durch Personen dar. Der Unternehmer, der – wie Helmut Kostal – sein Unternehmen leitet, ist gleichzeitig Mitglied der Familie und des Unternehmens bzw. der Geschäftsleitung. Er muss als Individuum beiden Spielregeln gerecht werden, d. h. den Erwartungen an einen Vater und Ehemann sowie an einen Unternehmensleiter. Es sind Erwartungen, die nicht nur andere an ihn richten, sondern die er auch selbst an sich richtet. Er ist es, der die im Unternehmen getroffenen Entscheidungen daraufhin überprüfen muss, welche Auswirkungen sie auf die Familie haben, und die familiären Entscheidungen darauf, welche Folgen sie für das Unternehmen haben. Und er ist es, der den genannten pragmatischen Paradoxien ausgesetzt ist, den Konflikten, die sich aus den unterschiedlichen Spielregeln von Familien und Unternehmen ergeben.

Der Ort, an dem diese Konflikte sich manifestieren und erlebbar werden, ist, wie erwähnt, die Psyche des Unternehmers. Die genannten, aus der Sache resultierenden Konflikte werden zwangsläufig zu seinen persönlichen Konflikten und Ambivalenzen. Und die in Familienunternehmen generell bestehende Herausforderung der Paradoxie-Bewältigung wird zu einer Anforderung an die Unternehmerpersönlichkeit.

Für Unternehmen wie Familie bedeutet dies eine extrem hohe Abhängigkeit von der Fähigkeit der betreffenden Person, mit manchmal unentscheidbaren Widersprüchen und Uneindeutigkeiten umzugehen, d. h. Ambivalenzen und Ambiguitäten zu ertragen, sich nicht für die eine oder andere Seite endgültig zu entscheiden usw. Wer immer diese psychische Belastung als zu groß erlebt, dürfte der Versuchung erliegen, sich eindeutig für die eine oder andere Seite zu entscheiden, d. h. für das Unternehmen und gegen die Familie oder für die Familie und gegen das Unternehmen. Doch die Belastung ist nicht nur psychisch, sondern auch sozial. Denn in der Familie wird er daraufhin beobachtet, ob er seiner familiären Rolle gerecht wird, während er im Unternehmen daraufhin beobachtet wird, ob er seiner Leitungsfunktion gerecht wird. Die Folge, so scheint es, ist das Risiko, dass es zu einem Zerbrechen der Familie oder zum Verkauf des Unternehmens kommt.

Bei dem skizzierten Modell des Mehr-Familien-Unternehmens (Beispiel: Huf Hülsbeck & Fürst) ergibt sich die analoge Situation. Auch hier wird die Kopplung von Familie und Unternehmen durch die beiden von den Familien delegierten Vertreter in der Geschäftsleitung sichergestellt. Ihre Form, die Schnittstelle zwischen Familie und Unternehmen zu bilden, besteht, im Gegensatz zum Beispiel zu

Kostal darin, eine klare Grenzziehung zu praktizieren. Auch dies ist eine Möglichkeit, die Kopplung zwischen beiden Systemen aufrechtzuerhalten. Die Familie als Ganzes, d. h. die anderen Familienmitglieder, braucht nichts über das Unternehmen zu wissen und sich nicht zu sorgen, solange der Unternehmer die Rolle des Wissenden innehat und sie verantwortlich ausfüllt.

Dieses Modell der Kopplung durch Personen finden wir auch bei der C&A-Unternehmensgruppe. Obwohl es hier das Gremium des Gesellschafterkreises gibt, erscheint das Grundmuster doch so, dass es sich dabei um eine Versammlung von Einzelunternehmern handelt, die jeweils für ihre Organisation die Verantwortung tragen.

Da der unmittelbare emotionale Druck, der von Familien bewusst oder unbewusst auf ihre Mitglieder ausgeübt wird, vom Unternehmer ständig erlebt werden kann, ist es nur weise, sich auf Unternehmensseite ein Gegengewicht zu schaffen, das eher sachorientiert ist. So haben fast alle Unternehmen einen familienfremden Beirat etabliert, der immer dann, wenn es um weit reichende Entscheidungen geht, konsultiert werden kann oder muss. Doch seine Kontrollmöglichkeiten sind begrenzt, da letzten Endes der Unternehmer in einer Position ist, in der er sich selbst kontrollieren muss. Wenn er weise ist – und die meisten sind es –, so holt er sich Unterstützung von außen, erfahrene Fachleute mit einer Außenperspektive, um der Gefahr betriebsblinden Agierens zu entgehen. Dies heißt dann oft genug auch, sich dem Rat des Beirats zu beugen.

Beiräte in eigentümergeführten Unternehmen haben zwangsläufig einen anderen Status als in Familienunternehmen, in denen ein Fremdmanagement sich mit der Familie arrangieren muss. Hier gewinnen Gremien und Regelkommunikationen eine zentrale Bedeutung für die Koordination von Unternehmen und Familien. Der entscheidende Unterschied, der mit ihrer Einrichtung verbunden ist: Die Paradoxien erzeugenden Konflikte zwischen Familiensystem und Unternehmen müssen nicht mehr von Individuen bewältigt werden, sondern sie kommen in die Kommunikation und können konkret im Dialog oder auch im Disput ausgehandelt werden. Wenn derartige Gremien arbeitsfähig sind, erhöht sich die Wahrscheinlichkeit, dass sie gemeinsam zu intelligenteren und nachhaltig wirksameren Lösungen kommen, als wenn Individuen das tun.[34]

---

34 Vgl. dazu ausführlich Simon 2004, S. 142 ff.

Ein gutes Beispiel hierfür bilden die bereits erwähnten Gremien der Merck KGaA. Die Verbindung von Familie und Unternehmen ist durch zwei Gremien gewährleistet: den Familienrat, der von den Gesellschaftern gewählt wird und dessen Aufgaben sich in erster Linie auf die Angelegenheiten der Familie beziehen, und den Gesellschafterrat. Er ist das Organ, welches das operative Geschäft zusammen mit dem Aufsichtrat der KGaA begleitet und deshalb von seinen Befugnissen her das für die Begleitung der Unternehmenstätigkeit wichtigste Gremium. Der Gesellschafterrat wird von den Mitgliedern des Familienrates gewählt. Er besteht aus fünf Familienmitgliedern und vier externen Unternehmerpersönlichkeiten und entscheidet alle Fragen, die ihm der Gesellschaftsvertrag zuweist. Er entspricht dem Aufsichtsrat einer Publikumsgesellschaft. Die Tatsache, dass vier Externe in dieses für die Unternehmenssteuerung wichtigste, die Interessen der Familie vertretende Gremium gewählt werden, zeigt, dass die Familie selbstkritisch gegenüber ihrer eigenen Kompetenz bei unternehmerisch relevanten Entscheidungen ist und sich deshalb durch Fachleute verstärkt, die nicht der Familie angehören. In diesem Gremium haben die Vertreter der Familie zwar noch die Mehrheit, es gibt aber die Möglichkeit, dass ein Externer auch den Vorsitz übernimmt.

Der Gesellschafterrat bildet zwei Ausschüsse, die deutlich machen, in welchen Bereichen die Familie auf ihr Mitspracherecht besonderen Wert legt: Das ist zum einen der Personalausschuss, da die Personalkompetenz für die Geschäftsleitung der KGaA beim Gesellschafterrat liegt, und zum anderen ist es der Finanzausschuss, der die Funktion eines Audit Committee wahrnimmt.

Durch die Rechtsform der KGaA, d. h. den Umstand, dass Merck an der Börse notiert ist, existiert als weiteres Aufsichtsgremium ein zwölfköpfiger Aufsichtsrat, der auf der Aktionärsseite aus zwei Delegierten der Familiengesellschafter und vier Externen besteht (insgesamt sechs Vertretern der Kapitalseite), der Rest (sechs Vertreter) wird dem Mitbestimmungsgesetz entsprechend von der Arbeitnehmerseite gestellt.

Der Einfluss der Familie wird auch dadurch gesichert, dass es in den Verträgen einen üblichen Katalog zustimmungspflichtiger Geschäfte gibt (z. B. für Investitionen, die einen bestimmten Betrag überschreiten). Der Komplementär (d. h. die E. Merck OHG) der Merck KGaA bildet zugleich die Konzernobergesellschaft. Deren Geschäftsführung (bei Merck »Vorstand«) setzt sich zusammen aus Repräsentanten der Geschäftsleitung der Merck KGaA sowie Vertretern der Gremien des Komplementärs (der E. Merck OHG). Die Zusammensetzung dieses Vorstandes sichert den kontinuierlichen Abstimmungsprozess zwischen der operativ tätigen KGaA und dem nicht zur Geschäftsführung befugten Komplementär.

Hier sind also Foren geschaffen worden, die dafür sorgen, dass Familie und Unternehmen regelmäßig und häufig miteinander kommunizieren. Auf jeden Fall wird dadurch eine Fokussierung der Aufmerksamkeit hergestellt, bei der die Interessen der Familie nicht ohne weiteres aus dem Blickfeld des Managements geraten können und das Management nicht überrascht wird durch unvorhergesehene Entwicklungen innerhalb der Familie. Die ausführliche Schilderung des Merck-Falles zeigt die feine Kalibrierung auf, mit der die Familie auf das Unternehmen und das Unternehmen auf die Familie Einfluss nimmt. Die Besonderheit wird vor allem deutlich, wenn man sich den nicht seltenen Fall vor Augen führt, in dem ein Fremdgeschäftsführer einmal im Jahr die mehr oder weniger ahnungslosen Gesellschafter über den Geschäftsverlauf informiert ...

Eine weitere Besonderheit von Merck als einem an der Börse notierten Unternehmen ist, dass die Geschäftsleitung gleichzeitig auch noch den Kapitalmarkt mit dessen ganz anderen Beobachtungs- und Evaluationskriterien, die u. U. im Widerspruch zu den Werten von Familienunternehmen stehen können, zufrieden stellen muss. Hier entsteht eine neue Paradoxie, mit der das Management umgehen muss. Die widersprüchlichen Handlungsaufforderungen beziehen sich nicht nur, beispielsweise, auf langfristige vs. kurzfristige Ziele, sondern auch auf den Widerspruch zwischen familiären Informationsbedürfnissen und den Beschränkungen von Insiderinformationen, die durch das Aktienrecht gegeben sind. Für das Management bedeutet dies, dass ihm die Quadratur des Kreises gelingen muss.

5.3 Nachfolge

Die Frage der Nachfolge muss unter zwei Perspektiven betrachtet werden: der Nachfolge in der Gesellschafterrolle und der Nachfolge im Management des Unternehmens.[35]

---

35 Vgl. zuletzt Wimmer u. Gebauer 2004.

In kleinen bzw. jungen Unternehmen betrifft die Nachfolgeproblematik in der Regel beide Ebenen. Ein Unternehmer hat Kinder, und wenn eines oder mehrere ins Unternehmen eintreten, übernehmen sie meist nicht nur eine wichtige Rolle in der Unternehmensleitung (zumindest ist dies in der Regel das Ziel ihrer Tätigkeit), sondern sie werden auch Gesellschafter.

In Mehr-Generationen-Familienunternehmen sind diese Fragen der Nachfolge nicht zwangsläufig miteinander verbunden (obwohl es, wie das Beispiel C&A zeigt, auch dies gibt). Da Unternehmen in der vierten oder höheren Generation meist eine beträchtliche Größe aufweisen und die Zahl der Familienmitglieder ebenfalls eine gewisse Höhe erreicht hat, sind beide Nachfolgeprozesse relativ unabhängig voneinander. Das Unternehmen ist sowieso auf ein Fremdmanagement in wichtigen Leitungspositionen angewiesen, und die große Auswahl unter den Familienmitgliedern eröffnet jedem Einzelnen die Wahlmöglichkeit, eine Tätigkeit im Unternehmen anzustreben oder auch nicht; dies umso mehr, als die Entscheidungsfreiheit über den zu wählenden Beruf den heutigen Erziehungsidealen entspricht. Doch diese Freiheit, seinen eigenen beruflichen Lebensweg zu wählen, hindert in der Regel niemanden daran, ein Erbe anzutreten und die Rolle des Gesellschafters zu übernehmen.

Nachfolge in der Gesellschafterrolle
Beginnen wir mit einigen allgemeinen Feststellungen. Ganz allgemein lässt sich sagen, dass in den untersuchten Familienunternehmen das Ziel besteht, das Unternehmen im Besitz der Familie zu halten. Dabei ist Familie mal weiter, mal enger definiert; von der extremen Exklusivität, die nur die direkten männlichen Nachkommen des Gründers als Familienmitglieder im engeren Sinne sieht, bis hin zu großer Offenheit, bei der auch den Ehepartnern der Nachkommen der Gründer der Zugang zur Gesellschafterrolle offen steht.

Unabhängig von der konkreten Familiendefinition gibt es immer klare Beschränkungen der Möglichkeit des Verkaufs von Unternehmensanteilen außerhalb der Familie. In manchen Fällen ist dies generell verboten, in anderen erfordert es eine 75-prozentige Zustimmung der Gesellschafterversammlung oder Ähnliches. Oft ist es sogar genau vorgeschrieben, wem zum Verkauf stehende Anteile anzubieten sind. Das hat dann, vor allem bei der Stammesorganisation, weit reichende Folgen für die innerfamiliären Machtverhältnisse. Da diese im Allgemeinen nicht vorhergesehen werden können, stellt sich die Frage, ob hier innerfamiliäre Verkaufsbeschränkungen wirklich nutzbringend sind. Es scheint so, dass ein Modell, das den Verkauf an andere Familienmitglieder nach einem Marktmodell organisiert, am einfachsten ist. Regelungen, die zu einem bestimmten Zeitpunkt festgeschrieben werden, müssten eigentlich ein Verfallsdatum haben, da sie erfahrungsgemäß nach einiger Zeit nicht mehr angemessen sind. Wenn die Zeit, innerhalb derer sie noch »passen«, überschritten ist, können sie negative Wirkungen haben und z. B. zu allerlei gerichtlichen Auseinandersetzungen führen.

Fast in allen Unternehmen sind im Gesellschaftervertrag Bewertungsregeln festgelegt, die den Verkauf von Anteilen eher unattraktiv machen. Das hat zum einen das Ziel, Individualisierungstendenzen zu entmutigen, zum anderen steuerliche Gründe für den Erbfall.

Im Modell der Re-Inszenierung der Kleinfamilie erfordert die Idee, dass eines der Kinder in die Unternehmerrolle geht, von den Geschwistern einen Pflichtteilverzicht. Das kann zu Problemen in der Familie und unter den Geschwistern führen, falls die sich nicht angemessen anderweitig entschädigt fühlen. Außerdem stellt sich die Frage nach dem richtigen Zeitpunkt der Überschreibung der Anteile. Wenn dies allein nach steuerrechtlichen Gesichtspunkten erfolgt, so kann es Ausdruck einer falschen Prioritätensetzung sein, beispielsweise, wenn die Frage der Nachfolge nicht tatsächlich innerfamiliär schon entschieden ist. Die Rückabwicklung einmal getroffener Regelungen ist meist problematisch, aufwendig und teuer.

Wenn es Dutzende oder gar Hunderte Gesellschafter gibt, kann es von der Abwicklung her einfacher sein, eine ganze Generation gleichzeitig zu Gesellschaftern zu machen. Das hat vor allem dann Vorteile, wenn die Bewertung des Unternehmenswertes schwankt und Geschwister, die unterschiedlich alt sind, erben sollen. Würde man die Überschreibung an das Alter der Neu-Gesellschafter binden, müsste der eine Erbe möglicherweise viel Erbschaftssteuer bezahlen, der andere nur wenig, obwohl beide über ihr Vermögen eigentlich nur auf dem Papier verfügen können.

Für die zu erwartenden Erbschaftssteuern wird auf Unternehmensseite fast immer Vorsorge getroffen, d. h., es werden dafür Rücklagen gebildet. Andernfalls könnte das Unternehmen im Erbschaftsfall in eine Existenzkrise geraten, weil beispielsweise Unternehmensbereiche oder -anteile verkauft werden müssten, um die Steuern bezahlen zu können.

Ob man als Säugling oder erst ab einem gewissen Mindestalter in die Gesellschafterrolle kommen kann, wird ganz unterschiedlich gehandhabt. Aber auch die Säuglinge werden in der Regel in Gesellschafterversammlungen von Treuhändern und Bevollmächtigten vertreten, so dass generell die familiären Reifevorstellungen bestimmen, ab wann ein Junggesellschafter selbst stimmberechtigt ist (manchmal erst in einem Alter, in dem er oder sie auch Bundespräsident werden könnte).

Etliche Unternehmen haben Programme aufgesetzt, die dazu dienen sollen, die Vertrautheit einer neuen Gesellschaftergeneration mit dem Unternehmen zu steigern und sie bei den ersten Gehversuchen in ihrer neuen Rolle zu unterstützen. Dazu wird ihnen nicht nur das Unternehmen gezeigt, sondern ihnen wird auch beigebracht, eine Bilanz zu lesen, und ihnen wird die Führung der Gesellschafterkonten erklärt usw.

Als Beispiel sei hier das Junioren-Programm der Freudenberg & Co. KG (Details zum Unternehmen später) genannt: Es gibt seit einigen Jahren so genannte Informationskreise für junge Gesellschafter. Das Prinzip erscheint einfach und wohl durchdacht. Alle zwei Jahre werden 16 Gesellschafter neu als Teilnehmer ausgewählt. Sie erhalten zweimal pro Jahr auf Kosten der Firma eine spezifische, tiefer gehende Information über einen Geschäftsbereich, ein Sachproblem oder Ähnliches. Eingeschlossen sind dabei auch Reisen ins Ausland an Firmenstandorte.

Einer der Teilnehmer schreibt anschließend einen Kurzbericht, der an alle Gesellschafter verteilt wird. Hierdurch und dank des Zweijahresturnus wird ein sehr guter Multiplikatoreffekt erzielt: »Dort lernen die Gesellschafter ausgewählte Aspekte des Unternehmens sowie eine Reihe von Mitarbeitern kennen; sogar Mitglieder des Gesellschafterausschusses beneiden sie gelegentlich um die dabei erhaltenen vertieften und lebendigen Informationen« (R. Freudenberg).

Um einen Platz in diesem Programm kann man sich bewerben. Unter den Bewerbern werden zunächst acht Personen ausgelost, dann werden die anderen acht vom Gesellschafterausschuss ausgewählt, »damit der Kreis einigermaßen ausgewogen ist, etwa nach Männern, Frauen, der Alterszusammensetzung, Deutschen, Ausländern, Berufen. Keiner erfährt, ob er ausgelost oder bestimmt wurde.

Das funktioniert gut. Man kann auch mehrmals kandidieren, aber nicht zweimal hintereinander an dem Programm teilnehmen« (R. Freudenberg).

Eine systematische Schulung aller heranwachsenden Gesellschafter im Sinne einer »Professional Ownership« ist zwar noch nirgends zu finden, aber die Prognose, dass dies in Zukunft vollzogen werden wird, ist wohl nicht zu gewagt.

Nachfolge in Leitungsfunktionen
Wenn man wieder einmal den Extremfall Franz Haniel & Cie. GmbH – in dem es Gesellschaftern schlichtweg verboten ist, in familieneigenen Unternehmen zu arbeiten – ausschließt, wird es tendenziell gern gesehen, dass Familienmitglieder sich für das Unternehmen und eine Leitungsfunktion in ihm interessieren. Aber dieser allgemeinen Ermutigung zum Trotz haben sie keinerlei Anrecht auf irgendwelche Führungsfunktionen.

Als mehr oder weniger durchgängiges Prinzip gilt: Familienmitglieder haben dieselben Qualifikationen für einen Posten aufzuweisen wie Nicht-Familienmitglieder. Das ist zumindest die offizielle Lesart. Dass dies immer hundertprozentig durchgehalten wird, darf man wohl bezweifeln. Schließlich ist ja auch sonst bei Personalentscheidungen nicht immer klar zu objektivieren, wie die Qualifikationen eines Bewerbers einzuschätzen sind. Immerhin, um die Anwendung dieses hehren Grundsatzes wahrscheinlicher zu machen, gibt es in einigen Unternehmen auch für Familienangehörige Assessment Center, um ihre Eignung zu testen.

In manchen Fällen gibt es streng vorgeschriebene Karriereschritte, die zu absolvieren sind, bevor der Eintritt ins Topmanagement möglich ist. In anderen werden eher abstrakte Forderungen gestellt (z. B. Studium, drei Fremdsprachen). Die Schwelle ins Unternehmen wird generell hoch gehalten, aber sie ist nicht unüberwindbar. Wenn man einmal von Praktika für junge Leute absieht, wird der Einstieg auf einer untergeordneten Managementebene allgemein nicht als sinnvoll eingeschätzt. Und das wohl zu Recht: Die jeweilige Person wird als Familienmitglied beobachtet, als (Mit)Eigentümer, so dass es zu Verwicklungen und Verwirrungen der Hierarchieebenen kommen kann, wenn ein Familienmitglied in einer hierarchisch untergeordneten Position im Unternehmen tätig wird.

5.4 Fremdmanagement/Personalmanagement

Mit dem Wachsen der Unternehmen und der zunehmenden Internationalisierung, der Umstrukturierung in Managementholdings bzw. Konzernzentralen und der Aufspaltung von Unternehmens- und Geschäftsbereichen in selbstständige Unternehmen schwindet der familiäre Charakter, der die Unternehmenskultur vieler kleinerer Familienunternehmen charakterisiert. Spuren davon sind allerdings immer noch dort zu finden, wo die Familie ihren Einfluss bewahrt hat: bei der Auswahl der Fremdmanager und in den Prinzipien des Personalmanagements. Hier spielen personenbezogene Faktoren wie Sympathie, Teamfähigkeit und Bescheidenheit oft eine wichtige Rolle.

Statt abstrakter theoretischer Erwägungen soll dies an einem konkreten und für Personalfragen charakteristischen Beispiel illustriert werden: der Firma Freudenberg. Und – um es noch persönlicher zu machen – es soll mit den Worten des langjährigen persönlich haftenden Gesellschafters und Leiters der Geschäftsleitung, Dr. Reinhart Freudenberg, geschehen. Doch zuvor ein paar Daten zum Unternehmen:

Freudenberg & Co. KG, Weinheim (als Führungsgesellschaft, Geschäftsgruppen und Geschäftsbereiche als eigenständige Unternehmen)

Branche: Dichtungs- und Schwingungstechnik, Vliesstoffe, Haushaltsartikel (»Vileda«), Spezialschmierstoffe, div. Dienstleistungen etc.

Umsatz: ca. 4,4 Mrd. Euro

Mitarbeiter: ca. 32.000 (weltweit)

Das Unternehmen Freudenberg hat seinen Ursprung in der Lederindustrie: 1849 übernahm Carl Johann Freudenberg mit einem Partner eine Gerberei in Weinheim. Aufgrund einzigartiger Kompetenzen in der Produktion modischer Lack- und Satinleder wuchs das Unternehmen schon damals kontinuierlich. Um 1900 führte Hermann Ernst Freudenberg, der Sohn des Firmengründers, ein Verfahren zur Gerbung mit Chrombrühe statt mit vegetabilen Stoffen ein. Dadurch verkürzte sich die Produktionszeit um Monate, und Freudenberg wurde eine der größten Gerbereien Europas. Da das Unternehmen schon damals seine Waren weltweit exportierte, wurde es durch die Zeit des Ersten Weltkriegs, der Inflation und der Wirtschaftskrise von 1929 besonders hart getroffen.

Lederverarbeitung bei Freudenberg

Die Enkel des Firmengründers, von denen mehrere in verantwortlicher Position im Unternehmen tätig waren, begannen deshalb, technische Produkte aus Leder oder Gerbereiabfällen sowie auch Lederersatzstoffe zu entwickeln. So wurden zunächst Dichtungen aus Leder und ab 1936 aus Synthesekautschuk hergestellt. Diese »Simmerringe« erschlossen für Freudenberg den Markt der Automobilzulieferung. Aus Kunstkautschuk entwickelten die Chemiker und Ingenieure bei Freudenberg Gummischuhsohlen und schließlich Fußbodenbeläge. Auf der Basis von Textilfasern wollte man Kunstleder herstellen; dies gelang zwar nicht, aber Freudenberg wurde auf diesem Wege zum Pionier der neuen Vliesstoffindustrie (z. B. mit der Marke »Vileda«).[36]

Nach dem Zweiten Weltkrieg wurden die Kompetenzen in der Lederbearbeitung, Dichtungstechnik und der Produktion von Vliesstoffen konsequent weiterentwickelt. Zudem wurden weltweit Vertriebs- und Produktionsstandorte eröffnet, so dass die Freudenberg-Gruppe in den Geschäftsfeldern:

---

36 Eine ausführliche Beschreibung der Produktentwicklung bei Freudenberg und der dabei zur Wirkung kommenden kreativen Prozesse findet sich in Simon 2004, S. 124 ff.

- Dichtungs- und Schwingungstechnik (Simmerringe etc.),
- Vliesstoffe (Einlagestoffe, Filter etc.),
- Haushaltsprodukte (Vileda etc.) und
- Sonstiges (Spezialschmierstoffe, Bodenbeläge etc.)

jeweils eine weltweite Führungsposition beanspruchen kann.

Die Führungsgesellschaft der Unternehmensgruppe ist eine Kommanditgesellschaft. Sie steuert, koordiniert und überwacht die Aktivitäten der Unternehmensgruppe und besteht aus der Unternehmensleitung und den Konzernfunktionen. Sie gehört zurzeit zu 100 % den etwa 290 Mitgliedern der Großfamilie Freudenberg (definiert als Nachfahren des Unternehmensgründers und deren Ehepartnern).

Der Gesellschaftsvertrag, dessen Grundstruktur bereits 1917 (damals noch als GmbH-Vertrag) erstellt wurde und der in regelmäßigen Abständen angepasst wird, wurde im Juli 2001 für 30 Jahre verlängert. Mindestens einmal im Jahr findet eine ordentliche Gesellschafterversammlung statt. Sie wählt den Gesellschafterausschuss, ernennt die persönlich haftenden Gesellschafter und ist für grundsätzliche Angelegenheiten des Unternehmens zuständig.

Der Gesellschafterausschuss bildet die Schnittstelle zwischen dem Unternehmen und den Familien. Er besteht aus mindestens sie-

Bekannte Freudenberg-Produkte

ben und höchstens 13 Personen (derzeit sind es 11), von denen die Mehrzahl aus Familienmitgliedern bestehen muss (d. h., es können auch angeheiratete Ehepartner sein). Er hat die Aufgabe, die Unternehmensleitung zu beraten, ihre Geschäftsführung zu überwachen sowie das »gute Einvernehmen zwischen den Gesellschaftern und der Gesellschaft zu pflegen«.

Führungsstruktur der Freudenberg Gruppe

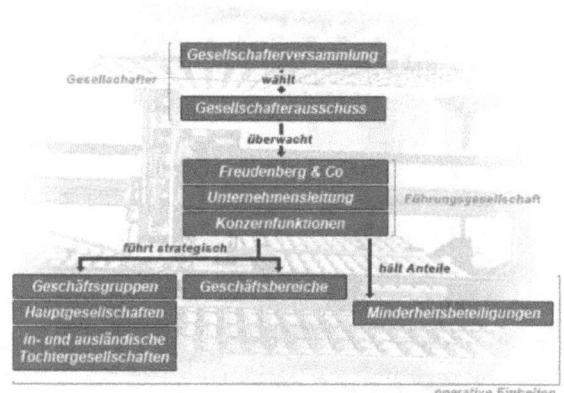

Abb. 13 (Quelle: www.freudenberg.de)

Nach seinem Ausscheiden aus der Geschäftsführung übernahm Dr. Reinhart Freudenberg die Leitung des Gesellschafterausschusses. Der nachfolgend ausführlich dokumentierte Ausschnitt eines Interviews mit ihm zeigt beinahe schon idealtypisch die Besonderheiten des Personalmanagements in einem Familienunternehmen[37] – ein Zeugnis, das für sich spricht und wohl keiner weiteren Kommentierung bedarf:

R. Freudenberg: Früher war die Führung sehr persönlich; es gab z. B. keine Personalakten oder andere formale Systeme. Man kannte sich, und man hatte Vertrauen, wie natürlich auch Vorlieben oder Abneigungen. Der Stil war eben familiär, patriarchalisch, aber (sehr bewusst) nie paternalistisch. Aber das Unternehmen ist diversifiziert,

---

37 Das Interview wurde im Anschluss an die Präsentation R. Freudenbergs im Forschungsprojekt zur Vertiefung einiger spezieller Fragen von Tanja Elbe durchgeführt (vgl. Elbe 2003).

international und relativ groß geworden und hat sich im Laufe der Zeit auch von seinem Stammhaus Carl Freudenberg in Weinheim emanzipiert. Dieses Stammhaus gibt es im alten Sinne nicht mehr, und vor 10 Jahren haben wir dieser Entwicklung durch die Umorganisation in eine Art Management-Holding Rechnung getragen. In Weinheim sind natürlich die Konzernzentrale und das immer noch größte Werk geblieben, aber nur noch mit etwa einem Fünftel der Mitarbeiter des Gesamtunternehmens. (...)

Zwar wird an allen Standorten Wert auf einen persönlichen Führungsstil gelegt, aber das frühere familiäre Verhältnis zu den Mitarbeitern kann es eigentlich nicht mehr geben. Mag sein, dass es manchmal auch ein wenig nostalgisch verklärt wird. Wir versuchen aber, dieses wertvolle Kulturelement aus unserer Firmengeschichte zeitgemäß in unseren Führungsgrundsätzen zu bewahren.

Frage: Sie haben einmal gesagt, Fremdmanager bei Freudenberg müssten »nett und normal« sein. Was heißt das? Nach welchen Kriterien suchen Sie Fremdmanager aus?

R. Freudenberg: Ich meine zum Beispiel, dass es ihnen gefallen muss, in einer Firma zu arbeiten, die nicht publizitätssüchtig ist. Für ein Familienunternehmen publizieren wir eigentlich sehr viel, aber nicht im Sinne des Renommierens oder der Werbung, sondern weil wir finden, die Öffentlichkeit hat einen Anspruch auf Information. Aber wir machen nicht viel daraus und müssen auch nicht dauernd in der Zeitung stehen. Das hängt vielleicht auch damit zusammen, dass wir mit dem weitaus größten Teil unseres Umsatzes wichtige, aber eher unauffällige technische Materialien oder Teile an weiterverarbeitende Industrien liefern, die von uns Zuverlässigkeit, Qualität, Innovation und Internationalität erwarten, nicht aber ein glanzvolles öffentliches Auftreten. Unsere Führungskräfte sollten nicht das Bedürfnis haben, ihr Ego in den Vordergrund zu stellen. Sie sind übrigens beileibe keine grauen Mäuse, sondern meistens ziemliche Individualisten. Aber es muss ihnen irgendwie gefallen, in einer vertrauensvollen und offenen Atmosphäre zu arbeiten, die sich vielleicht noch erhalten hat im Vergleich zu einigen öffentlichen Unternehmen.

Vielleicht habe ich das mit »nett und normal« gemeint ... oder auch, dass sie teamorientiert sind. Es gehört dazu, dass sie ihre Rolle mehr darin sehen sollen, dass ihre Organisation harmonisch funktioniert und im Team jeder seine Kompetenzen einbringt, als dass nach dem CEO-Prinzip geherrscht wird. Das Unternehmen, seine

Führungskräfte und die zahlreiche Eigentümerfamilie sollen sich im Grunde miteinander wohl fühlen.

Im Personalwesen, im formaleren Personalwesen, bei den Systemen, den Bewertungsmethoden, Mitarbeitergesprächen usw., haben wir uns in die üblichen Techniken nach und nach eingearbeitet. Wir handhaben sie vielleicht pragmatischer als andere, das kann sein, es liegt so in der Tradition. Aber bei diesem sehr dezentralen Unternehmen kann man z. B. nicht darauf verzichten, mindestens einmal im Jahr formelle Mitarbeitergespräche zu führen, um gemeinsam Revue passieren zu lassen: Was ging gut? Was ging schlecht? Haben wir erreicht, was wir uns vorgenommen hatten? Was müssen wir tun, damit man es jetzt wenigstens erreicht? usw. (...) Das geschieht nicht anhand von verdichteten Finanzkennzahlen oder irgendwelchen mechanistischen Vergleichen ... Mehr auf der persönlichen Ebene, wobei auch der quantitative Erfolg natürlich eine Rolle spielt: Umsatzentwicklung, Ergebnis, Mittelbindung usw. Aber genauso viel wird über *soft facts* geredet. Zum Beispiel: »Letztes Jahr hatten wir doch in diesem Team Unstimmigkeiten, wie kam es dazu und was ist daraus jetzt geworden?« Oder: »Sie sind jetzt 59, und wann sieht man endlich den Nachfolger?«

Frage: Welche Fehler darf ein Fremdmanager bei Freudenberg machen und welche nicht?

R. Freudenberg: Die gleichen wie ein Familienmitglied: Die Entscheidungsspielräume sind bei uns groß; es wird einem Manager nicht so schnell ein Strick gedreht, wenn er überlegt hat, aber dann im Ergebnis falsche Entscheidungen trifft. Wir haben da eine lange Tradition der Geduld – vielleicht als Voraussetzung für das angestrebte Innovationsklima. Irgendwann fragt man sich aber doch natürlich, ob der Manager für seine Aufgabe geeignet ist.

Der Manager – egal ob aus der Familie oder nicht – darf dagegen keinen Zweifel an seiner Loyalität aufkommen lassen oder die Führungsgrundsätze gravierend verletzen. Es gab in unserer Firmengeschichte einige konsequent gehandhabte Beispiele in dieser Hinsicht. Übrigens haben unsere Manager auch im Führungsstil recht bedeutende Freiräume – mehr, als das vielleicht eben angeklungen ist. Alle Individuen sind verschieden, und so ist es auch die Art ihres Umgangs. Wir haben festgestellt: Es gibt ja viele Wege zum Erfolg, zum wirtschaftlichen Erfolg, und auch zur Anerkennung durch die Mitarbeiter. Es gibt da mehr autoritäre Typen, es gibt kooperative, es gibt schüchterne, es gibt extrovertierte, es gibt gründliche und gelassene ... Sie alle können sehr erfolgreich sein, und es ist nicht leicht, die entscheidenden Gemeinsamkeiten zwischen ihnen auszumachen. Wir suchen keinen gleichförmigen Managertyp, sondern freuen uns auch hier über die Pluralität der Charaktere – im Rahmen der Führungsgrundsätze. Was aber auf die Dauer nicht geht, ist, wenn das Team nicht funktioniert; oder wenn das Ego so überhand nimmt, dass Wichtigeres zurücktritt. Allerdings ist es auch so, dass Leute, denen es darauf sehr ankommt, gar nicht zu uns kommen oder bleiben. Sie finden nicht, was sie brauchen.

Frage: Können Sie irgendetwas über die Mitarbeiterzugehörigkeit sagen? Es gibt ja Familienunternehmen, auch große, die sind besonders stolz darauf, dass die Mitarbeiter sehr lange bleiben und nur äußerst selten wechseln.

R. Freudenberg: Ja, das war in dem alten Stammhaus bei uns durchaus auch so, in Weinheim, einer Kleinstadt – sehr hübschen Kleinstadt. Wer einmal hier ist, geht nicht mehr gerne weg. Man war stolz, wenn schon der Großvater 45 Jahre bei der Firma war und jetzt der Enkel auch wieder. Das gibt es in Weinheim heute noch, aber es wird weniger. Denn auch im Personalmanagement haben wir dezentralisiert zwischen den verschiedenen Geschäftsbereichen. Es gibt also im Arbeiterbereich, im Angestelltenbereich sicherlich mehr Fluktuation als früher.

Ich weiß aber nicht, wie das im Vergleich zu anderen Unternehmen ist. Aber wir mussten auch im Stammhaus Personal abbauen. Wir hatten vor 20 Jahren ungefähr die doppelte Belegschaft im Vergleich zu der, die wir jetzt haben. Wir haben da sehr stark reduzieren müssen – durch natürliche Fluktuation oder Pensionierungen, aber auch mit Sozialplänen.

Wir hatten einfach Geschäfte, die in Weinheim nicht mehr zu betreiben waren. Und das wirkt natürlich nach beiden Seiten. Auch die Mitarbeiter haben dann das Gefühl, dass sie nicht mehr unbedingt eine Lebensstellung haben. Aber das gibt es ja in der Privatwirtschaft auch sonst kaum mehr.

Frage: Sie haben in der Diskussion gesagt, dass Sie bei Mitarbeitern danach schauen – jetzt nicht als erstes Kriterium, aber doch auch –, dass sie eine gewisse Sicherheit mögen, und dass Sie als Freudenberg ihnen das auch bieten können. Sie stehen da ja mit der Familie dahinter, mit dem Namen, und da wird ja schon, glaube ich, eine andere Sicherheit assoziiert als bei Konzernen.

R. Freudenberg: Ich habe damit gemeint, dass die Mitarbeiter bei uns wissen, dass das Unternehmen nicht plötzlich verkauft oder zum

Gegenstand von Börsenspekulationen wird. Sie können damit rechnen, dass die Kapitalseite stabil bleibt und von daher keine Gefahr droht. Gegen marktbedingte Personalanpassungen kann es aber auch bei uns keine Garantie geben.

Die Sicherheit des Arbeitsplatzes ist im Übrigen nach Ländern verschieden. Wir beurteilen eigentlich unsere Personalpolitik oder die Personal- und Sozialleistungen nicht mehr so sehr aus der Sicht des Stammhauses, also von der deutschen Warte aus. Ein wenig geschieht es zwar immer noch: Die Mitarbeiter in Kentucky zum Beispiel sind schließlich auch unsere Mitarbeiter, für die wir verantwortlich sind. Aber sie leben in einer völlig anderen Kultur, wissen genau und rechnen damit, dass das Unternehmen sie nicht bezahlen kann, wenn keine Arbeit da ist. Und sie kommen auch wieder, wenn es wieder Arbeit gibt.

Frage: Würden Sie sagen, Freudenberg hat auch international eine eigene Unternehmenskultur? Wofür steht Freudenberg? Oder ist das Unternehmen inzwischen so dezentral organisiert, dass die Mitarbeiter in Kentucky mit einer anderen Unternehmenskultur rechnen müssen als in Weinheim?

R. Freudenberg: Ja, natürlich ist sie nicht die gleiche. Amerika ist immer noch Amerika, China ist China, und Japan ist Japan. Aber ich wundere mich selber doch immer wieder, wenn ich dahin fahre, dass das Familienunternehmen irgendwie schon eine Rolle spielt, und zwar eine vertrauensbildende.

Gerade in den letzten Jahren haben die Börsenunternehmen an Ansehen eingebüßt – durch Turbulenzen, Börsenspekulationen und Übernahmen. Von den börsengängigen Unternehmen sind in den letzten 12 Jahren, glaube ich, 30 % als solche verschwunden in Deutschland. Sie bestehen natürlich in irgendeiner Form weiter, aber sie haben ihre Identität verloren. Und deswegen haben Familienunternehmen, wenn sie wirtschaftlich einigermaßen erfolgreich sind, im Moment einen emotionalen Vorteil.

Frage: Merken Sie das auch im Recruiting?

R. Freudenberg: Ja, sehr sogar. Wenn wir Führungskräfte suchen, dann kommen sie meistens eher zu uns.

Frage: Das war ja nicht immer so. Es gab ja auch Zeiten, in denen Familienunternehmen einfach »out« waren.

R. Freudenberg: Ja, das war nicht immer so ... Gerade, wenn wir junge Hochschulabsolventen suchten, dann wussten die erst gar nicht, was das für eine Firma ist. Und es machte sich besser, wenn sie ihrem Freund oder ihrer Freundin sagen konnten: »Ich bin jetzt bei der Deutschen Bank oder bei BMW!« Aber jetzt kommen immer mehr, denen es darauf nicht ankommt.

Frage: Und wie ist das mit dem Lohnniveau? Würden Sie sagen, Sie können durchschnittlich so viel zahlen wie eine klassische Publikumsgesellschaft?

R. Freudenberg: Ja, natürlich! Das muss man, sonst kriegt man keine Leute. Wir haben natürlich Tarifverträge, und bei leitenden und sonstigen Angestellten müssen auch wir uns nach dem Markt richten.

Frage: Aber gerade eben sagten Sie: »Momentan haben wir großen Zulauf, weil viele mit Freudenberg jetzt eine andere Assoziation verbinden als zu Zeiten, als die Börse sehr im Trend war.« Kann sich das nicht auch auf das Gehalt auswirken?

R. Freudenberg: Kaum, allenfalls marginal. Es spielt ja nicht nur das Gehalt eine Rolle. Wenn ein Unternehmen unsympathisch ist, und es zahlt 10 % mehr, dann geht man trotzdem nicht hin. Wir versuchen halt irgendwie zu vermitteln, dass die Arbeit bei uns Spaß macht.

Frage: Wie?

R. Freudenberg: Durch Teamarbeit, durch relativ weniger Bürokratie, durch schnellere Entscheidungswege ... Relativ! ... Das ist alles relativ. Es ist ja nicht so, dass ich alles für ideal bei uns hielte, aber relativ sind wir vielleicht doch etwas persönlicher.

Frage: Und was sind so die Nachteile, wenn Sie sagen: »Nicht alles halte ich für ideal?«

R. Freudenberg: Wir haben natürlich auch Bürokratie, wir haben auch Formulare, Entscheidungswege und Zuständigkeitsprobleme. Das ist wahrscheinlich nicht ganz zu vermeiden. Man versucht immer, dagegen anzukämpfen, aber es gibt dann meistens gute Gründe, warum gesagt wird: Das muss so sein!

5.5 Finanzen

Das Thema Finanzen gehört zu den Bereichen, auf welche die Familie immer einen genauen Blick wirft. Und der Umgang mit den Finanzen charakterisiert und unterscheidet die Führungs- und Leitungsprinzipien von Mehr-Generationen-Familienunternehmen von vielen Publikumsgesellschaften. Zu erklären ist dies aus dem meist sehr hoch gehaltenen Wert der unternehmerischen Unabhängigkeit und dem Bestreben, das Unternehmen im Besitz bzw. Einflussbereich der Familie zu halten – Traditionen, die in der Regel aus der Gründungsphase stammen und von der Persönlichkeit des Gründers bestimmt wurden.

Der erste Bereich, in dem diese beiden Werte Auswirkungen haben, sind die Ausschüttungen an die Gesellschafter. Gemäß dem allgemein akzeptierten Prinzip »Das Unternehmen hat Vorrang« sind sie von dem Bestreben geprägt, die Liquidität des Unternehmens möglichst hoch zu halten. Es wird stark thesauriert. Das heißt, dass die Anteilseigner sich mit relativ geringen Ausschüttungen begnügen müssen. Allerdings sind sie bei den erfolgreichen Familienunternehmen hoch genug, um immer noch eine hinreichende Rendite zu gewährleisten. Sie ist nicht maximal, dafür aber relativ sicher und zuverlässig. Hierin liegt der pragmatisch wichtige Unterschied gegenüber dem Selbstmanagement des Vermögens für die Gesellschafter: Auch unter Renditegesichtspunkten ist es *langfristig* rational, Anteilseigner des Familienunternehmens zu bleiben.

Dieses zurückhaltende Ausschüttungsprinzip durchzuhalten, wird in Familien mit Hundert oder mehr Gesellschaftern dadurch erleichtert, dass die jeweiligen Anteile so klein sind, dass kaum jemand damit rechnet, von den Ausschüttungen leben zu können. Daher haben fast alle einen Beruf, mit dem sie ihren Unterhalt sichern, und die Beteiligung am Familienunternehmen sorgt nur dafür, dass der Lebensstandard etwas höher ist oder »mehr unter dem Weihnachtsbaum liegt« (A. Oetker).

Den Interessen des Unternehmens wie der Anteilseigner wird durch Gesellschafterdarlehen gedient. Gewinne werden ausgeschüttet und als verzinste Darlehen an das Unternehmen gegeben. Dabei ist für die Darlehensgeber der zu erzielende Zins etwas höher als auf dem freien Markt, für das Unternehmen, d. h. den Darlehensnehmer, etwas niedriger als auf dem freien Markt. Auch dies ist eine Maßnahme, die dem Ziel der Unabhängigkeit von außerfamiliären Finanzierungsquellen gerecht wird.

In Mehr-Generationen-Familienunternehmen ist – anders als beim Durchschnitt der Familienunternehmen – meist der Eigenkapitalanteil relativ hoch und stabil. So betrug er im Jahr 2000 z. B. bei Freudenberg gut 40 % der Bilanzsumme; hinzu kamen noch die Darlehenskonten der Gesellschafter. »Da legen wir Wert drauf. Wir wollen eine Familiengesellschaft bleiben, das haben wir in den Geschäftsgrundsätzen. Wir meiden allerdings auch Gebiete, die unsere Möglichkeiten übersteigen. Das Ganze hat sich so ergeben. Wir wollen diese Unabhängigkeit erhalten. Wir haben wenig Schulden, wir nehmen kein riesiges Geld auf, wir tätigen keine unerschwinglichen Firmenkäufe, wir gehen nicht an die Börse, wir nutzen keine spekulativen Finanzderivate« (R. Freudenberg).

So extrem und radikal wie bei Freudenberg mögen die Grundsätze nicht überall praktiziert werden, aber im Prinzip ist dies die generelle Richtung. Der Preis, der für solch ein Unabhängigkeitsstreben zu bezahlen ist, besteht darin, dass Eigenkapital eine knappe Ressource ist und daher bestimmte Wachstumsstrategien verschlossen sind. Wachstum erfolgt deshalb eher organisch.

Allerdings stimmt das nicht für alle Unternehmen. Ein Gegenbeispiel dafür liefert Haniel, ein Unternehmen, das sich nicht scheut, in großem Stil Unternehmen zu kaufen – was nicht ohne Verschuldung geht. Dennoch ist auch hier das Bestreben nach Unabhängigkeit von den Banken zu beobachten: »Wir wollen keine Hausbank, es wird auch nie eine in unseren Aufsichtsrat kommen. Wir haben ein gutes Rating: A-. Wir versuchen, antizyklisch zu investieren, und die Familie weiß das. Wir haben keine vierteljährliche Veröffentlichung, aber wir messen uns da an anderen. Ab 2003 ist auf IAS-Bilanzierung umgestellt. (...) Wir messen uns an der Konkurrenz, dem CAC 40, dem DAX. Und wir bemühen uns, mit 25 % über par zu liegen, und das ist uns gelungen. Das heißt, wir schlagen den Kapitalmarkt deutlich« (J. v. Haeften).

Das Fremdmanagement ist sich in der Regel der Finanzierungsprinzipien des Unternehmens bewusst. Das ist eine der Voraussetzungen für das »Passen« zur Familie. Es wird erfolgsabhängig bezahlt, und es kann mit beträchtlichen Gewinnbeteiligungen rechnen, aber nie mit Anteilen am Unternehmen.

Die hier skizzierten, eng mit familiären Werten verbundenen Finanzierungsgrundsätze können auch erklären, warum Fremdmanager, die versuchen, Familienunternehmen an die Börse zu bringen, immer wieder in Schwierigkeiten geraten.

5.6 Strategische Ausrichtung

Da alle konkreten strategischen Überlegungen dem Ziel, das Unternehmen der Familie zu erhalten, untergeordnet sind, ist die Langfristigkeit der Planung ein allgemeines Merkmal der Geschäftspolitik von Mehr-Generationen-Familienunternehmen. Das führt zu einigen gravierenden Unterschieden in der strategischen Ausrichtung der Unternehmen.

Am auffälligsten ist hier ihre starke Diversifizierung. Familienunternehmen gehen unter anderem deswegen nicht oder nur selten an die Börse, weil sie für diese Diversifizierung abgestraft werden. Zu beobachten ist dies am Beispiel der Merck KGaA. Das Unternehmen ist 1995 mit 26 % der Anteile an die Börse gegangen. Die Entwicklung des Kurses war viele Jahre lang enttäuschend, da der Konzern aus Sicht der Analysten ein Gemischtwarenladen ist und ihm mit seinen 20.000 verschiedenen Produkten eine Gesamtstrategie zu fehlen scheint.[38]

Inzwischen hat sich diese Einschätzung des Kapitalmarktes (nicht nur Merck gegenüber) zwar ein wenig gewandelt, ja, die Deutsche Börse hat sogar einen Index für derartige Unternehmen geschaffen (German Entrepreneurial Index – Gex), aber das hinter solch einer Bewertung stehende Unverständnis gegenüber den Strategien von Familienunternehmen hat sich wenig geändert. Denn das Interesse von Familienmitgliedern unterscheidet sich prinzipiell von den Interessen von Investoren. Doch deren Bewertungsmaßstab wird von Analysten vertreten.

Im Falle Merck kommt noch hinzu, dass Analysten und Anleger sich in der Rechtsform der KGaA dem Wohl und Wehe der Familien ausgeliefert sehen. Eine Position, die sie meist nicht als Chance begreifen, sondern eher als Risiko, obgleich neuere Untersuchungen zeigen, dass börsennotierte Familienunternehmen besser performen als Nicht-Familienunternehmen.[39]

Was Investoren auf dem Kapitalmarkt und die Mitglieder einer Familie vereint, ist das Interesse, das Risiko ihrer Anlagen und Investments zu minimieren. Um dieses Ziel zu erreichen, empfiehlt sich für beide eine Strategie der Diversifizierung. Doch die Diversifizierungsmuster unterscheiden sich grundlegend. Für die Mitglieder einer Familie, deren meist gesamtes Vermögen in einem einzigen Unternehmen – dem Familienunternehmen – steckt, heißt dies, dass das Unternehmen in seinen Produkten diversifiziert sein muss. Sich, d. h. in ihrem Fall: das Unternehmen, von einem einzelnen Teilmarkt, einem Produktbereich usw. abhängig zu machen, wäre fahrlässig. Ganz anders stellt sich die Situation von Investoren oder In-

---

38 Vgl. Manager Magazin 2002.
39 Vgl. Andersen u. Reeb 2003.

vestmentfonds (deren Perspektive von Analysten vertreten wird) dar. Sie diversifizieren ihr Portfolio, indem sie in spezialisierte Unternehmen investieren. Je weniger diversifiziert ein Unternehmen ist, umso sauberer können die Investoren ihr Risiko durch Mischung der Branchen, Länder usw. streuen. Dahinter steckt die Annahme, dass der Kapitalmarkt für die effizienteste Form der Ressourcenallokation sorgt. Aber, das ist die Kehrseite, dies dient in erster Linie dem Investor, der dadurch das Risiko des spezialisierten Fehlinvestments den jeweiligen Unternehmen zuweist und es gewissermaßen an sie delegiert.

Wo es das Ziel ist, ein Unternehmen als Überlebenseinheit langfristig am Leben zu erhalten, liegt es aus Familiensicht nahe zu diversifizieren. Diversifizierung ist – zumindest bei Mehr-Generationen-Familienunternehmen – nicht Ausdruck einer mangelnden oder unklaren strategischen Ausrichtung, sondern Zeichen einer sehr bewusst gewählten und klaren Strategie:

»Wir sind stark diversifiziert, wir nennen das Unternehmensbereiche, und der Hintergrund ist, dass die meisten Familienmitglieder den überwiegenden Teil ihres Vermögens in dieser einen Überbau-Firma haben. Darum müssen wir diversifiziert sein und zwar in nicht synergetische Geschäfte. Und wir müssen gut finanziert sein, damit uns nie eine Liquiditätskrise überraschen kann« (J. v. Haeften).

Das entscheidende Stichwort ist hier »Investment in nicht-synergetische Geschäfte«. Denn jede Synergie – von Analysten als Merkmal einer konsistenten Strategie erachtet – würde dem Ziel der Risikostreuung für die Familienmitglieder und der Steigerung der Überlebenswahrscheinlichkeit des Unternehmens zuwiderlaufen.

Auch bei der Dr. August Oetker KG ist solch eine Diversifizierung zu beobachten. Kein Mensch würde unmittelbare Synergien zwischen dem Betreiben von Reedereien und der Herstellung von Puddingpulver behaupten wollen. Doch – und das ist wohl der entscheidende Punkt – Diversifizierung darf nicht mit mangelnder Fokussierung gleichgesetzt werden. Das zeigt das Beispiel der Freudenberg & Co. KG.

Auch Freudenberg ist ein Mischkonzern, aber diese Mischung folgt klaren strategischen Überlegungen: »Wir haben den Grundsatz aufgestellt, dass wir nur in Geschäften tätig sein wollen, in denen wir Marktführer sind oder eine sehr plausible Chance haben, das zu werden. Und dann kann man auch sehr unterschiedliche Geschäfte haben. Auch wenn man heute damit nicht gut in der Zeitung steht. Aber

wo wir nicht Marktführer waren, das haben wir konsequent verkauft«
(R. Freudenberg).

Ähnliche unbescheidene Ansprüche an die Leistung des Unternehmens findet man auch noch in anderer Form. So setzt die Franz
Haniel & Cie. GmbH z. B. für ihre Unternehmen das Ziel der Kosten-
führerschaft in ihrem Bereich. Es kommt also, mit anderen Worten,
darauf an, dass man in dem, was man als Unternehmen betreibt, in
der Champions League spielt. Wenn das gelingt, dann ist ein diversi-
fiziertes Unternehmen immer überlebensfähiger als ein nicht diver-
sifiziertes.

Hoch diversifiziert zu sein bedeutet auch, unabhängig von kurzfristigen Branchentrends agieren zu können. Diversifizierte Familienunternehmen können, wenn sie davon ausgehen, dass sich der
Produktbereich langfristig rechnen wird, diesen über Jahre, manchmal Jahrzehnte »durchschleppen«. Bei Freudenberg hat es mehr als
10 Jahre gedauert, bis die Versuche, »Vileda« (sprich: wie Leder)
herzustellen, von Erfolg gekrönt waren. Merck beschäftigt sich seit
100 Jahren mit Flüssigkristallen. Seit 1966 werden Anwendungs-
möglichkeiten geprüft, und heute ist Merck Weltmarktführer in der
Herstellung von LCD-Bildschirmen. Bei Oetker tat man gut daran,
durchgehend an der Reederei festzuhalten, denn zurzeit ist der Bereich wieder hochprofitabel. Im Auf und Ab der Konjunkturzyklen für
dieses besondere Geschäft hätte ein Analyst sicherlich schon mehrfach zum Verkauf der Sparte geraten.

Der hohe Anspruch an die Leistungsfähigkeit des Unternehmens
steht in auffälligem Kontrast zu den eher Bescheidenheit und Zurückhaltung fordernden Ansprüchen an die Führungsmannschaften. Die
Funktionalität dieses Widerspruchs liegt darin, dass so klare Prioritäten für das jeweilige Unternehmenswohl gegenüber irgendwelchen
persönlich-individuellen Zielen geschaffen sind.

So kann es auch nicht verwundern, dass der Innovationsgrad dieser Firmen hoch ist. In ihren Bereichen können sie dem Anspruch,
Marktführer oder Kostenführer zu sein, nur dann gerecht werden,
wenn sie genügend in Innovation investieren. Und das tun sie auch
mit großem Erfolg.[40]

---

40 Hier zeigen sich deutliche Parallelen zu den »Hidden Champions«, die H. Simon gefunden hat (vgl. Simon 1996).

6. Das Management von Paradoxien als Erfolgsfaktor

6.1 Grundparadoxien

Im Folgenden interessiert uns die Frage, ob sich Muster identifizieren lassen, mit deren Hilfe langfristig erfolgreiche Familienunternehmen – trotz ihrer individuellen Einzigartigkeit und Unverwechselbarkeit – die Widersprüche zwischen familiären und unternehmerischen Anforderungen und Werten bewältigen. Welches sind die zentralen und unvermeidbaren pragmatischen Paradoxien (wir nennen sie Grundparadoxien), denen sie sich ausgesetzt sehen, und wie lösen sie das Problem, Handlungsaufforderungen gerecht werden zu müssen, die sich gegenseitig logisch auszuschließen scheinen?

Bei der Bearbeitung dieser, für Familienunternehmen bestimmenden Problemfelder haben langlebige Unternehmen charakteristische Lösungsmuster entwickelt, die ihnen einen mehr oder weniger routinierten Umgang mit diesen permanenten Herausforderungen sichern. Sie sollen im Folgenden skizziert werden.

Jedes der von uns untersuchten Unternehmen ist ein Unikat und hat, wie ja deutlich wurde, unterschiedliche Strukturen im Familiensystem, im Gesellschafterkreis und innerhalb des Unternehmens ausgebildet, um das Überleben von Familie und Unternehmen zu sichern. Dennoch finden sich bei allen Familienunternehmen vergleichbare Muster und die Generationsgrenzen überschreitende Automatismen, mit deren Hilfe sie in der Lage sind, die Widersprüche, Konflikte und Veränderungsnotwendigkeiten zu bewältigen, die aus der koevolutiven Dynamik von Familie und Unternehmen resultieren. Mehr-Generationen-Familienunternehmen können bei der Bewältigung dieser grundlegenden Entwicklungsherausforderungen auf ein bestehendes Repertoire an Lösungsroutinen zurückgreifen, so dass sie nicht von Mal zu Mal – und jedes Mal aufs Neue – die schwierige Balance zwischen Familie, Unternehmen und Gesellschaftern herstellen müssen.

Wenn wir von *Grundparadoxien* sprechen, die für Familienunternehmen spezifisch sind und an denen sich diese Unternehmen abarbeiten müssen, um sich das Potenzial für Langlebigkeit zu schaffen, dann meinen wir damit: Es handelt sich stets um überlebenswichtige

Entscheidungslagen, für die es im landläufigen Sinne keine »richtigen« Lösung gibt und bei denen man sich *nicht* nach reiflicher Überlegung für eine der Alternativen entscheiden kann, um daraus eine klare Orientierung für alle weiteren Schritte zu gewinnen. Was immer man auch tut, das Ergebnis entspricht nicht dem, was die »reine Lehre« fordert und den sich gegenseitig teilweise ausschließenden, eigenen Entscheidungskriterien gerecht würde. Will man die oben skizzierten (siehe Abschnitt 3.2) Werte und die widersprüchliche Logik der Spielregeln von Familien und Unternehmen zur Grundlage von Entscheidungen machen, so läuft man Gefahr, sich in Widersprüchen zu verwickeln. Um hier nicht in eine Selbstlähmung zu geraten, die das Überleben beider Systeme gefährdet, bedarf es kreativer Lösungsstrategien. Ihr besonderes Merkmal ist u. E., dass sie die zugrunde liegenden Paradoxien nicht ein für alle Mal aus der Welt zu schaffen versuchen, sondern mit ihnen arbeiten und »dritte« Wege aus der Entweder-oder-Situation eröffnen.

Es ist ein halbes Dutzend solcher Widersprüche, die wir als typisch für Familienunternehmen identifizieren können. Für sie haben die meisten der von uns untersuchten Unternehmen gangbare Lösungsmuster entwickelt. Diese Verfahrensweisen und Strukturen werden nicht nur von den Mitgliedern der jeweiligen Familien getragen, sondern auch vom Topmanagement (unabhängig davon, ob es sich dabei um Familienmitglieder oder um Fremdmanager handelt).

Folgende Grundparadoxien[41] haben sich herauskristallisiert:

Paradoxie I:

Familie, Familienmitglieder und familiäre Spielregeln sind *Ressourcen* für das Unternehmen,

und

Familie, Familienmitglieder und familiäre Spielregeln sind *Gefahren* für das Unternehmen.

---

41 Paradoxien in dem Sinne, dass man vor jeden der folgenden beiden durch »und« verbundenen Sätze den Vor-Satz »Es ist wahr, dass ...« schreiben könnte. Obwohl sich beide Wahrheiten im Sinne der zweiwertigen Logik auszuschließen scheinen, sind sie als gültige Handlungsgrundlagen zu betrachten.

Paradoxie II:

In (Klein)Familien ist die Kommunikation *personenbezogen*, d. h., Emotionen und Affekte liefern weitgehend die Gründe für Entscheidungen und werden ausgedrückt (Primat der Sozialdimension der Kommunikation),

und

Unternehmen funktionieren langfristig nur, wenn die Kommunikation *sachbezogen* ist und die Gründe für Entscheidungen aus sachlichen Erwägungen abgeleitet werden, d. h., die Kommunikation bedarf der Affektkontrolle (Primat der Sachdimension der Kommunikation).

Paradoxie III:

Die Idee der Gerechtigkeit in der Familie beruht auf *Gleichheitserwartungen* und *Gleichbehandlung*,

und

die Idee der Gerechtigkeit im Unternehmen beruht auf *Ungleichheitserwartungen* und *Ungleichbehandlung*.

Paradoxie IV:

Familienmitglieder sind Eigentümer/Shareholder des Unternehmens,

und

Familienmitglieder können/dürfen nicht nach den Entscheidungskriterien von Shareholdern/Investoren auf dem Kapitalmarkt handeln.

Paradoxie V:

Will das Unternehmen seine ökonomischen Chancen nutzen, muss es *offen* gegenüber seinen Umwelten sein, denn es ist abhängig von ihnen und braucht Kooperation,

und

Unabhängigkeit gehört zu den höchsten familiären Werten, die Grenzen gegenüber den Umwelten werden daher eher geschlossen gehalten, und man verlässt sich lieber auf die eigenen Kompetenzen.

Paradoxie VI:

Die Identität, d. h. das ideelle Überleben, der Familie wird durch *Traditionen* gewährleistet (Vergangenheitsorientierung),

und

Unternehmen bedürfen eines hohen *Innovationsgrades*, wenn sie materiell überleben wollen (Zukunftsorientierung).

Im Weiteren wird es darum gehen, die genannten Paradoxien und ihre Erscheinungsweisen genauer darzustellen. Ein Ziel ist es, Hinweise auf Bewältigungsmuster zu geben, die erfolgreiche Mehr-Generationen-Familienunternehmen entwickelt haben, um einen lebensfähigen Umgang mit diesen Herausforderungen zu finden. Die Praxis zeigt, dass es für die genannten Problemfelder immer eine Palette von Bearbeitungsmöglichkeiten gibt. Die Suche nach dem einzig möglichen »Königsweg« (»best practice«) führt deshalb mit Sicherheit in die Irre. Zu unterschiedlich sind die individuellen Entwicklungswege, die Familienunternehmen von Generation zu Generation in ihren unterschiedlichen Märkten und gesellschaftlichen Umfeldern jeweils für sich finden. Trotz aller Einzigartigkeit der gefundenen Lösungen, die in dem bislang dargestellten, empirischen Material ja sichtbar wurden, lassen sich allgemeine Prinzipien herausdestillieren, die im Umgang mit den genannten Grundparadoxien Erfolg versprechend sind. Dem Benennen solcher Prinzipien dienen die folgenden Überlegungen. Wir erheben dabei nicht den Anspruch, die überlebensrelevanten Herausforderungen an Familienunternehmen vollständig erfasst zu haben. Wir meinen jedoch, die für die Dynamik von Familie und Unternehmen in ihrem koevolutionären Wechselspiel relevanten Dimensionen im Blick zu haben.

6.2 Paradoxie I: Familie als Ressource und Gefahr für das Unternehmen

Der erste und vielleicht wichtigste Widerspruch, durch den langlebige Familienunternehmen und ihre dazugehörigen Familien miteinander verbunden sind, besteht darin, dass die Interessen und damit das Überleben des Unternehmens dann am besten durchgesetzt werden können, wenn die Interessen und damit das Überleben der Familie gesichert werden; und umgekehrt, dass die Interessen der Eigentümerfamilie nur realisiert werden können, wenn das Überleben des Unternehmens gesichert ist, ja, es gäbe die Familie in dieser Form gar nicht, wenn es das Unternehmen nicht gäbe. Hieraus ergeben sich Konsequenzen für das Management des Unternehmens wie die Gestaltung der Familienbeziehungen, die der reinen Lehre von Orthodoxien, sei es in der Betriebswirtschaft, sei es in den heute weitgehend akzeptierten Familienideologien, zuwiderlaufen.

Beide Systeme, Familie und Unternehmen, bilden gewissermaßen eine Schicksalsgemeinschaft, zumindest sind sie als koevolutionäre Einheit aneinander gekoppelt. Dadurch beeinflussen sie sich zwangsläufig gegenseitig in ihrer Entwicklung. In dieser Abhängigkeit voneinander können sie sich fördern oder behindern, sich gegenseitig am Leben erhalten oder »kaputt machen«.

Auch wenn die Prämissen ihrer Entscheidungsfindung sich teilweise widersprechen, wird durch diese Bindung aneinander aus dem Konflikt zwischen familiärer und unternehmerischer Logik ein paradoxer Konflikt, d. h., wer endgültig »gewinnt«, verliert, ohne dass derjenige, der verliert, »gewinnt«. Wenn die Familienmitglieder ihre individuellen Interessen gegen das Unternehmen durchsetzen oder wenn familiäre Erwägungen wichtiger als ökonomische werden, dann wird die Überlebensfähigkeit des Unternehmens bedroht – und damit langfristig die Überlebensfähigkeit der Familie. Denn ohne das Unternehmen verliert die Mehr-Generationen-Familie ihren (Überlebens)Sinn. Deswegen sind solche, mehr als drei Generationen umfassenden, vormodernen Familienformen auch fast nur noch in der Verbindung mit Familienunternehmen zu beobachten (außer vielleicht noch beim Adel, aber auch da meist nur, wenn wirtschaftliche Interessen verbindend wirken). Erst die Einführung des Unternehmens als Thema der familiären Kommunikation und Fokus ihrer Aufmerksamkeit führt zum Überschreiten des Drei-Generationen-Schemas der Selbstbeschreibung von Familien als Kleinfamilien und zur Selbstbeschreibung der Familie als Großfamilie bzw. zu den Aktivitäten, die sie als solche entstehen lassen und erhalten.

Im von uns als Re-Inszenierung der Kleinfamilie benannten Modell entsteht zwar keine Großfamilie, aber das Drei-Generationen-Schema wird dennoch überwunden, weil die jeweils neu zu konstituierende Kleinfamilie sich ganz bewusst in einer längeren, mehr als nur drei Generationen umfassenden Tradition sieht. Auch dies würde ohne das Unternehmen in der Regel nicht geschehen.

Bezogen auf die Beziehung des Unternehmens zur Familie ist die Situation widersprüchlich. Die Familie ist nicht nur eine Gefahr für das Unternehmen, wenn zum Beispiel Streit zwischen den Gesellschaftern ausbricht und es zu »Kriegen« zwischen ihnen kommt, sondern die Familie ist auch eine Ressource. Das beginnt bei den Personen, die bereit sind, sich für das Unternehmen zu engagieren und aufzuopfern, setzt sich in einer Unternehmenskultur fort, in der familienartige Werte (der Einzelne, ob Mitarbeiter oder Kunde, wird nicht als austauschbare Größe gesehen, sondern als Person) gelten, bis hin zu einem langfristigeren Planungshorizont, was den Return on Investment, sei es finanzieller, zeitlicher oder ideeller Art, angeht. So kann eine Familie als Eigentümer dem Unternehmen einen einzigartigen Freiraum gegenüber dem Druck des Kapitalmarktes verschaffen, d. h., seine Entscheidungsoptionen werden erweitert. All dies sind Muster, die den Spielregeln von Familien entsprechen, und die, wie gesagt, zum Risiko und zur Chance für das Unternehmen werden können. Denn manchmal wäre es ja möglicherweise für das Unternehmen besser, wenn ihm weniger Optionen gelassen würden oder dem Management stärker renditeorientiert auf die Finger geblickt würde.

Die Herausforderung für Familienmitglieder wie das Management besteht also darin, widersprüchliche und zueinander in Konflikt geratende Werte und Regeln beider Systeme immer wieder aufs Neue zu balancieren, ohne dass endgültig zugunsten der Familie oder des Unternehmens entschieden würde.

Die beiden Seiten der Paradoxie, derer sich jeder, der Verantwortung für Familie oder Unternehmen trägt, bewusst sein sollte, lassen sich nicht oft genug wiederholen:

> Die Familie, die Familienmitglieder und die familiären Spielregeln sind Ressourcen für das Unternehmen,
>
> *und*
>
> die Familie, die Familienmitglieder und die familiären Spielregeln sind Gefahren für das Unternehmen.

Es gilt also, auf der einen Seite die Familie bewusst so zu organisieren, dass sie als berechenbarer und zuverlässiger Stabilitätsfaktor für das Unternehmen erhalten bleibt, und auf der anderen Seite das Unternehmen so zu führen, dass die Familie ihr Interesse an ihm behält und sich die Familienmitglieder mit ihm identifizieren können (oder sich zumindest nicht von ihm distanzieren müssen).

Eine der zentralen Aufgaben der Personen, die in Familie und Unternehmen Verantwortung übernehmen – manchmal sind es dieselben Personen in beiden Systemen –, besteht daher darin, bei Entscheidungen im Unternehmen die Auswirkungen auf die Familie und bei Entscheidungen in der Familie die Auswirkungen auf das

Unternehmen mit zu reflektieren und einzukalkulieren. Für Familienmitglieder in Führungspositionen (die viel gerühmten und geschmähten »Patriarchen«) ist das selbstverständlich; Fremdmanager lernen es entweder sehr rasch, falls sie es nicht von vornherein wussten, oder ihre Zukunft im Familienunternehmen gehört schnell ihrer Vergangenheit an.

Die Professionalisierung und die Institutionalisierung dieser Beobachtungs- und Balancierungsfunktion sind von entscheidender Bedeutung für den Erfolg von Mehr-Generationen-Familienunternehmen. Dazu dienen meist die in den Falldarstellungen beschriebenen Gremien und Entscheidungsregeln; doch in fast allen Fällen werden diese Institutionen und Prinzipien durch konkrete Führungspersonen repräsentiert, gelebt und symbolisiert, die durch ihre langjährige Arbeit das Vertrauen von Familie und Unternehmen gewinnen konnten. Es mag der Vorsitzende des Familienrats sein, des Gesellschafterausschusses, eines Beirats oder auch der Geschäftsleitung, der solch eine Integrationsfunktion gewinnt.

Für die Langlebigkeit von Familienunternehmen – so zeigt die Erfahrung – ist es ein kaum zu überschätzender Vorteil, wenn Persönlichkeiten, deren Autorität und Integrität nicht in Frage gestellt werden, an der Spitze des Unternehmens bzw. des Gesellschafterkreises stehen. Offenbar gibt es in Familienunternehmen Mechanismen der Personalauswahl, die es wahrscheinlicher machen als in Publikumsgesellschaften, dass derartige Persönlichkeiten in eine verantwortliche Position gelangen. Dies dürfte eine der familiären, die Person in den Mittelpunkt der Aufmerksamkeit stellenden Spielregeln sein, die häufig auch Eingang in die Unternehmenskultur des Familienunternehmens findet.

Auch die Autorität von Gremien, die dazu dienen, die Schnittstelle bzw. die Grenze zwischen Familie und Unternehmen zu managen, hängt letzten Endes davon ab, ob die Personen, die in ihnen arbeiten, in beiden Systemen akzeptiert sind. Wenn dies nicht der Fall ist, ist die Gefahr von Auseinandersetzungen groß. Vor ihnen können auch die ausgefeiltesten Gesellschafterverträge erfahrungsgemäß nicht schützen, denn ihren immer gegebenen Interpretationsspielraum auszunützen, ist es ja, was Juristen gelernt und zu ihrem Beruf gemacht haben (deswegen ist es manchmal günstiger – siehe den Fall Haniel –, keine Verträge zu schließen, sondern auf das Beharrungsvermögen von Traditionen zu setzen, die keinen schriftlichen Niederschlag gefunden haben, dafür aber umso fester im Bewusstsein der Beteiligten verankert sind). Gesellschafterverträge sind oftmals notwendige, nie aber hinreichende Bedingungen für das Überleben eines Familienunternehmens. Das Vertrauen unter den Gesellschaftern in die Führungsperson, die dem Gesellschafterkreis vorsteht, hat sich bei den von uns untersuchten Unternehmen als unabdingbare, zusätzliche Ressource erwiesen.

Die Kunst des Managements der Grenze bzw. Schnittstelle von Unternehmen und Familie besteht darin, beide Sphären so weit getrennt zu halten, dass sie sich nicht gegenseitig in ihrer spezifischen Funktionsfähigkeit behindern, aber ihren Kontakt so eng zu halten, dass sie sich gegenseitig befruchten. Es ist wie in anderen Partnerschaften und Lebensgemeinschaften auch, in denen eine Ko-Evolution stattfindet. Wenn die Autonomie des jeweiligen »Partners« gesichert ist, entsteht eine Offenheit für die Anregungen, die von ihm ausgehen. Bezogen auf das Unternehmen heißt dies: Es ist für das Überleben von Unternehmen offenbar nützlich, wenn es gewisse familienartige Eigenarten aufweist. Aber es ist für das Unternehmen gefährlich, wenn die Grenze zwischen Familie und Unternehmen aufgelöst wird – für die Familie, nebenbei bemerkt, auch.

Ist dieses gegenseitige Zur-Verfügung-Stellen von Ressourcen nicht ausbalanciert, sieht man Familien, die wie ein Unternehmen, oder Unternehmen, die wie eine Familie funktionieren. Ersteres ist mit hohen psychischen Folgen für die Familienmitglieder verbunden, Letzteres macht Unternehmen unführbar.

Erst ein aktives Grenzmanagement[42] macht es möglich, dass Familie und Unternehmen als Systeme abgegrenzt bleiben und trotzdem nicht den Kontakt zueinander verlieren. Die strukturelle Kopplung, d. h. das wechselseitige Zur-Verfügung-Stellen der eigenen Qualitäten zur Aufrechterhaltung der jeweils eigenen Identität, muss als Basis erhalten bleiben. Nur ein bewusstes Grenzmanagement kann diese Doppelfunktion der Abgrenzung und Verbindung sicherstellen.

Dieses Grenz- oder Nahtstellenmanagement wird nicht ohne unterstützende und im Lebenszyklus sich weiterentwickelnde juristische Regelungen gelingen. Der juristische Regelungsbedarf nimmt

---

42 Vgl. Jansen 2004. Hier wird im Sinne von N. Luhmann die integrative Kraft der Desintegration betont. Abgrenzung wird als Chance zur Integration verstanden – »Integration (...) verstanden als Einschränkung der Freiheitsgrade für Selektionen« (Luhmann 1997, S. 631).

dabei im Lebenszyklus des Familienunternehmens zu. Juristische Regelungen sind aber nicht die Lösung, sondern bilden eher eine unterstützende Plattform oder Berufungsinstanz, die man von der Gesellschaft her, vom Rechtssystem entlehnen kann, um das Grenzmanagement funktionstüchtig zu halten. Mit anderen Worten: Wenn die juristischen Rahmenbedingungen gesetzt und ihre inhaltlichen Tendenzen akzeptiert sind, wird es weniger wahrscheinlich, dass es zu juristischen Auseinandersetzungen kommt.

Das Grenzmanagement funktioniert umso besser, als es auf adäquate juristische Regelungen zurückgreifen kann, die ganz unterschiedlich sein können. Es geht hier darum, die Interessen der Familie auf der einen Seite und die sich verselbstständigende Logik des Unternehmens auf der anderen Seite zu balancieren. Die strukturelle Kopplung zwischen Familie und Unternehmen muss auf maßgeschneiderte juristische Regelungen zurückgreifen können. Von daher versteht man, dass höchst individuelle Gesellschafterverträge geschlossen werden. Ein Standardvertrag kann dem diffizilen Grenzmanagement nicht gerecht werden. Die juristische Verfassung muss die Grundüberzeugungen auf beiden Seiten erfassen und ihnen ein Regelwerk unterlegen, auf das sich alle berufen können. All das, was Familienunternehmen sich an Verträgen, Familienverfassungen und Gesellschafterverträgen geben, kann als Versuch der Entparadoxierung gelesen werden, d. h. einer scheinbaren Auflösung der Widersprüche.

Ganz allgemein kann man Paradoxien dadurch auflösen und die durch sie gefährdete Handlungsfähigkeit wiederherstellen, indem man eindeutige Prioritäten setzt. In allen von uns untersuchten Mehr-Generationen-Familienunternehmen war dies – meist nicht nur informell als akzeptierte Tradition, sondern auch in Gesellschafterverträgen festgeschrieben – die Regel:

Das Unternehmen hat Vorrang vor familiären oder individuellen Interessen!

Damit ist im Konfliktfall klar, wie zu entscheiden ist. Es ist eine Entscheidungsgrundlage, die situativ erlaubt, mit den Widersprüchen zwischen familiären Ansprüchen und denen des Unternehmens umzugehen und sich »gegen« die Familie zu entscheiden. Doch die Paradoxie ist nur kurzfristig und für den Moment aufgelöst, weil die dauerhafte Entscheidung gegen die Familie von der Familie nicht akzeptiert werden würde und so den paradoxen Effekt hätte, dass das

Unternehmen sich der Familie als Ressource berauben würde. Die Familie würde die Loyalität gegenüber dem Unternehmen aufkündigen und es verkaufen, und das Unternehmen würde all die mit dem Status des Familienunternehmens verbundenen Vorteile verlieren. Insofern wird durch die Regel, dass das Unternehmen Vorrang hat, nur eine Notfallvorsorge getroffen für den Fall, dass die Interessen von Familie und Unternehmen nicht balanciert werden können. Jeder weiß: Wenn es »Spitz auf Knopf« geht, dann ...

Wenn derartige Regeln und Prinzipien in Verträgen festgelegt sind, wird gewissermaßen eine dritte, »höhere Macht« in die Beziehung Unternehmen/Familie eingeführt, auf die man sich berufen kann, wenn eine Einigung zu schwierig ist. Das Bewusstsein dieser höheren Macht erhöht die Chance der Einigung. Es werden gesellschaftliche, vom Rechtssystem zur Verfügung gestellte Formen der Institutionalisierung der Verhältnisse der Familienmitglieder untereinander und in ihrer Beziehung zum Unternehmen genutzt. In jeder juristisch verfassten Schrift werden die Unterschiede zwischen Familie und Unternehmen oder Familie und Eigentümer so niedergelegt, dass Ressource und Gefahr berücksichtigt und ausbalanciert werden.

In diesem Sinne legt z. B. Freudenberg im Gesellschaftsvertrag fest, dass es sich um ein Unternehmen handelt, »das sich bereits seit Generationen im Besitz der Familie Freudenberg befindet, in guten und schlechten Zeiten von der Familie durchgehalten worden ist und das im Sinne seines Gründers und der heutigen Inhaber als Familienunternehmen erhalten bleiben soll«. Das Unternehmen wird so vor zerfallenden Familieninteressen geschützt, während man gleichzeitig versucht, die Ressource Familie einzubauen.

Durch die Priorisierung »Unternehmen geht vor Familie« wird aber der Widerspruch zwischen familiären und Unternehmensinteressen auch noch auf eine andere, langfristig wirksame Weise aufgehoben, denn die Familie bleibt nicht erhalten ohne das Unternehmen. Insofern ist es im Sinne der Familie und ihres Erhalts, dem Unternehmen im Zweifel den Vorrang zu geben.

6.3 Paradoxie II: Emotionen bestimmen die Qualität der Entscheidungen vs. ökonomische Rationalität bestimmt die Qualität der Entscheidungen

Welche widersprüchlichen Handlungsaufforderungen aus dem Anspruch resultieren, der Familie wie dem Unternehmen und damit der Familien- und der Unternehmenslogik gerecht zu werden, wird deutlicher, wenn wir noch einmal auf die oben (Abschnitt 3.2) skizzierten Charakteristika von Familien und Unternehmen blicken. Beide sind in ihrer Funktion und Struktur ganz verschiedene Typen sozialer Systeme, in denen jeweils nach Spielregeln gehandelt wird, die ihren unterschiedlichen Zwecken entsprechen. Sie beziehen ihre Rationalität aus diesen einander entgegengesetzten Aufgaben und Funktionen. Und beide können ihre Zwecke meist besser erfüllen, weil die jeweiligen Aufgaben klar getrennt und nicht miteinander vermischt sind. In der Familie kann man deswegen ambivalenzfrei handeln, weil es nicht in erster Linie um ökonomische Fragestellungen geht, und im Unternehmen kann man ökonomische Erwägungen zur Grundlage der Entscheidungen machen, weil es nicht in erster Linie um die Frage geht, ob man bestimmte Personen mag oder nicht. Wer nicht weiß, ob er sich in einem Spielfeld befindet, in dem er sich nach den einen oder den anderen Spielregeln zu verhalten hat, wird zwangsläufig verwirrt und handelt dann widersprüchlich, inkonsistent oder gar nicht mehr ...

Idealtypisch betrachtet, grenzt sich die Familie gegenüber der Umwelt dadurch ab, dass sie sich in ihrer Kommunikation an ihren Mitgliedern orientiert. Das ist es, was Familie und familienartige Beziehungen heute attraktiv macht: Für den Einzelnen ist dies wahrscheinlich der einzige Ort, wo er als Person gesehen und meist auch wertgeschätzt wird, unabhängig von den Leistungen, die er erbringt. Die Zugehörigkeit zur Familie reicht aus, um in den Genuss dieser persönlichen Aufmerksamkeit zu kommen. Und wer dazugehört, kann damit rechnen, dass seine Probleme von Interesse für alle anderen sind (auch wenn er vielleicht denkt, dass es seine Angehörigen nichts angeht, womit er sich den ganzen Tag beschäftigt: Sie werden trotzdem fragen ...). Im Blick auf das einzelne Familienmitglied gibt es kein Thema, das nicht prinzipiell ansprechbar wäre. Deshalb sprechen Soziologen auch über die Familie (im Sinne der heute allgemein anzutreffenden Kleinfamilie) als einem System mit »enthemmter

Kommunikation« – was heißen soll, dass die Kommunikation in fast allen anderen gesellschaftlichen Subsystemen im Vergleich dazu »gehemmt« ist (man spricht nicht alles an, was man ansprechen könnte, wenn man z. B. mit jemandem Geschäfte machen möchte).[43]

Der Zugang zur Familie hat heutzutage immer etwas Schicksalhaftes: Man wird in sie als Kind hineingeboren, ohne sich um eine Stelle bewerben zu müssen oder auch nur gefragt zu werden, oder aber man bindet sich aufgrund von Emotionen an einen Partner (Liebesheirat), die alle Überlegungen, ob dies wirklich die wirtschaftlich schlaueste Entscheidung ist, als unwichtig erscheinen lassen. Und wenn man erst einmal dazugehört, ob als Kind oder Partner, wird man mit allerlei Gefühlen bedacht, ob die einem nun gefallen mögen oder nicht. Eigentlich geht es dabei immer darum, dass emotional eine, das Individuum übergreifende Überlebenseinheit gebildet wird. Man bindet sich an einen anderen Menschen und sieht sich und ihn als Einheit. Aus der Ich-Identität des Einzelnen wird die Wir-Identität des Paares (ob verheiratet oder nicht) und später, unter Einschluss der Kinder, die Identität der Kleinfamilie. Gefühle lösen dadurch immer ein wenig die Grenzen zwischen den Personen auf, indem sie die Entstehung von Mehr-Personen-Systemen wahrscheinlich machen – wenn die Emotionen und Affekte positiv sind – oder sie unwahrscheinlich machen bzw. auflösen – wenn die Affekte negativ sind.[44] Liebe und Hass sind es, was Menschen zusammenbringt oder auseinander führt. Nüchtern betrachtet sind Gefühle, die zur Identifikation mit anderen führen, immer grenzverletzend – nur dass diese Grenzverletzung im positiven Fall gewünscht ist und im negativen wirklich als Verletzung erlebt werden kann. Die Familie ist einer der wenigen Orte, wo das ganze Spektrum der Gefühle legitimerweise gezeigt werden kann und darf. Das ist es, was den Schutz der Familie als Privatsphäre zu solch einem hohen Gut macht.

Ganz anders verhält es sich in den Organisationen des öffentlichen oder des Arbeitslebens (z. B. in Unternehmen). Hier gibt es sachliche Aufgaben, die für eine fokussiertere und emotionsfreiere Kommunikation sorgen, d. h., es gibt Themen und Kommunikationsformen, von denen man sagen kann: »Das gehört nicht hierher; das ist z. B. etwas Privates oder Persönliches und hat mit der Sache, um die

---

43 Vgl. Luhmann 1990, S. 196 ff.
44 Vgl. Simon 1990, S. 159 ff.

es hier geht, nichts zu tun!« oder auch: »So geht das hier nicht; so kann man sich hier nicht verhalten ...!«

Im Mittelpunkt der Aufmerksamkeit einer Familie steht jede einzelne Person, jedes ihrer Mitglieder mit all seinen körperlichen und seelischen Befindlichkeiten, seinen physischen und psychischen Fähigkeiten und Bedürfnissen, Ängsten und Sorgen, Hoffnungen und Glücksmomenten. Unternehmen hingegen grenzen sich von der Umwelt ab, indem sie Entscheidungen an Entscheidungen reihen, die manchmal formalisiert sind, fast immer folgen sie charakteristischen Routinen. Die Entwicklung formalisierter Kommunikationswege und festgelegter Prozeduren der Organisation zielt darauf, Verhaltenserwartungen sachlich, zeitlich und sozial von den konkreten Personen, die miteinander zu tun haben, unabhängig zu machen. Man muss einen Rollenträger nicht persönlich näher kennen, um zu wissen, was man von ihm in seiner Rolle erwarten kann: So entstehen »Entscheidungsprämissen«, »Rollen« und »Institutionen« und insgesamt eine Verlässlichkeit, die das Fortbestehen eines Unternehmens garantiert.[45]

Bei Familien und Unternehmen handelt es sich somit um zwei grundverschiedene Arten sozialer Systeme, die nach unterschiedlichen Mustern und Spielregeln »funktionieren«[46]. Während in Familien die Personen, ihre Beziehungen, Emotionen und langfristige, gemeinsame Entwicklungsprozesse im Vordergrund stehen, sind Unternehmen eher Systeme, die auf der Basis von formalen Funktionen, personenunabhängigen Regeln und kurzfristigeren Erwartungen operieren. Dementsprechend wird jeweils mit dem »Personal« umgegangen. In Familien ist man quasi in einer nicht kündbaren Position, in Unternehmen hingegen wird auf Austauschbarkeit gesetzt.

In Familienunternehmen ergibt sich daher die folgende Paradoxie, wenn beide Bereiche nicht klar voneinander getrennt und miteinander vermischt sind:

---

45 Vgl. Luhmann 2000.
46 Siehe hierzu ausführlich Simon 1999a, b.

In (Klein-)Familien ist die Kommunikation personenbezogen, d. h., Emotionen und Affekte liefern weitgehend die Gründe für Entscheidungen und werden ausgedrückt (Primat der Sozialdimension der Kommunikation),

und

Unternehmen funktionieren langfristig nur, wenn die Kommunikation sachbezogen ist und die Gründe für Entscheidungen aus sachlichen Erwägungen abgeleitet werden, d. h., die Kommunikation bedarf der Affektkontrolle (Primat der Sachdimension der Kommunikation).

Da dies zwei Spielregeln sind, die ihre Rationalität bei der Ausrichtung auf unterschiedliche Zwecke gewonnen haben, führt die Unklarheit darüber, in welchem der Spielfelder man sich bewegt, zwangsläufig zu Unklarheiten darüber, welche Spielregeln gelten. Wenn Familienmitglieder gemeinsam in einem Unternehmen arbeiten, so wird ihre Kommunikation miteinander dadurch verkompliziert, dass sie eigentlich immer kommunizieren müssen, egal ob sie gerade als Mitglieder einer Organisation oder der Familie miteinander umgehen. Die Probleme, die dadurch entstehen können, betreffen aber in erster Linie Familienunternehmen der ersten und zweiten Generation, da hier die Wahrscheinlichkeit am größten ist, dass beide Bereiche sich personell überschneiden. Dennoch, als Risikofaktor sind die Vermischung und die Verwechslung familiärer und unternehmerischer Spielregeln nicht zu unterschätzen.

Um dieser gesteigerten Komplexität zu entgehen, wird deswegen häufig die »Lösung« abgeleitet, beide Bereiche klar voneinander zu trennen. Doch damit wird wahrscheinlich gerade das beseitigt, was sich u. E. bei langlebigen Familienunternehmen als Erfolgsfaktor erwiesen hat: die Akzeptanz des Widerspruchs und die Kreation von Wegen und Mitteln, um sich nicht im Sinne des Entweder-oder zwischen emotionaler und sachbezogener Kommunikation entscheiden zu müssen. Oder anders gesagt, um einen populären Begriff zu verwenden: Die emotionale Intelligenz des Familienunternehmens wird dadurch beseitigt.

Um genauer analysieren zu können, welches die konkreten Ingredienzien einer emotional intelligenten, d. h. den Widerspruch aufhebenden, Lösung sein müssen, genügt ein kurzer Blick darauf, wie sich der Unterschied zwischen der (Klein-)Familie und dem Unternehmen im konkreten Alltag darstellt. Natürlich werden im Unternehmen immer auch Gefühle gezeigt und mitgeteilt, und auch in der Familie wird sachlich entschieden. In jedem der beiden Typen von Systemen wird also auch der gegenläufige Kommunikationsmodus praktiziert, der charakteristisch für das andere System bzw. seine Funktion ist. Der Unterschied liegt darin, dass man diese, nicht zur eigentlichen Erfüllung der Systemfunktion notwendige Kommunikation weglassen könnte, ohne dass die Identität der Familie als Familie oder des Unternehmens als Unternehmen dadurch existenziell beeinträchtigt würde.

Der aus unserer Sicht wesentliche Unterschied der Alltagskommunikation in beiden Bereichen liegt darin, dass in Familien nahezu die gesamte Kommunikation als mündliche Kommunikation erfolgt. In der Interaktion miteinander werden Gefühle impulsiv, vom Augenblick und der jeweiligen Gemütslage der Betreffenden bestimmt erlebt und ausgedrückt. Sie sind situationsabhängig, und alle Beteiligten sind auch an der unmittelbaren Vorgeschichte ihres Entstehens beteiligt. Man sieht sich von Angesicht zu Angesicht und wird sich am nächsten Tag von Angesicht zu Angesicht sehen, da man sich aufgrund der Lebens- und Wohngemeinschaft kaum aus dem Wege gehen kann. Diese Vertrautheit sorgt dafür, dass man die geäußerten Gefühle relativiert. Wenn sie die Beziehung zu beeinträchtigen drohen, kann man unerfreuliche Szenen auch gemeinsam vergessen und der unklaren Erinnerung überlassen, wie alles sich wirklich abgespielt hat. Und wenn es dem einen oder anderen in den Kram passt, kann er Kleinigkeiten wichtig nehmen, und aus »Mücken« werden »Elefanten«, die Beziehung wird bedroht.

Über die Gespräche am Frühstückstisch führt man kein Protokoll, und es werden auch keine Aktenvermerke erstellt. Das lässt viel Raum für eine subjektive Geschichtsschreibung. Auch gibt es kein überindividuelles Gedächtnis der Familie, keine Aktenführung, keine Chronisten, keine außen stehenden Berichterstatter oder Kommentatoren. Das Gedächtnis der Familie ist auf die Erinnerung ihrer Mitglieder angewiesen, und wenn über irgendein Vorkommnis nicht kommuniziert wird, ist es für die Familie vergessen. Sobald es aber immer wieder angesprochen und »auf den Tisch« gebracht wird, findet die Familie keine Ruhe. Gegenüber dem Frieden in der Familie hat jedes Familienmitglied faktisch ein Vetorecht. Das macht die Familie zu einem fragilen System, in dem aufgrund der Impulsivität affektiver Kommunikation und ihrer Personenorientierung immer auch das Risiko des Streits gegeben ist.

Für das Gedächtnis von Organisationen ist die Erinnerung der Personen nicht in gleicher Weise wichtig. Entscheidungen werden protokolliert, verkündet, in Akten oder in Dateien gespeichert. Sie sind daher, unabhängig von den beteiligten Personen, reproduzierbar. Wie diese Entscheidungen zustande kommen, mag im Einzelfall viele Affekte auslösen, wenn sie erst einmal getroffen sind, spielen die damit verbundenen Emotionen eine untergeordnete Rolle. Um die Wahrscheinlichkeit, sachgerechte Entscheidungen zu treffen, zu erhöhen, gibt es in der Regel auch noch Verfahrensweisen, die festlegen, wie was zu geschehen hat, wie Prozesse gestaltet werden müssen usw. All dies dient dazu, eine Kommunikation sicherzustellen, in der die Impulsivität der Beteiligten begrenzt wird und in der nicht primär Gefühle für die getroffenen Entscheidungen verantwortlich sind.

Wenn Familienunternehmen scheitern und es nicht allgemein wirtschaftliche Bedingungen sind, die das Überleben des Unternehmens unmöglich machen, dann geschieht das erfahrungsgemäß zu fast 100 %, weil familiärer Streit das Unternehmen zum Spielball der persönlichen Gefühle und Beziehungen von Familienmitgliedern macht.

Die Balancierung von Affektbetonung und Affektvermeidung erscheint deshalb von herausgehobener Bedeutung für das Überleben von Familienunternehmen. Um diese Balancierung zu erreichen, scheinen in der Großfamilie die Bedingungen am günstigsten zu sein. Denn je kleiner die Familie ist, desto wahrscheinlicher ist es, dass der Umgang mit Gefühlen so ist wie in anderen Kleinfamilien auch. Besonders gefährdet erscheinen hier die zweite und die dritte Generation, in denen Geschwisterkonflikte eher die Regel als die Ausnahme sind. Wenn die Konflikte entgleisen, ist das Unternehmen meist nur noch durch Verkauf oder Teilung zu retten. Bei der Großfamilie hingegen sind die Beziehungen der Beteiligten distanzierter. Man mag zwar auch Vater, Bruder, Mutter oder Schwester treffen, aber man wird in Anwesenheit von 50 anderen Verwandten nicht die Form der Auseinandersetzung wählen wie zu Hause. Wenn die Mitglieder einer Großfamilie oder einzelne Delegierte sich in Gremien treffen, so ist dies ein organisationaler Rahmen, der von vornherein die Möglichkeiten der Entgleisung der Kommunikation begrenzt. Neben der Qualität der Beziehung ist immer auch die Quantität der Gesellschafter zu beachten. Je geringer die

Anzahl der Gesellschafter oder der Stämme ist, desto höher ist das Risiko existenziell bedrohlicher Pattsituationen oder finanziell kaum zu tragender Austritte einzelner Gesellschafter für das Unternehmen.

Trotzdem ist in den von uns untersuchten Großfamilien-Unternehmen eine höllische Angst vor Streit zu beobachten, die zu einer Art Harmoniezwang zu führen scheint: »Wehe, es gibt Streit in der Familie, da kann ich Ihnen nur anraten: Verkaufen Sie so schnell wie möglich. Da kommen Emotionen hoch, da kriegen Sie das Fass nicht mehr zu, in dem Moment, wo Hass entsteht« (J. v. Haeften/Franz Haniel & Cie. GmbH).

Im Zweifel werden Themen, die zu Konflikten führen könnten, nicht angesprochen: »Es gibt so etwas wie eine Schweigespirale. ›Ich will nicht, dass die Leute was über mich wissen, meine Familienmitglieder, meine Sorgen und Ängste kennen, und sage dann lieber nichts ...‹«, so schildert ein Teilnehmer des Forschungsprojektes sein eigenes Erleben.

Von jedem Familienmitglied, das in einer mit dem Unternehmen verbundenen Funktion auftritt, wird eine extreme Kontrolle seiner Gefühle bzw. deren Äußerung erwartet, falls diese Gefühle nicht positiver Natur sind. Im Zweifel hat man den Mund zu halten, Konsens scheint die einzig erlaubte Form der Kommunikation zu sein. Das erinnert ein wenig an die Kommunikation in sozialen Systemen, die sich von äußeren Feinden bedroht sehen. Auch hier gilt es, persönliche Konflikte zurückzustellen, um die Gemeinsamkeit nicht zu gefährden. Offenbar sehen sich die Mitglieder einer Großfamilie – wahrscheinlich ja nicht ganz zu Unrecht – in einer ähnlichen Situation, und sie hat ähnliche Effekte auf ihr Sozialverhalten.

Das Dilemma, das durch diesen Konsens- und Harmoniezwang entsteht, besteht darin, dass es ja in hohem Maße Gefühle sind, die die Großfamilie zusammenhalten und ihr die nötige Identifikation miteinander und das dazugehörige Gemeinschaftsgefühl vermitteln. Doch wenn man auf Gefühle setzt, läuft man eben auch Gefahr, dass sie sich in die andere Richtung entwickeln. Dass die Äußerung negativer Affekte geradezu tabuisiert ist, scheint für das Überleben des Unternehmens aber von zentraler Bedeutung zu sein. Doch die zum Prinzip erhobene Konfliktvermeidung kann auch einen Preis haben. Wenn sie auch auf die Kleinfamilie übertragen wird, ist dies aller klinischen Erfahrung nach ein Kommunikationsmuster, das gesundheitliche Risiken in sich birgt.[47]

Auf Seiten des Unternehmens besteht die Gefahr, dass sachbezogene Auseinandersetzungen und Konflikte vermieden werden, obwohl sie nötig wären, um intelligentere Entscheidungen zu treffen, als sie ein Individuum allein treffen kann. Diese Gefahr einer unangemessenen Konfliktvermeidung entsteht vor allem dort, wo mehrere Familienmitglieder in operativer Verantwortung tätig sind.

»Die Harmonie hat auch ihre Gegenseite. Wir sind untereinander nie richtig deutlich geworden, zum Schaden für das Unternehmen. Durch die Harmonie war die Kommunikation teilweise gestört. Bloß nicht die Harmonie der Familie stören! So wurden teilweise Investitionsentscheidungen durch Ältere gewährt, obwohl sie falsch waren« (M. Klett/Ernst Klett AG).

Insgesamt kann wohl gesagt werden, dass die Großfamilie die günstigste Form zur Auflösung der Emotionalitäts-Rationalitäts-Paradoxie zu sein scheint, weil hier eine Organisationsform geschaffen wurde, in der Personen, die sich gegenseitig als Familienmitglieder sehen, aufeinander treffen, in der es eher unwahrscheinlich ist, dass die Kommunikationsformen der (Klein)Familie in ihrer spontanen Affektivität realisiert werden.

Am schwierigsten dürfte die Paradoxie im Modell der Re-Inszenierung der Kleinfamilie zu lösen sein, da sie hier allein den Unternehmer in seiner Doppelrolle als Familienvater/ -mutter und Unternehmensleiter betrifft. Die damit verbundenen psychischen Anforderungen sind beträchtlich.

6.4 Paradoxie III: Gleichheit vs. Ungleichheit als Grundlage von Gerechtigkeit

Einer der vermeintlich »weichen« Faktoren, der wohl die »härtesten« Konsequenzen in allen Arten sozialer Systeme hat, ist das Problem der Gerechtigkeit oder Ungerechtigkeit, mit der Personen behandelt werden. Das Gefühl der Ungerechtigkeit ist nicht nur auf politischer Ebene oft Hintergrund heftiger Auseinandersetzungen, sondern auch

---

47 In der klinischen Familienforschung und -therapie ist dieses Muster als eng mit dem Auftreten psychosomatischer Erkrankungen von Mitgliedern assoziiert beschrieben worden; vgl. Simon 1988, 2004.

in Familien und Unternehmen. Allerdings zeigt sich, dass die Ideen darüber, was als gerecht oder ungerecht betrachtet werden muss, nicht nur vom jeweiligen Betrachter und seinen Bewertungsmaßstäben abhängen, sondern obendrein auch noch davon, welches System betrachtet wird. In Familien herrschen andere Ansprüche an die Gerechtigkeit von Entscheidungen als in Unternehmen.

Diese Unterschiede ergeben sich aus der unterschiedlichen Funktion von Familie und Unternehmen und den sich daraus ergebenden Spielregeln. Über den Zweck und die Aufgabe eines Unternehmens kann man sich sicherlich streiten (z. B. gute Rendite für das investierte Kapital vs. Schaffung und Erhalt von Arbeitsplätzen o. Ä.), in jedem Fall ist aber sein *Überleben* als ökonomische Einheit an die Vermarktung irgendwelcher Produkte oder Dienstleistungen und daher an die Organisation der dazu nötigen Prozesse – von der Entwicklung über die Herstellung bis zum Vertrieb etc. – gebunden. Die Rolle, die dabei die einzelnen Personen, die Mitarbeiter des Unternehmens, spielen, ist – auch wenn dies sehr prosaisch klingen mag – die des »Mittels zum Zweck«. Die Leistungen der Einzelnen und ihr Beitrag zur Gesamtleistung des Unternehmens sind verschieden, dementsprechend werden sie auch unterschiedlich honoriert. Ob die jeweilige Bezahlung und, über das rein Monetäre hinaus, die damit verbundene Anerkennung im Einzelfall angemessen sind, darüber kann man verschiedener Meinung sein: Ist, beispielsweise, der Unterschied zwischen der Bezahlung des Topmanagements und der des einfachen Mitarbeiters, wie er im Moment wohl am extremsten in den USA zu beobachten ist, wirklich angemessen? Wenig Dissens besteht hingegen darüber, dass in Unternehmen vom Prinzip her eine leistungsabhängige Bezahlung stattfinden sollte. Je nach Rolle oder Funktion haben die Mitarbeiter eines Unternehmens unterschiedliche Aufgaben zu erfüllen, der Einzelne hat größere oder geringere Verantwortung zu tragen, hat die eine Kompetenz und nicht die andere, führt viele oder wenige Leute, verdient Geld für die Firma oder macht für sie Verluste usw.

Kurz gesagt: Das Unternehmen und seine Struktur beruhen darauf, dass Unterschiede zwischen Personen genutzt werden, und das schafft Unterschiede zwischen Personen, die bei ihrem Eintritt möglicherweise noch nicht gegeben waren. Man hat die Chance, Karriere zu machen, sein Einkommen zu steigern, Einfluss zu gewinnen. Das ist Teil der Spielregeln, mit denen man rechnen kann, wenn man in einem Unternehmen zu arbeiten beginnt. Und an ihnen wird gemessen, ob innerhalb des Unternehmens gerechte Entscheidungen getroffen werden. Gleiche Leistung ist gleich zu behandeln, ungleiche Leistung ist ungleich zu behandeln, so lautet die Erwartung an die Gerechtigkeit innerhalb des Unternehmens. Werden Personen bevorzugt, obwohl dies nicht ihrer Leistung entspricht, so ist das ein Verstoß gegen die »selbstverständliche« Erwartung gerechter Behandlung. Das Gefühl der Ungerechtigkeit bei denen, die Zeuge oder gar Opfer solcher Entscheidungen werden, ist die Folge.

Die Familie mit ihrer Personenorientierung funktioniert in der Hinsicht anders, ja, gegenläufig: Hier sind nicht die Personen »Mittel« zu irgendeinem sachlichen Zweck, sondern umgekehrt, die Familie – das soziale System – ist Mittel zu höchst persönlichen Zwecken. Über das Wohlergehen ihrer Mitglieder hinaus (sei es körperlich, seelisch oder sozial) hat die moderne (Klein)Familie keinen sachlichen, »entfremdeten« Zweck. (Nur wenige Menschen gründen eine Familie, weil sie denken, dass dadurch z. B. die Lebenshaltungskosten gesenkt würden – was sich ja auch als Trugschluss erweisen würde.)

Das einzelne Familienmitglied muss sich seinen Wert als Person nicht durch Leistung verdienen, die Zugehörigkeit zur Familie ist Leistung genug. Sie reicht, um bestimmte Rechte und Ansprüche an die Familie und die anderen Familienmitglieder stellen zu können, so wie die Familienmitglieder diese Rechte und Pflichten ebenfalls einfordern können. Das entspricht nicht nur einem weit verbreiteten Muster des Erlebens, sondern ist auch in unserer Rechtsordnung kodifiziert, in der, zum Beispiel, Versorgungsansprüche und -verpflichtungen festgeschrieben sind, die man seinen Angehörigen gegenüber zu erfüllen hat. Daher hält die Familie ihre Grenze verständlicherweise relativ geschlossen, und, um als Familienmitglied akzeptiert zu werden, bedarf es eines spezifischen, hürdenreichen Zugangsweges. Er erfolgt entweder durch ein Aufnahmeritual (die Eheschließung oder ähnliche soziale Vereinbarungen und Ritualisierungen) oder biologisch durch die Geburt. Welche der beiden Zutrittsformen die wichtigere ist, ändert sich historisch und ist abhängig vom (sub)kulturellen Kontext. Als die am wenigsten umstrittene erscheint heute die Geburt. Doch das war nicht immer so, denn der Status unehelicher Kinder war und ist keineswegs immer der des Familienmitglieds. Und angesichts der vielfältigen Familienformen, die es heute gibt, die nicht mehr nur an die formale Eheschließung gebunden sind, verliert auch dieses Kriterium seine Eindeutigkeit.

Aber, das kann wohl als übereinstimmend festgestellt werden: In der Familie besteht eine Situation, in der im Prinzip die Gleichbehandlung ihrer Mitglieder erwartet wird. »Das Gleichheitsdenken ist bei uns schon instinktiv« (M. Klett).

In der Praxis mag da noch vieles anders gehandhabt werden, z. B. in der Mann-Frau-Beziehung, aber ideologisch ist Gleichbehandlung die geforderte Norm. Das zeigt sich besonders – und ist von besonderer Bedeutung für die Dynamik von Familienunternehmen – in der Behandlung von Geschwistern. Man »hat« seine Kinder alle in gleichem Maße zu lieben. Dass man das eine Kind mehr mag als das andere, passiert zwar, ist aber eines der Tabus, über die in Familien nicht gesprochen wird. Auf jeden Fall würde heute kaum noch jemand ernsthaft zwischen den Rechten von Kindern unterscheiden, nur weil einer beispielsweise der Erstgeborene ist.

Auch die unterschiedliche Behandlung von Töchtern und Söhnen ist heute kaum noch zu legitimieren, auch wenn sie – gerade in Unternehmerfamilien – immer noch praktiziert wird. Als Beispiel dafür, dass derartige Diskriminierungen zwischen den Geschlechtern nicht mehr als zeitgemäß erlebt werden, kann hier auf die Änderung der Zutrittsregeln zum Inhaberkreis bei den zu der C&A-Unternehmensgruppe bzw. der Familie Brenninkmeyer gehörenden Gesellschaften verwiesen werden, wo seit einigen Jahren auch Töchter das Recht haben, sich auf den Weg in den Kreis der Inhaber zu machen. Auch hier ist also dem familiären Prinzip der Gleichbehandlung der Personen zur Geltung verholfen worden.

Für Familienunternehmen ergibt sich aus diesen beiden gegenläufigen Gerechtigkeitskonzepten wiederum eine pragmatische Paradoxie für jeden, der beiden Maßstäben gleichzeitig gerecht werden will:

> Die Idee der Gerechtigkeit in der Familie beruht auf Gleichheitserwartungen und Gleichbehandlung,
>
> *und*
>
> die Idee der Gerechtigkeit im Unternehmen beruht auf Ungleichheitserwartungen und Ungleichbehandlung.

Wie bei all den anderen skizzierten Paradoxien sind auch hier die mit diesen Widersprüchen verbundenen Risiken in der ersten und zweiten Folgegeneration bzw. im Umgang dieser beiden Generationen miteinander am größten. Darf man den einen Sohn zum Nachfolger machen und kann man den anderen leer ausgehen lassen? Sollte man nicht die talentierte, jüngere Tochter ins Unternehmen nehmen, obwohl der ältere Sohn auch Ansprüche auf eine Führungsposition stellt? Darf man einen Familienangehörigen einem verdienten Mitarbeiter vor die Nase setzen, obwohl die Kompetenz des Familienmitglieds fraglich ist? usw.

Diese und ähnliche Fragen stellen sich bei Mehr-Generationen-Familienunternehmen nur, wenn das Modell der Re-Inszenierung der Kleinfamilien bevorzugt wird. Die Konflikte bleiben dann von Generation zu Generation dieselben. Doch auch hier kann ein aktives Grenzmanagement helfen, um beiden Bereichen und beiden Gerechtigkeitsvorstellungen gerecht zu werden. Von zentraler Bedeutung ist dabei die Frage der Nachfolge, sei es in der Inhaberrolle, sei es in der Leitungsfunktion.

Bei Kostal versucht man solch ein Grenzmanagement dadurch zu gewährleisten, dass Geschäftsführer der Kostal Verwaltungs-GmbH und der Geschäftsführungsgesellschaft der Kostal-Gruppe (Leopold Kostal GmbH & Co. KG) mit der Mehrheit der Stimmen der Gesellschafterversammlung gewählt werden müssen, auch wenn sie Gesellschafter sind. Als Regulativ ist der Beirat vorgeschaltet. Er schlägt der Gesellschafterversammlung die Bestellung und die Abberufung eines Geschäftsführers vor. Um das Unternehmen vor unfähigen Geschäftsführern zu schützen, ohne dass dadurch Streit in den Kreis der Gesellschafter getragen wird, liegt das Vorschlagsrecht für die zu berufenden Geschäftsführer *nicht* bei den Gesellschaftern, sondern bei dem unabhängigen Beirat (Familienmitglieder sind laut Satzung zum Beirat nicht zugelassen). Wer vom Beirat nicht als Geschäftsführer vorgeschlagen wird, kann von der Gesellschafterversammlung nicht bestellt werden.

Werden Inhaberrolle und Leitungsfunktion gekoppelt, so entwickelt die Nachfolgefrage eine Tendenz zur Alles-oder-nichts-Entscheidung. Denn die Möglichkeit, Gesellschafter zu werden, ohne im Unternehmen tätig werden zu müssen, ist von vornherein ausgeschlossen. Wenn aber die Eigentümerrolle von der Managementrolle getrennt wird, wie dies im Modell der Großfamilie gemacht wird, so gibt es Zwischenstufen, in denen man seine Rechte am Unternehmen bewahren kann, ohne dafür über besondere Managementqualitäten verfügen zu müssen oder sein Leben ganz in den Dienst des Unternehmens stellen zu müssen. Man muss dann möglicherweise »Professional Ownership« betreiben, aber das ist etwas anderes als die operative Führung eines Unternehmens. Haniel mag hier als ein Beispiel dienen, bei dem die Familienmitglieder allein auf diese professionelle Eigentümerrolle beschränkt sind und sich dadurch dieser Mehrfach-Paradoxie entziehen. Sie wird durch Negation beseitigt. Man muss nicht beide Rollen zusammenbringen, wenn eine der beiden von vornherein ausgeschlossen (»verboten«) ist.

Doch auch wenn diese Rollen gekoppelt sind, haben die von uns untersuchten Unternehmen in der Regel recht komplexe Formen gefunden, die Gerechtigkeits-Paradoxie zu lösen. Die formal festgelegten Bedingungen, unter welchen Familienmitglieder im Unternehmen arbeiten können, sind dabei nur ein, wenn auch wichtiger, Aspekt.

Bei Besetzungsentscheidungen an der Spitze wird mit aller Schärfe darauf geachtet, dass die jeweiligen Personen nach ihrer Führungseignung ausgewählt werden, d. h. nach Maßstäben, die unternehmensbezogen sind. Mitglieder der Familie besitzen hier in der Regel kein Privileg, das sich aus ihrer Eigentümerrolle bzw. Familienzugehörigkeit ableitet; ganz im Gegenteil, sie müssen sich – zumindest offiziell – von ihren Fähigkeiten her ganz besonders beweisen, um den Verdacht auszuräumen, sie verdankten ihre Position der Familie und nicht ihrer Kompetenz. Die Hürde zum Eintritt ins Unternehmen wird so hoch gelegt, dass dem Verdacht der »Vetternwirtschaft« auch bei Außenstehenden begegnet werden kann.

Wenn das nicht gelingt, hat dies innerhalb des Unternehmens weit reichende Folgen: Ambitionierte Mitarbeiter sehen ihre Karrierechancen begrenzt, weil ihnen im Zweifel ein Familienmitglied »vor die Nase gesetzt« wird, das ihnen im Blick auf die Kompetenz nicht das Wasser reichen kann. Das widerspricht den Gerechtigkeitsmaßstäben, die für den Frieden im Unternehmen maßgeblich sind. Die Paradoxieauflösung besteht darin, Familienmitglieder wie Nicht-Familienmitglieder zu behandeln – und umgekehrt auch die Mitarbeiter (zumindest tendenziell) wie Familienmitglieder zu behandeln. Das zeigt sich auf der Ebene der »harten Fakten« zum Beispiel darin, dass Topmanager zu persönlich haftenden Gesellschaftern bestellt werden (z. B. bei Merck), auf der Ebene der eher »weichen Faktoren«, dass sie sich nicht nur als Funktionsträger, sondern als unverwechselbare Personen wertgeschätzt fühlen (was natürlich bei großen, weltweit tätigen Unternehmen nur noch eine kleine Zahl von Personen betrifft).

Diese »weichen« Faktoren zeigen sich eher in symbolischen Akten und Ritualen, wie beispielhaft im Hause Klett: »Zweimal im Jahr laden meine Frau und ich die Führungskräfte ein. Die Familie bedient dann alle anderen. Die Manager freuen sich immer auf die Bewirtung durch die Familie. Diese Treffen sind immer für alle, die Ergebnisverantwortung tragen. Also für die erste und zweite Führungsebene. Das Feedback der Fremdmanager ist stets sehr gut, sie kommen gerne. Und mittlerweile ist das schon ritualisiert. 1946 haben mein Vater und meine Mutter das erste Treffen veranstaltet. Damals waren es fünf Gäste. Bis heute hat sich an der Form nichts verändert. Es fängt immer um Punkt 19.00 Uhr an und hört um Punkt 23.00 Uhr auf. Immer gibt es erst ein Glas Sekt, dann folgt eine kleine Ansprache, danach die Unterhaltung. Der Dienstälteste schmeißt dann um Punkt 11 Uhr die Leute raus. Das darf mittlerweile nicht mehr geändert werden, weil alle dahinter stehen. Es ist schon wie ein Ritual fixiert. Alle treffen sich vor der Tür, kommen aber erst um Punkt 7 Uhr rein. Die aus der nahen Umgebung kommen mit Ehepartnern, die Auswärtigen kommen aus Kostengründen alleine. – Einmal im Jahr findet auch ein Strategie-Meeting statt, das damit verbunden wird. Es ist immer am nächsten Tag. (...) Unsere Familie wird von den Fremdmanagern sehr geschätzt« (M. Klett).

Hier wird in der Bewirtung eine Rollenumkehr vorgenommen, die Mitarbeiter, die das ganze Jahr irgendwie im Dienste der Familie stehen, werden von der Familie bedient. Essen und Trinken in der Privatwohnung sind nun einmal Dinge, die normalerweise das Privileg von Familienmitgliedern sind.

Klar definierte Verfahrensweisen, die in Bezug auf das Unternehmen dafür sorgen, dass dort sachbezogene Kriterien bei Nachfolgeentscheidungen angewandt werden, finden wir in allen Modellen der Mehr-Generationen-Familienorganisation, also auch bei der re-inszenierten Kleinfamilie, der Stammesorganisation oder der Großfamilie.

Dass die sachlich-fachlichen Qualitäten in Bezug auf die Belange des Unternehmens an erste Stelle gesetzt werden, ist inzwischen auch auf der Eigentümerseite zu beobachten. Hier legen die Eigentümerfamilien bei der Besetzung der Entscheidungsgremien (Gesellschafterausschuss, Beirat etc.) zusehends Wert auf die Professionalisierung der Eigentümerrolle. Wer hat sich so kompetent mit der Gesellschafterrolle und dem Unternehmen beschäftigt, dass er das Vertrauen besitzt, die Eigentümerinteressen gegenüber dem Unternehmen im Sinne der längerfristigen Zukunftsfähigkeit und damit des Erhalts des Unternehmens als Familiengesellschaft zu gewährleisten?

Ähnliches gilt auch für die regelmäßige Erneuerung der Autoritätsstrukturen in der immer komplexer werdenden Großfamilie selbst. Langlebige Unternehmen haben die Übergänge in den Führungs- und Autoritätsstrukturen in den drei Systemen voneinander entkoppelt. Sie berücksichtigen die spezifischen Anforderungen (Managementeignung einerseits, »Professional Ownership« andererseits, sowie an den einzelnen Personen orientierte Spielregeln in der Familie) und sorgen dafür, dass die Qualität der jeweiligen Entscheidungsprozesse den systemspezifischen Kriterien entspricht. (Wie kommt man als Familienmitglied ins Topmanagement? Wie wird man Gesellschafter und wie wird man in dieser Eigenschaft in die Aufsichtsgremien berufen? Wie gelangt man in den Familienrat, wenn es denn solch eine Instanz gibt?)

Der sich schrittweise vollziehende Prozess der Ausdifferenzierung der Rollen »Unternehmensführung«, »Eigentümer« und »Familienmitglied« ist voller Tücken und Konfliktpotenziale. Als besondere Herausforderung erweist sich dabei, dass es immer um Übergänge aus jahrelang eingespielten und weithin akzeptierten Einfluss- und Machtstrukturen in neue Verhältnisse geht. Deren Fähigkeit, für breit akzeptierte, vertrauensstiftende Autorität zu sorgen, muss sich erst herausbilden. Da es in diesem Prozess der Vertrauensbildung vor allem auch auf das wechselseitige Zutrauen zwischen den drei Systemen bzw. ihren Vertretern ankommt, kann es in den Übergangsphasen, die immer mit einem gewissen Autoritätsvakuum verknüpft sind, zu heftigen Irritationen kommen.

Mehr-Generationen-Familienunternehmen mit einer größeren Anzahl von Gesellschaftern, die sich untereinander nicht primär nach Stammesgesichtspunkten organisieren, sind gezwungen, für den angesprochenen Ausdifferenzierungsprozess der unterschiedlichen Rollen zu sorgen. Für die entsprechenden Übergänge Vorsorge zu treffen, gelingt ihnen deshalb gut, weil sie diese Übergänge sowohl zeitlich als auch hinsichtlich der eingesetzten Entscheidungsverfahren entkoppelt haben, so dass nicht in allen drei Systemen gleichzeitig ein Autoritätsvakuum bewältigt werden muss.

Um es noch einmal zu unterstreichen: Die Fähigkeit zur periodischen Wiederherstellung adäquater Führungs- und Autoritätsverhältnisse im Unternehmen, im Gesellschafterkreis und im Familiensystem ist für die langfristige Überlebensfähigkeit von Familienunternehmen nicht hoch genug in ihrer Bedeutung für die Überlebensfähigkeit einzuschätzen. Sie zu entwickeln, ist an eine Vielfalt von Bedingungen gebunden. Unserer Einschätzung nach hängt die Ausprägung dieser Fähigkeit davon ab, wie die Eigentümerfamilie mit dem Konflikt zwischen den familiären Gleichbehandlungserwartungen und der Notwendigkeit, Personalentscheidungen auch innerhalb der Familie nach Eignung, Kompetenz und dem Bedarf des Unternehmens treffen zu müssen, umgeht. Sehr viele Familien schaffen es nicht, mit diesem Erwartungswiderspruch, der sich vor allem in Phasen des Generationswechsels zuspitzt, umzugehen. Denn sie müssen die Unternehmensspitze von der fachlichen Kompetenz wie der Persönlichkeit her so besetzen, dass damit sowohl der Familie Gerechtigkeit gezollt wird, um keine künftig unlösbaren Konfliktpotenziale zu begründen, als auch das volle Vertrauen des Unternehmens gewonnen wird.

Die Schaffung von Stämmen lässt sich durch den Wunsch der Elterngeneration erklären, ihre Kinder gleichwertig und gleichberechtigt zu behandeln. Geschwister können dies einfordern und für Unterschiede Kompensationen erwarten: »Ich darf Ähnliches erwarten wie mein Bruder. Mir steht es zu.« Die familiären Ordnungsmuster sind auf Gleichbehandlung ausgerichtet, um so Akzeptanz und sozialen Frieden untereinander sicherzustellen.[48]

Das Unternehmen braucht als Organisation das genaue Gegenteil. In der Logik der Beziehungsdefinitionen von Unternehmen geht es um Fähigkeiten und Potenziale. Das Unternehmen muss danach suchen, Unterschiede zu kultivieren und zu leben. Dagegen kann in der Familie die auch immer vorhandene Ungleichheit unbeobachtet und unthematisiert gehalten werden. Im Unternehmen kann dies nicht in gleichem Maße durchgehalten werden. Wohl kann der eine, je nach Begabung und Vorlieben, eher die technischen Aufgabenbereiche leiten, und der andere eher die kaufmännischen. Doch sobald

---

48 Die Konsensfiktion der Gleichheit bricht spätestens anlässlich der ersten Übergabe bei Eltern und Kindern auf, wenn es darum geht, die Geschäftsführung mit einem oder mehreren Abkömmlingen zu besetzen, die Anteile gerecht zu verteilen u. Ä. Siehe hierzu ausführlich Hilker 2001.

es um die Führung des Unternehmens geht, kann man nicht allen Familienmitgliedern gleichermaßen gerecht werden. Der eine ist als Führungskraft geeignet, der andere nicht; der eine besitzt unternehmerische Weitsicht, der andere nicht. Diese Unterschiede können im Unternehmen dauerhaft nicht so verwischt werden, wie es in einer Familie getan wird – und dort auch Sinn macht.

Es geht um die Paradoxie unterschiedlicher Spielregeln oder Selektionsmechanismen in der Herstellung von Wertigkeiten und Positionen im jeweiligen System. Die verschiedenen Personen müssen im Hinblick auf Gleichheit/Ungleichheit auf drei verschiedenen Spielfeldern dreimal anders bewerten werden: als Familienmitglied, als Eigentümer und als Unternehmensmitglied. Das muss die Person aushalten, und das müssen alle anderen Beteiligten auch aushalten. Doch oftmals ist es so, dass die Spielregeln des einen Systems auf ein anderes übertragen werden: Wer in der Familie gleiche Positionen besetzt (Geschwister), wird auch als Eigentümer für gleich gehalten oder bekommt im Unternehmen eine ähnliche Position. Oder es wird halbherzig verfahren und ein nicht geeigneter Nachfahre erhält als Ausgleich für die Nichtberücksichtigung im Unternehmen zumindest die gleichen Unternehmensanteile oder sogar mehr.

Mitglieder erfolgreicher, langlebiger Familienunternehmen müssen es aushalten, dass es normal ist, in jedem Feld anders bewertet zu werden: »Familienmitgliedschaft ist kein Wert an sich.« Familienzugehörigkeit schafft keine Privilegien im jeweils anderen Spielfeld. Die Zugehörigkeit zur Familie oder auch der Eigentümerstatus hat in Bezug auf die Rekrutierung von Topmanagern gegenüber Fremdmanagern oder anderen Familienmitgliedern keinen Unterschied zu machen. Im Topmanagement ist die Aufhebung dieser Gleichheitsprämisse geradezu existenznotwendig. Erfolgreiche Familienunternehmen scheinen hier schärfer als andere Unternehmen die Grenze zu ziehen. Sie sorgen dafür, dass der Autoritätsbezug im Unternehmen aus der Fach- und Managementkompetenz heraus erworben werden muss und nicht aus der Tatsache entliehen werden kann, dass man Sprössling der Eigentümerfamilie ist. Ein Eintritt in das Unternehmen kann nur über erworbene Kompetenz, erwiesene Führungsqualitäten und gewonnene Autorität realisiert werden.

An dieser Stelle muss allerdings zwischen unterschiedlichen Typen von Mehr-Generationen-Familienunternehmen unterschieden werden. Bei der Stammesorganisation und der Kleinfamilie beobachtet man eine starke Fokussierung auf nur einen einzigen Nachfolger oder wenige Auserwählte (die Entsandten der Stämme). Das rein familiär begründete Prinzip der Gleichheit, das im Blick auf das Unternehmen keinen erkennbaren Mehrwert hat, stellt in der Stammesorganisation das Fortbestehen der Stämme sicher. Gleichzeitig wird innerhalb der Stämme Ungleichheit so betont, dass es immer wieder auf nur einen Nachfolger hinausläuft. Kompetenz ist dabei nicht das einzige Kriterium. Das Familienmitglied, der Vertreter des Stammes, muss nicht mit Fremdmanagern um die Nachfolge konkurrieren. Die Nachfolge wird, z. B. bei Oetker, unter dem Aspekt der Stammesgerechtigkeit beobachtet. Die Hauptaufgabe besteht im Finden gerechter Lösungen, idealerweise ohne das Wohl des Unternehmens aus dem Auge zu verlieren. Nur wenn der Nachfolger nicht erfolgreich ist, guckt man sich nach einem externen Manager um. Durch diese Fokussierung auf Stammesgerechtigkeit kommt es zu einer riskanten Einführung familiärer Regeln in eine Großorganisation, die einer starken juristischen Absicherung bedarf, wenn sich solche Rekrutierungsprinzipien nicht zum Schaden der Führbarkeit des Unternehmens als Ganzem bzw. einzelner Unternehmensbereiche auswirken sollen.

Bei der Re-Inszenierung der Ursprungsfamilie kommt es – wie schon erwähnt – zu einer weitgehenden Konzentration aller Funktionen in einer Hand (Management, Eigentum, Familienoberhaupt). Dadurch wird die Person zum »Ort«, an dem die Paradoxie bewältigt werden muss. Mit anderen Worten: Sie wird nicht primär in der Kommunikation zwischen unterschiedlichen Rollenträgern deutlich, sondern von der jeweiligen Person, die diese drei Rollen in sich vereinigt, als psychischer Konflikt erlebt, den er oder sie jeden Tag zu ertragen hat. Die Reduktion auf einen Nachfolger im Management und Eigentum ist einer Neugründung ähnlich. Die Komplexität wird auf der einen Seite sozial vereinfacht, schafft aber auf der anderen Seite eine einseitige und hoch riskante Abhängigkeit des Unternehmens von dem gewählten Nachfolger, selbst dann, wenn er im Vorhinein schon auf seine mögliche Kompetenz hin beobachtet und geprüft wird.

Bei diesen beiden Typen der Organisation der Familie (Re-Inszenierung der Kleinfamilie, Stämme) sehen wir ein größeres Risiko in der Nachfolge, da die Gefahr besteht, dass familiäre Auswahl- und Gerechtigkeitsprinzipien innerhalb des Unternehmens angewandt werden, obwohl sie dort nicht funktionell sind. Die Mehrzahl der erfolgreichen Mehr-Generationen-Familienunternehmen hat hier Prüfmechanismen und -instanzen eingebaut. In der Regel formen familienfremde Beobachter und Mitentscheider eine neutralisierende Beobachtungsinstanz, die sicherstellt, dass die Besetzungen im Familienunternehmen nicht ausschließlich aus dem Eigentümerkreis erfolgen. Meistens institutionalisieren sich Ausschüsse, die zu einem großen Teil aus Externen bestehen. Legt sich ein familienfremder Beiratsvorsitzender quer, hat ein Familienmitglied als Nachfolger kaum eine Chance. Die Familie unterwirft sich im Interesse des Unternehmens einer Beiratsstruktur, die im Extremfall (das ist nicht bei allen Unternehmen der Fall) dazu führt, dass ein Familienfremder das bestimmende Wort hat. Auf jeden Fall müssen sich die Vertreter der Familie mit familienfremden Fachleuten argumentativ auseinander setzen und für ihren Kandidaten kämpfen, so dass ein Familienmitglied auch »durchfallen« kann.

Hinter all diesen Überlegungen steckt die Frage, wie auf beiden Seiten – Familie und Unternehmen – Autoritätsstrukturen stabilisiert werden können. Auf der Unternehmensseite sorgen bestimmte Selektionsmuster dafür, dass familiäre Gesichtspunkte gegenüber den Erfordernissen der Führung des Unternehmens zurücktreten müssen. Von einem Familienmitglied im Topmanagement muss Kompetenz erwartet werden. Es treten kompetente Fremdmanager an, die sich ebenfalls beweisen müssen. So läuft ein Benchmarking ab: »Wer bringt's jetzt wirklich?« Es findet ein wechselseitiges Schützen und Kontrollieren zwischen Familien- und Nicht-Familienmitgliedern statt, in dessen Ausbalancierung Ansporn und Disziplinierung beider Seiten möglich werden.

Auf der Familienseite funktioniert das Familienmanagement dort gut, wo sich – unabhängig vom Gesellschafterstatus und der Höhe der Anteile, die jemand hält – Autoritätsstrukturen unter den Gesellschaftern herausgebildet haben, die stammesübergreifend akzeptiert werden. In der Familie kann und muss man mit der Konsensfiktion der Gleichheit operieren. Die Gleichheitsfiktion kann aber nur durchgehalten werden, wenn sich informell klare Ungleichheitsverhältnisse im Sinne einer Autoritätsordnung einspielen. Diese sind in der Regel gewachsen und nicht gesetzt. Es bilden sich Persönlichkeiten heraus, die diese Rollen übernehmen und die Autoritätszuschreibung auf sich ziehen können. Sie leben die Paradoxie von Gleichheit und Ungleichheit. Sie haben zwar offensichtlich viel Macht und Einfluss, beuten sie aber nicht egoistisch für sich aus, sondern stellen sie in den Dienst des Unternehmens und der Familie als übergeordnete Einheiten und Werte. Sie nutzen die Ungleichheit, den Unterschied an Einfluss, um Gleichheit durchzusetzen. Und damit lösen sie die Paradoxie in einer Weise auf, die allgemein akzeptiert wird, weil ihre Macht als funktional erlebt wird.

Exkurs: Die Idee familiärer Gleichheit und die Gefahren der Stammesorganisation (Fallstudie)

Das folgende Fallbeispiel soll die Gefahren familiärer Gleichheitsideen und der Stammesbildung für das Überleben des Unternehmens illustrieren:

Es handelt sich um ein über 150 Jahre altes Familienunternehmen, das sich von einer Schmiede zu einem weltweit führenden Hersteller von Spezialmaschinen entwickelt hat. Was sich mit Blick auf das Unternehmen als positiver Verlauf darstellen lässt, entpuppt sich in Kenntnis der jüngeren Familiengeschichte als ein leider allzu typisches Muster: Uneinigkeiten zwischen den beiden Hauptgesellschaftern führten zu einer existenziellen Bedrohung des ökonomisch erfolgreichen Unternehmens. Unser Interviewpartner war Florian Esser, geschäftsführender Gesellschafter der Fa. Esser, Vertreter der fünften Generation. (Da es ihm ein Anliegen war, anonym zu bleiben, haben wir alle Namen und zur Identifizierbarkeit führenden Daten geändert.)

Esser AG, Groß-Irgendwo[49]

Branche: Spezialmaschinen

Umsatz: ca. 400 Mio. Euro

Mitarbeiter: ca. 2000 (weltweit)

Kurzer geschichtlicher Rückblick
Die höchst erfolgreiche Unternehmensgeschichte war wechselvoll und geht bis in das Jahr 1848 zurück. In diesem Jahr wird das Unternehmen als Hufschmiede gegründet. Noch in der zweiten Hälfte des 19. Jahrhunderts werden die ersten, damals noch von Pferden gezogenen, Nutzfahrzeuge (Kommunalwagen, Schneeräumer etc.) produ-

---

49 Name und Ort sind verändert.

ziert. Um 1930, an der Schwelle von der dritten zur vierten Generation, kommt es zu einer Hinwendung zum Spezialmaschinengeschäft, in dem das Unternehmen heute Weltmarktgeltung beanspruchen kann.

Zum Kriegsende 1945 fallen die Produktionsstätten der Bombardierung zum Opfer, so dass der Aufbau durch die vierte Generation – zwei Brüder – einer Neugründung gleichkommt. Getragen von einer immensen Nachfrage in der Wiederaufbauphase der Nachkriegszeit expandiert das Unternehmen und erreicht schnell wieder die alte Größe. Die Erfahrung von Zerstörung, Enteignung und Demontage der Produktionsanlagen nach dem Krieg führt dazu, dass »man mit dem ersten verdienten Geld ins Ausland gerannt ist«. 1957 wird deshalb »aus familiärem Sicherheitsdenken heraus, nicht aus Marketinggründen« eine produzierende Tochtergesellschaft in den USA gegründet. Im Laufe der Zeit wird die Internationalisierung immer weiter vorangetrieben, so dass das Unternehmen inzwischen weltweit über mehr als 30 Tochtergesellschaften verfügt.

Um 1970 tritt die fünfte Generation, ein Sohn des älteren Bruders und zwei Söhne des jüngeren Bruders, in das Unternehmen ein und übernimmt 10 Jahre später die geschäftsführende Verantwortung. Das Unternehmen wächst kontinuierlich weiter, die Produktpalette wird vergrößert, der Dienstleistungssektor ausgebaut und das Management um familienfremde Geschäftsführer erweitert. Im Jahr 2002 schließlich wird das Unternehmen in eine AG umgewandelt, und es wird ein Fremdinvestor gefunden, der sich zu 30 % am Unternehmen beteiligt.

Dieser Kurzabriss lässt kaum vermuten, dass die letzten 20 Jahre von erbitterten Gesellschafterstreitigkeiten geprägt waren, denen das Unternehmen beinahe zum Opfer gefallen wäre. Um zu verstehen, was passiert ist, müssen wir einen Blick auf die historische Entwicklung der Gesellschafteranteile werfen.

Das Unternehmen geht in den ersten beiden Nachfolgen bezogen sowohl auf die Anteile als auch auf die Geschäftsführung stets auf den (einzigen) männlichen Nachkommen über. Der Zufall wollte es, dass es immer nur diesen einen männlichen Nachfahren gab, der dann das Unternehmen übernehmen konnte, während die weiblichen Nachkommen der zweiten und dritten Generation jeweils abgefunden wurden. Dieser Zufall wiederum entledigte die jeweils Übergebenden der Notwendigkeit, eine für das Unternehmen verbindliche Nachfolgeregelung zu finden. Im Prinzip liegt hier schon ein Keim für die späte-

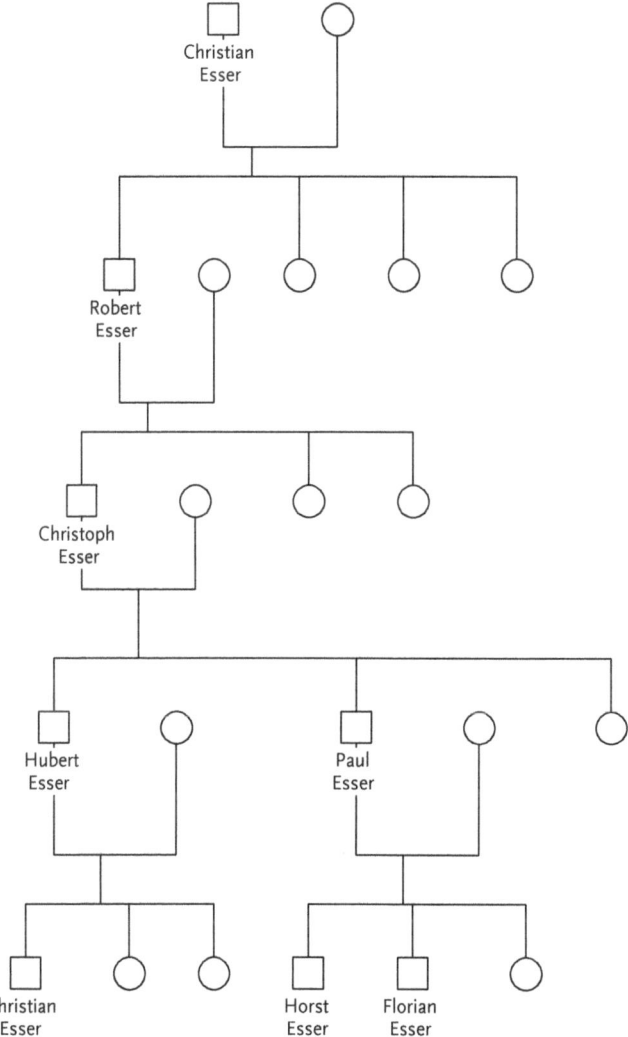

Abb. 14: Entwicklung der Gesellschafteranteile bei der Esser AG
(1.–5. Generation)

ren Konflikte. An die Stelle einer *bewusst* gepflegten Nachfolgeregelung, wie man sie bei den meisten langlebigen Unternehmen findet und wie sie notwendig geworden wäre, wenn es mehrere männliche Nachfahren gegeben hätte, tritt hier eine quasi selbstverständliche Weitergabe der Gesellschafter- und Führungsfunktion.

Die Auswirkung des familiären Gleichheitsideals

Anders sieht es dann beim Übergang von der dritten zur vierten Generation aus. Zum ersten Mal in der Historie des Unternehmens sind zwei männliche Nachfahren vorhanden – die Frauen spielten auch zu der Zeit noch keine Rolle. Hubert Esser, als der designierte Nachfolger, entschließt sich, auch seinen jüngeren Bruder, Paul Esser, sowohl an der Geschäftsführung als auch am Besitz des Unternehmens zu beteiligen. Dies tut er offenbar nicht nur aus familiären Gründen, sondern er kann dies auch sachlich rechtfertigen: Der jüngere Bruder bringt vielfältige Kompetenzen mit, die ihn zu einer Führungsposition im Unternehmen befähigen. Doch diese sachlichen Gründe kaschieren nur, dass hier auf Gesellschafterseite das alte Nachfolgeschema verlassen wird, ohne dessen Auswirkungen zu bedenken.

Der jüngere Bruder Paul wird zunächst mit 40 % als Komplementär beteiligt und erhält später noch einmal 5 %. Die Verteilung 55 : 45 Prozent macht schon deutlich, dass sich der »große« Bruder, als eigentlich vorgesehener Nachfolger, keineswegs ambivalenzfrei auf eine gleichrangige Beziehung einlassen will. Er agiert im Bewusstsein, der »Königmacher« zu sein.

Dennoch wird die Arbeits- und Verantwortungsteilung beider Brüder als harmonisch beschrieben. In der Ausgangskonstellation ist eine Art »Checks and Balances« angelegt: Der eine besitzt mehr Anteile, der andere hat in der operativen Geschäftsführung mehr zu sagen, und beide beobachten sich ständig unter diesen Gesichtspunkten. Trotz der nach außen getragenen Harmonie rumort es beim Jüngeren: Als Paul Esser seinen Bruder Hubert Esser bittet, ihm weitere Gesellschafteranteile zur besseren Unternehmensabsicherung in der fünften Generation zu überschreiben, lehnt dieser ab. Deutlich wird, wie sehr die Frage Gleichheit und Gerechtigkeit das Verhältnis der Brüder zueinander bestimmt.

Noch während dieser Gesellschafterdiskussionen – die eigentlichen Streitereien folgen noch – tritt die fünfte Generation ins Unternehmen ein. Zunächst Christoph Esser, der einzige Sohn Huberts (er hat noch zwei Töchter). Schnell kommen Zweifel an dessen Eignung auf. Selbst sein Vater muss dies aufgrund zahlreicher Auseinandersetzungen erkennen, so dass Christoph nach wenigen Jahren wieder aus dem Unternehmen ausscheidet. Offenkundig scheint zunächst das Prinzip »Das Unternehmen geht vor« zu siegen. Man nimmt keine Rücksicht auf Verwandtschaftsgrade. Besser macht sich Horst, der Sohn Pauls und damit Spross des anderen Stamms. Er kümmert sich hauptsächlich um das Geschäft in Amerika und kann dort Erfolge vorweisen.

Die Stammesbildung
Die einigermaßen stabile Situation gerät aus den Fugen, als Florian Esser, der zweite Sohn Pauls, sein Studium abschließt und sich anschickt, ins Unternehmen einzutreten. Dies ruft Hubert Esser auf den Plan: Höchstwahrscheinlich getrieben von der Sorge um sein Lebenswerk – er ist der ältere Bruder, er war vom Vater zur Nachfolge auserkoren und sieht jetzt seine beiden Neffen und nicht seinen Sohn in der Nachfolge –, stimmt er dem Eintritt von Florian Esser nur zu, wenn auch sein Sohn Christoph (der wahrscheinlich nicht zufällig den Namen des Unternehmensgründers trägt) nach fünfjähriger Abwesenheit ins Unternehmen zurückkommen kann.

Bei diesem Wunsch und der entsprechenden Entscheidung handelt Hubert Esser offensichtlich aus der Rolle als Vater heraus. Deutlich wird auch die Delegation an seinen Sohn, sein Lebenswerk fortzuführen. Obwohl Christoph schon »bewiesen« hatte, dass er mit der Aufgabe höchstwahrscheinlich überfordert sein würde, kann sein Vater es nicht dulden, dass künftig beide Söhne des jüngeren Bruders, den *er* schließlich erst zu dem gemacht hatte, was er jetzt ist, das Unternehmen leiten werden.

Natürlich ist der andere Stamm nicht zufrieden mit dieser Situation. Weil Paul sich aufgrund seiner Leistungen in der Unternehmensführung sowieso nicht als Minderheitsgesellschafter sieht und nun auch noch wieder mit dem eigentlich schon als gelöst geglaubten »Problemfall«, seinem Neffen Christoph, auskommen muss, sucht er einen Ausweg. Um den starken Stamm zu schwächen, schlägt er eine Änderung der ursprünglichen, in der Vergangenheit praktizierten, jedoch nie formal fixierten Nachfolgeregelung vor: Nur die Söhne, die ja im Unternehmen tätig sind, erhalten Anteile, während die Töchter mit Geldmitteln abgefunden werden. So schenkt er, in der Hoffnung, sein Bruder werde es ihm gleichtun, seiner Tochter 5 % der Anteile, den Rest überträgt er an die beiden Söhne zu gleichen Teilen. Tatsächlich folgt Hubert Esser, der neben dem Sohn noch zwei Töchter hat, dieser Änderung der Erbregelung einige Jahre später. Den Anteil seines Stammes von 55 % überträgt er nicht vollständig an Christoph, sondern lediglich 45 % davon. Seinen beiden Töchtern überträgt er jeweils 5 %. Wie sich später zeigen wird, ist dieser »Trick« mit entscheidend für den Erhalt der Firma.

Der Konflikt

Die an sich schon problematische Zusammenarbeit zwischen den Stämmen spitzt sich immer weiter zu, als zunächst Hubert und dann Paul sterben. Auch wenn ihre Beziehung nicht ambivalenzfrei war, so hatten sie doch dafür gesorgt, dass es nicht zu offenen Konflikten zwischen ihnen bzw. ihren beiden Familien kam. Da ihre Autorität unumstritten war, hatte dies auch friedensstiftende Wirkungen auf die nächste Generation. Wie so oft, wenn akzeptierte Autoritäten wegbrechen, kommt es nach ihrem Tod zum Machtkampf.

Faktisch wird das Unternehmen nun von den Brüdern Florian und Horst Esser geleitet, während ihr Cousin Christoph als Mehrheitsgesellschafter »in der Weltgeschichte rumgondelt«. Mit dieser »Arbeitsteilung« wird das in der vierten Generation entstandene Muster aufrechterhalten. Mit den Worten unseres Interviewpartners (Florian): »Er [Christoph Esser] wusste schon, dass sein Vater meinen Vater [Paul Esser] gefördert und letztlich als Chef akzeptiert hat, und so hat er es innerlich auch mit mir gehandhabt: Er dachte sich, du bist der Chef, aber nur von meinen Gnaden!«

Zur Eskalation kommt es, als Florian Esser beschließt, die Eskapaden seines Cousins nicht weiter widerspruchslos hinzunehmen. Er beginnt, dessen Missmanagement im Unternehmen systematisch zu dokumentieren, um juristisch verwertbares Material in die Hand zu bekommen.

Was dann folgt, soll hier nur noch in Stichworten wiedergegeben werden: Androhung einer Klage zur Absetzung Christoph Essers als Geschäftsführer – Tod des Bruders von Florian Esser – Christoph strengt diverse Prozesse an – Versuche, Christophs Schwestern aus der Stammessolidarität abzuspalten – Angebot Christophs, dann das Unternehmen zu verlassen, wenn auch Florian geht ...

Als Florian schließlich – zermürbt von den Streitigkeiten, die sich nun schon über Jahre hinziehen – anbietet, endgültig aus der Geschäftsführung auszusteigen, verzichtet Christoph auf die Erfüllung seiner Forderung (ein typisches Beispiel dafür, dass es bei innerfamiliären Konflikten meist nicht um Sach-, sondern Beziehungsfragen geht: In dem Moment, in dem Florian einlenkt, ist Christophs Forderung auf der Beziehungsebene erfüllt, so dass sie auf der Sachebene nicht mehr vollzogen werden muss).

Im dargestellten Konflikt zeigt sich eine nur zu oft zu beobachtende Vermischung von Stammes- und Unternehmensinteressen bzw. ein Oszillieren zwischen diesen beiden Polen. Ist das Stammesdenken einmal etabliert und kommt es dann zu Auseinandersetzungen über die personelle und inhaltliche Führung des Unternehmens, so ist es kaum noch möglich, eine Einigung zum Wohle des Unternehmens herbeizuführen. Gleich mehrere Aspekte wurden in dem Unternehmen über Jahrzehnte nicht beachtet:

- Zum einen fehlte eine bewusste und an objektivierbaren Kriterien ausgerichtete, neutrale Steuerung der Nachfolge. Hätte beispielsweise der Vater von Hubert und Paul Esser eine Regelung für seine Söhne getroffen, wäre der Stammeskampf um die Vorherrschaft höchstwahrscheinlich nicht so zerstörerisch verlaufen. Beide Parteien hätten sich immer auf den Vater und dann Großvater beziehen können.
- Auch hat es so gut wie keine geeignete Traditionspflege gegeben. Das Unternehmen wurde aufgrund seiner völligen Zerstörung im Krieg wie eine Neugründung geführt, so dass kein ausreichendes Gefühl der Treuhänderschaft für das Unternehmen in der fünften Generation entwickelt wurde.
- Entscheidend ist sicherlich auch, dass es keine neutralen Dritten oder entsprechende Gremien gab, die den Gesellschafterkonflikt hätten regulieren können; Unternehmen und Familie verfügten über keine Konflikt vorbeugende oder sie lösende Mechanismen und Regeln.

Dass letztlich noch eine friedliche Lösung gefunden wurde, lag u. a. an einer Schwester Christophs, d. h. einer Gesellschafterin des stärkeren Stammes. Ihre 5 % wurden zum »Zünglein an der Waage«, mit dessen Hilfe Christoph zum Einlenken gebracht werden konnte. Man einigte sich darauf, einen Fremdinvestor in das Unternehmen zu holen, der mit einem Anteil von 30 % konflikthemmend wirkt. Kein Stamm kann gegen den Willen des Investors agieren, er übernimmt somit die bisher nicht besetzte Rolle des »neutralen Dritten«. Zunächst scheinen damit die Stammeskonflikte befriedet.

Abschließend muss ergänzt werden, dass das Unternehmen die anhaltenden Konflikte und die damit einhergehende Lähmung der Unternehmensleitung in den 1990er Jahren nur deshalb überleben konnte, weil es sich aufgrund seiner zersplitterten und dezentralen Organisationsstruktur weitgehend selbstorganisiert weiterentwickeln konnte. Die Geschäftsführung der regionalen Einheiten hatte gegenüber den Gesellschaftern rechtlich eine so starke Position, dass Blockaden verhindert wurden. Außerdem wurde – eine nicht beabsichtigte, aber positive Nebenwirkung des Streits – »während der ganzen Jahre kein Geld an die Gesellschafter ausgeschüttet«, so dass die Eigenkapitalquote des Unternehmens stets hoch war. Da die Branchenentwicklung eher langsam verläuft, wirkte sich die Lähmung bzw. Entscheidungsunfähigkeit auf Gesellschafterseite nicht unmittelbar auf den Unternehmenserfolg aus. All diese Faktoren zusammen können im Rückblick wohl dafür verantwortlich gemacht werden, dass hier ein Unternehmen überlebte, obwohl es kein angemessenes Grenz- bzw. Schnittstellenmanagement zwischen Unternehmen und Familie gab. Die in der Bildung von Stämmen angelegten Konfliktlinien, die u. E. generell als gefährlich anzusehen sind, hätten auch hier leicht zur Katastrophe für das Unternehmen werden können.

6.5 Paradoxie IV: Shareholder sein, ohne wie ein Investor zu handeln

Was bislang auf einer allgemeinen Ebene als Gegensatz zwischen den Spielregeln der Familie und denen des Unternehmens charakterisiert wurde, findet seinen Ausdruck auch als paradoxe Anforderung an die Familienmitglieder in ihrer Rolle als Gesellschafter und Shareholder des Unternehmens. Der Leitsatz »Das Unternehmen geht vor!« scheint auf den ersten Blick ihren Interessen als Investoren zu widersprechen. Zumindest würden sich Investoren, die Aktien eines börsennotierten Unternehmens in ihrem Portfolio halten, solch einer Maxime nicht ohne weiteres fügen. Ganz im Gegenteil: Sie fordern, dass sich das Management am Interesse der Shareholder zu orientieren hat und die Steigerung des Shareholder-Values zu seinem Ziel machen muss (zumindest war das Bekenntnis zum Shareholder-Value bis vor wenigen Jahren bei den Hauptversammlungen deutscher Aktiengesellschaften scheinbar ein »Muss« für die jeweiligen Vorstandssprecher). Und gegen dieses Ziel spricht ja prinzipiell auch aus Sicht des Familienunternehmens nichts. Auch dessen Anteilseigner sind daran interessiert, dass der Unternehmenswert steigt.

Aber das alleinige Ziel, den Unternehmenswert zu steigern, stellt noch keine handlungsleitende Maxime dar. Im Rahmen dieser Vorgabe ist immer noch zu entscheiden, welche Renditeziele in welchen Zeithorizonten verwirklicht werden sollen. Statt Gewinnmaximierung steht bei den Familienunternehmen der langfristige Erhalt des Unternehmens im Vordergrund. Im Zweifel wird diesem Ziel die Priorität vor kurzfristigen Ausschüttungen gegeben. Und das gilt für Investoren auf dem Kapitalmarkt nicht. Sie sind keineswegs immer bereit, solch eine Prioritätensetzung zu akzeptieren.

Hier zeigt sich, dass es für das Unternehmen einen für seine Politik (in nahezu allen Bereichen) entscheidenden Unterschied macht, ob es eine Familie – sei es eine Kleinfamilie, eine in Stämmen aufgespaltene oder als Organisation strukturierte Familie – oder einen Markt als Kapitalgeber hat. Die Gesellschafter verhalten sich einer anderen Paradoxie entsprechend:

> Familienmitglieder sind Eigentümer/Shareholder des Unternehmens,
> *und*
> Familienmitglieder können/dürfen trotzdem nicht nach den Entscheidungskriterien von Shareholdern/Investoren auf dem Kapitalmarkt handeln.

Sie haben ähnliche Interessen wie Investoren am Kapitalmarkt, aber sie haben auch noch Interessen, die darüber hinausgehen. Warum das Verfolgen dieser Interessen auch ökonomisch rational ist, erklärt sich aus Unterschieden zwischen Familien und Märkten als sozialen Systemen.[50]

Das Charakteristikum von Märkten ist die lose Kopplung der Marktteilnehmer aneinander. Man macht ein Geschäft miteinander, vollzieht eine Transaktion, und damit kann die (gemeinsame) Geschichte eigentlich beendet sein. Man braucht im Prinzip mit seinem Geschäftspartner keine gemeinsame Vergangenheit oder Zukunft zu haben, und man braucht sie deshalb auch nicht zu bedenken. Bei Märkten für Produkte ist diese »Geschichts- und Bindungslosigkeit« natürlich nur begrenzt nutzbar, weil man mit seinen Kunden und Lieferanten aller Wahrscheinlichkeit nach auch in Zukunft noch Geschäfte machen will. Daher ist es nur rational, eine zuverlässige und vertrauensvolle Beziehung zu beiden aufzubauen und eine Bindung

---

50 Vgl. dazu ausführlich Simon 2004, S. 292 ff.

aneinander entstehen zu lassen. Aber auf dem Kapitalmarkt ist dies anders: Hier sind die Teilnehmer an den Transaktionen füreinander meist unbekannt, und die Kaufs- und Verkaufsentscheidungen orientieren sich in weit geringerem Maße an persönlichen Merkmalen (etwa der Qualität des Managements, die ihren Niederschlag in einer Auf- oder Abwertung des Ratings eines Unternehmens haben kann) und in noch stärkerem Maße an Preisen bzw. Kursen, Trends etc. Wenn die Rendite eines Investments nicht stimmt, kann mit keiner Geduld der Investoren gerechnet werden. Schon gar nicht kann damit argumentiert werden, es gehe eigentlich um andere, »höhere« Werte. Die Vorstände deutscher Aktiengesellschaften, die beispielsweise Vertreter angelsächsischer Pensionsfonds in ihren Aufsichtsräten sitzen haben, wissen ein Lied davon zu singen, dass der auf diesen Fonds lastende Druck, jährliche Renditen von mindestens 8 % zu erwirtschaften, an die Unternehmen, deren Anteile sie in ihrem Portfolio halten, weitergegeben wird. So kommt es, dass schon einmal »Tafelsilber« verscherbelt werden muss, um diesen Renditeerwartungen kurzfristig gerecht zu werden, was bei einer langfristigen Planung nicht immer als rational beurteilt werden würde.

Das ist in der Familie anders. Hier hat das Unternehmen neben allen legitimerweise auch immer vorhandenen Renditeerwartungen noch einen identitätsstiftenden Aspekt für die Gesellschafter – ganz besonders, wenn das Unternehmen denselben Namen trägt wie die Familie: »Unsere Familie ohne das Unternehmen, das ist unvorstellbar. Dann fehlt die Identifizierung!« (M. Klett). Insofern werden Familiengesellschafter die Aktivitäten des Unternehmens immer auch daraufhin beobachten, ob sie ihrem Selbstverständnis als Personen bzw. dem Selbstverständnis der Familie entsprechen.

Die Beobachtung im Blick auf das Passen oder Nicht-Passen zur Familie bezieht sich naturgemäß in erster Linie auf Aspekte des Unternehmens, die auch von der Öffentlichkeit wahrgenommen werden: die Arbeitsverhältnisse innerhalb des Unternehmens, das soziale Engagement, den Führungsstil bzw. die Präsentation des Unternehmens durch seine Führungskräfte in der Öffentlichkeit usw. Und deswegen können Produkte, die vom Familienunternehmen angeboten werden, und die Märkte, auf denen es agiert, nicht allein nach ökonomischen Gesichtspunkten gewählt werden, sondern sie müssen ebenfalls zum Selbstbild der Familie »passen«. Dabei gibt es Traditionen, die an ein Produkt, eine Kompetenz oder eine Branche gebunden sind

(z. B. die Verlagstradition bei der Ernst Klett AG oder die Tradition der juristischen und steuerlichen Beratung und Dienstleistung im Verlag Dr. Otto Schmidt KG), meist wird von der Familie aber nicht positiv definiert, in welcher Branche sich das Unternehmen betätigen darf, sondern negativ, d. h., welche Geschäfte es auf keinen Fall betreiben darf.

Reinhart Freudenberg schildert die Anforderungen der Gesellschafter an das Unternehmen bzw. seine Führungsmannschaft folgendermaßen: »Dazu gehört erstens, dass sie sich mit dem Inhalt und dem Stil wohl fühlen, mit dem die Firma geführt wird. Ein pompöser, publikumswirksamer Führungsstil mit Betonung des Shareholder-Values oder nach dem Zuckerbrot-und-Peitsche-Prinzip käme schlecht an bei den Gesellschaftern. Es würde die Identifikation sicher behindern. Es würde die Gesellschafter dramatisch spalten, wenn die Firma irgendwelche Waffengeschäfte tätigte. Dies steht ausdrücklich in unseren Geschäftsgrundsätzen. Es gab Anfragen in solcher Richtung, die wir abgelehnt haben. Manche unserer Gesellschafter wären vielleicht nicht so kategorisch, aber der Konsens ist unumstritten: ›Wenn das dazu führen würde, dass die Familie sich spaltet, dann könnt ihr das nicht machen!‹ Gleiches gilt für Umweltsünden und unsoziales Verhalten; darauf muss die Familie sich verlassen können.«

Wahrscheinlich müssen auch die Investoren bei Publikumsgesellschaften sich mit »ihren« Unternehmen wohl fühlen, nur beobachten sie die Unternehmen zwangsläufig nicht aus dieser Nähe, und die Identifikation mit ihnen ist begrenzt. Und wer beispielsweise durch einen Aktienfond seine Investments vornehmen lässt, weiß meist gar nicht, in welche Unternehmen er sein Kapital gesteckt hat. Da diese Fonds jedoch nach ihrer Performance bewertet werden, geraten wohl oder übel davon abweichende Bewertungskriterien in den Hintergrund.

Ein weiterer Unterschied, der den Gesellschafter eines Mehr-Generationen-Familienunternehmens vom Investor auf dem Kapitalmarkt unterscheidet, ist die bereits erwähnte Notwendigkeit, um der Risikostreuung willen Mischkonzerne zu bilden. Wenn der größte Teil oder gar das ganze Vermögen in ein Unternehmen investiert ist, dann wäre es sträflich, sich auf einen Geschäftsbereich, einen Markt, eine Volkswirtschaft zu beschränken. Das Investment hat in mehrere, nicht synergetische Bereiche zu erfolgen, um den Ausfall des einen durch das Florieren des anderen ausgleichen zu können. Diese Bildung von Konglomeraten läuft der Politik der Risikostreuung von familienfremden Investoren zuwider und wird daher von der Börse abgestraft. Darum braucht man sich aber als Familienkonzern nicht weiter zu kümmern. Ins Dilemma gerät man allerdings, wenn das Unternehmen auch noch an der Börse notiert ist. Dann müssen die »Investor Relations« anders gestaltet werden als die Beziehungen zur Familie. Das Management und die Qualität seiner Arbeit werden nach gegensätzlichen, sich gegenseitig ausschließenden Kriterien bewertet. Das heißt aber für die Unternehmensführung, dass sie einer weiteren Paradoxie ausgesetzt ist: der Börse und der Familie zu gefallen, obwohl deren Geschmack so unterschiedlich ist.

Das Ziel, das Unternehmen für die Familie zu erhalten, bringt eine Langfristperspektive in die Bewertung eines jeden Investments. Die Gesellschafter sind um dieses Zieles willen bereit, auch Phasen von Verlusten durchzustehen, auf Ausschüttungen zu verzichten, was dem Unternehmen einen Vorteil im Blick auf seine Überlebensfähigkeit verschafft. Um wieder Freudenberg als Beispiel anzuführen, wo ausdrücklich im Gesellschaftsvertrag verankert steht: »Als Auflösungsgrund soll es insbesondere nicht angesehen werden, wenn die Gesellschaft zeitweilig unrentabel ist oder wenn einzelne Gesellschafter an der Realisierung ihres in der Gesellschaft investierten Vermögens Interesse haben.« Das Ziel »Überleben des Unternehmens« ist damit eindeutig als Entscheidungsgrundlage den Renditeinteressen der Gesellschafter übergeordnet und festgeschrieben.

Die Kehrseite der Medaille ist allerdings, dass die Geduld, mit der die Performance von Geschäftsbereichen beobachtet wird, manchmal zu lang ist:

»Vielleicht sind wir manchmal zu geduldig. Wir sind sehr geduldig mit Misserfolgen gewesen. Bestimmte Vliesstofftücher zum Beispiel neigten zu Beginn der 1950er Jahre bei längerer Lagerung gelegentlich dazu, sich in den Regalen von allein zu entzünden und Brände zu verursachen. Trotzdem hat das Unternehmen an ihnen festgehalten, was sich dann sehr bewährt hat. Geduld ist aber eine Gratwanderung. Das traditionelle Gerbereigeschäft, das vor wenigen Jahren geschlossen wurde, hatte zuvor jahrzehntelang hohe Verluste verursacht« (R. Freudenberg).

Dass notwendige Entscheidungen nicht getroffen werden, geschieht besonders dann, wenn die jeweiligen Geschäftsbereiche verantwortlich von Familienmitgliedern geführt werden und das Ziel der Streitvermeidung dazu führt, dass sachliche Auseinandersetzungen, das gemeinsame Ringen und angemessene Entscheidungen vermieden werden. In der Hinsicht zeigt sich die Besonderheit des Modells Haniel, wo Familienmitglieder nicht im Management tätig sind: Hier ist die Familie gegenüber »Nicht-Performern« ziemlich ungeduldig. Es ist schwerer, solch eine Ungeduld gegenüber einem Management zu zeigen, das von Familienmitgliedern bestückt wird. Trotzdem gilt auch für Haniel, dass die Perspektive, unter der Investments getätigt werden, langfristig ist, und das ist dem Management der betroffenen Unternehmen auch bewusst. Auf der Kapitalseite eine Großfamilie zu haben bedeutet, einen weit berechenbareren und zuverlässigeren Partner zu haben, als dies ein Markt (der Kapitalmarkt) je sein könnte.

Angesichts einer sich verstärkenden Kapitalmarktkultur ist aber die ansonsten bei Familienunternehmen eher zu findende Geduld gegenüber Nicht-Performern überhaupt keine Selbstverständlichkeit mehr[51]. Warum sollte sich jemand, der Unternehmensanteile besitzt, nicht auch wie ein normaler Investor fühlen, der danach trachtet, mit diesem Investment so umzugehen, dass für ihn die höchstmögliche Rendite in möglichst kurzer Zeit herausspringt? Je größer die emotionale Distanz zum eigenen Unternehmen und je loser der Familienzusammenhalt geworden ist, umso wahrscheinlicher ist dieser »Wertewandel«.

Die von uns untersuchten Unternehmen zeigen, wie sich diese an sich vorprogrammierte Mutation verhindern lässt, auch wenn über die Jahrhunderte hinweg inzwischen mehrere Hundert Gesellschafter existieren. Die jeweiligen Mechanismen fußen im Wesentlichen auf zwei Säulen: der Sicherstellung eines professionellen, dem Familienunternehmen adäquaten Umgangs mit der Gesellschafterrolle (»Professional Ownership«) sowie der Pflege des Familienzusammenhalts in der Großfamilie.

Die erste Säule wird im Prozess der Ausdifferenzierung von Managementverantwortung und Gesellschafterrollen vielfach vernachlässigt. Was bedeutet »Professional Ownership« in einem Familienunternehmen? In dieser Funktion konzentrieren sich wichtige Teilaspekte der Unternehmerrolle, nämlich eine Mitentscheidung

- bei strategischen Weichenstellungen,
- bei größeren Investitionsvorhaben,

---

51 Vgl. Kühl 2003.

- bei der Auswahl und Besetzung des Topmanagements,
- bei der Verwendung der erwirtschafteten Erträge,
- in der Übernahme außergewöhnlicher Risiken,
- in der Sicherung des Charakters des Familienunternehmens.

Um dieser Rolle gerecht werden zu können, braucht es zum einen eine intensive und kontinuierliche Beschäftigung mit dem Unternehmen, seiner Wettbewerbssituation, seinen besonderen Zukunftschancen und Bedrohungsszenarien. Zum anderen impliziert die Position eines Gesellschafters auch gewisse, nicht delegierbare Kontrollverpflichtungen gegenüber dem Topmanagement. Die Gesellschafter müssen dem Management ein kompetentes, auf Augenhöhe befindliches Visavis sein. Sie dürfen sich nicht mit schwarzen Zahlen und jährlichen Ausschüttungen zufrieden geben. Können Gesellschafter die Geschäftsentwicklung in ihrer Tiefe nicht nachvollziehen, sind sie auch nicht in der Lage, das Handeln des Topmanagements vor dem Hintergrund der Marktoptionen zu beurteilen. Inkompetente Gesellschafter verfallen so der Triviallogik: Werden Gewinne erwirtschaftet, hat das Management richtig gehandelt, und werden Verluste verbucht, hat es (unverzeihliche) Fehler gemacht. Im ersten Fall werden so oft strategische Optionen verschenkt und im zweiten oftmals Krisen durch übereilte Entlassungen verschlimmert.

Über all diese Aufgabenfelder, die aus der Eigentümerrolle erwachsen, wird sichergestellt, dass das Unternehmen seine Zukunftsfähigkeit immer wieder erneuert und seinen Charakter als Familienunternehmen erhält. Verpasst ein Familienunternehmen die Chance, im Zuge seiner Geschichte schon recht frühzeitig die Gesellschafterrolle zu professionalisieren, dann erhöht sich die Wahrscheinlichkeit, dass schwelende Themen aus dem Familienzusammenhang über diese Rolle auf dem Rücken des Unternehmens ausgetragen werden. Je unwissender und unbeteiligter Gesellschafter gegenüber dem Unternehmensgeschehen sind, desto größer ist diese Gefahr.

In erfolgreichen Mehr-Generationen-Familienunternehmen wird für die adäquate Wahrnehmung der Eigentümerfunktion gezielt Vorsorge getroffen. Es gibt in der Regel ein geschichtlich gewachsenes Regelwerk dafür, wie die Gesellschafter zu ihrer Meinungsbildung kommen, wie und in welchen Gremien wichtige Entscheidungen getroffen werden, welche Spielregeln für die Ausschüttung gelten. Nicht zu vergessen: Es gibt auch Regeln dafür, wie man aus seinem Gesellschafterstatus herauskommen kann, wenn man diesen ultimativen Schritt unbedingt tun will. Solche Ausscheidensmöglichkeiten sind in den Verträgen regelmäßig vorgesehen. Sie sind jedoch stets so gestaltet, dass sie diesen Schritt nicht ermutigen. Ganz im Gegenteil, die Bewertungsregeln reizen die rechtlichen Spielräume in die Richtung aus, dass der Ausscheidende nur einen solchen Gegenwert für seinen Anteil erwarten kann, der – wenn man es zugespitzt formuliert – gerade noch nicht gegen die guten Sitten verstößt.

Vor allem auch an diesen Ausstiegsregeln manifestiert sich der Unterschied zwischen einem Familiengesellschafter und einem Investor, der die heutigen Chancen des Kaufens und Verkaufens von Unternehmensanteilen voll ausschöpfen will. Der Familiengesellschafter pflegt seinen Anteilsbesitz quasi treuhänderisch, um diesen auch ideell hoch besetzten Wert an die nächste Generation weitergeben zu können.

Nichtsdestotrotz sind alle von uns untersuchten Unternehmen bestrebt, eine Minimal-Alimentierung für die Eigentümer sicherzustellen. Sie tun sich leicht darin, denn ihre Performance liegt in der Regel über der DAX-Rendite. Der Anspruch, dass die Eigentümer gar nichts bekommen und nur einen Titel haben, aus dem kein Nutzen gezogen werden kann, wäre auf Dauer nicht aufrechtzuerhalten. Man kann nicht von dem Automatismus ausgehen, was für das Unternehmen gut ist, sei auch für die Eigentümer gut, und schon gar nicht von der Umkehrung, was für die Eigentümer gut ist, sei auch für das Unternehmen gut. Es muss immer die Option offen sein, Investitionsentscheidungen treffen zu können, bei denen der Eigentümer über mehrere Jahre einen Verzicht leisten muss, um dann womöglich – aber nicht sicher – für dieses Opfer belohnt zu werden.

Betrachtet man die Zumutung eines solchen Verzichts aus der Familienperspektive, ist sie wesentlich leichter handhabbar. In Familien kalkuliert man die Investition in Beziehungen nicht kurzfristig. Die Unkündbarkeit der Familienbeziehungen schafft langfristige Planungshorizonte. Die partikularen Familien- oder Eigentümerinteressen werden dem Überleben des Unternehmens untergeordnet. Dies ist im Grunde genommen die Umkehrung des Shareholder-Value-Gedankens, der den Aktionärsinteressen Vorrang vor dem Unternehmen gewährt. Die Kapitalmarkttheorie besagt, dass genau diese Vorrangregel die optimale volkswirtschaftliche Allokation von Vermögen sicherstellt. Die Beobachtung von Mehr-Generationen-Familienunternehmen lässt an der Stichhaltigkeit dieser Theorie Zweifel wachsen und legt den Verdacht nahe, dass es sich hier eher um, wie auch immer erklärbare, Glaubenssätze handelt. Der Vorrang der Interessen der größeren Überlebenseinheit vor den Partikularinteressen sorgt hier für längerfristig überlebensfähige Unternehmen – was sicher auch volkswirtschaftlich sinnvoll ist.

Es geht um die Anerkennung der Unvereinbarkeit der Überlebensinteressen der Eigentümer auf der einen Seite mit den Interessen des Unternehmens als sozialer Einheit auf der anderen Seite. Welche Arten von Bearbeitungsmöglichkeiten findet ein Unternehmen, um diesen Grundwiderspruch zu bearbeiten? Langfristig erfolgreiche Unternehmen erfinden, wie erwähnt, eine Art Zusatzwährung. Neben den ökonomischen Ausschüttungspraktiken gibt es spezifische »Gewinne«, die über andere Währungen sichergestellt werden. Sie schütten mehr aus oder etwas anderes als nur Geld. Man kann hier von einer anderen Form der Kontenführung[52] sprechen. Auf der Habenseite werden andere Leistungen verbucht, die an anderen Werten gemessen werden. So können größere Teile der finanziellen Ressourcen im Unternehmen verbleiben und sicherstellen, dass der Kapitalbedarf, der sonst über den Kapitalmarkt oder über Bankkredite gedeckt werden müsste, aus der eigenen Familie kommt. Dies geht offensichtlich über das Etablieren anderer Währungen, d. h. durch emotionale Zusatzausschüttungen. Beispielsweise kann die Zugehörigkeit zu einem erfolgreichen Unternehmen oder zu einer renommierten Dynastie Sinn stiften, der anderswo nicht so leicht zu finden ist.

Die ökonomische Rationalität dieses familieninternen Investitionsverhaltens zeigt sich, wenn man die Langzeitperspektive betrachtet. Zumindest bei erfolgreichen Mehr-Generationen-Familienunternehmen ist auf lange Sicht die Rendite des eingesetzten Kapitals in der Regel besser, als dies auf dem Kapitalmarkt zu realisieren wäre.[53] Durch die genannten, vermeintlich »weichen« Kriterien – wie beispielsweise das Bewusstsein für die Wichtigkeit eines bestimmten Führungsstils oder sozial verantwortlichen Managens und die Vermeidung des Engagements in Bereichen, die ethisch oder moralisch

52 Vgl. F. B. Simon u. CONECTA 1992.
53 Dies belegen neuere Studien zur Performance von Familienunternehmen; vgl. Andersen u. Reeb 2003; Hasler 2004.

fragwürdig sind – wird de facto der Rahmen für ein nachhaltiges Wirtschaften gesteckt. Sich innerhalb der Grenzen dessen zu bewegen, mit dem die Familie sich »wohl fühlt«, sichert offenbar auch die Akzeptanz auf dem Markt und in der Öffentlichkeit; die Diversifizierung der Unternehmen macht das Risiko beherrschbar; und die »Geduld« des Kapitals bzw. die Langfristperspektive des Investments sorgt für eine unaufgeregte ökonomische Abwägung bei unternehmerischen Entscheidungen, jenseits aller Moden und Trends.

So löst sich auch diese Paradoxie fast wundersam auf: Sich nicht wie ein Investor zu verhalten, führt dazu, dass man, im Rückblick gesehen, ein guter Investor war. Denn langfristig fahren ja die meisten Gesellschafter langlebiger Familienunternehmen auch unter Renditegesichtspunkten gut, wenn sie sich wie geschildert verhalten. Die Unternehmen werden »en passant« erfolgreich. Sie wollen hauptsächlich überleben und überraschen sich selbst damit, dass sie auch kurzfristig hohe Renditen einfahren. Allerdings: Das gilt für erfolgreiche Familienunternehmen. Die Schwierigkeit liegt in der Selbsteinschätzung des Familienunternehmens. Denn wenn der Blick in die Zukunft keinen Anlass dazu gibt, auf ökonomischen Erfolg zu hoffen, ist es wahrscheinlich besser, das Unternehmen zu verkaufen. Die Familie wird das allerdings kaum als Großfamilie überleben. Mit der Entkopplung der Familie vom Unternehmen gibt es keinen Grund mehr, sich so zu organisieren. Die Großfamilie wird das Scheitern des Unternehmens allein deshalb nicht überleben, weil anschließend wahrscheinlich die Frage debattiert wird, wer das alles zu verantworten hat ...

6.6 Paradoxie V: Faktische Abhängigkeit des Unternehmens von der Umwelt (Offenheit des Systems) vs. Ideal der Autonomie der Familie (Geschlossenheit des Systems)

In der Beziehung zwischen Unternehmen und Familie müssen ständig und unvermeidlich die Gefahren und Chancen, die von der Familie für das Unternehmen und vom Unternehmen für die Familie ausgehen, balanciert werden. Einer der im Blick auf das Unternehmen höchst ambivalent zu beurteilenden familiären Werte, mit dem sich das Management wohl oder übel zu arrangieren hat, ist das Ideal der Autonomie des Unternehmens.

Es wurde den meisten Familienunternehmen von ihrem Gründer, dessen Unabhängigkeitsstreben meist die Triebkraft für seinen Erfolg lieferte, in die Wiege gelegt. So wurde es in der Identität von Familie und Unternehmen zum zentralen Wert, nicht auf andere angewiesen zu sein, ein Wert, der – auch wenn er nicht in Verträgen verankert sein sollte – als wichtige Tradition die Kultur von Unternehmen und Familie bestimmt. Die Unabhängigkeit des Unternehmens ist der Garant dafür, dass auch die Familie über ihr künftiges Schicksal eigenständig verfügen kann. Doch dadurch kann das Unternehmen zu einer Erweiterung der Familie werden (was es ja in vorindustriellen Zeiten üblicherweise auch tatsächlich einmal gewesen ist – und in kleinen Unternehmen wie Handwerksbetrieben, der Gastronomie oder in der Landwirtschaft auch heute noch vielfach der Fall ist). Damit werden auch in dieser Hinsicht familiäre Spielregeln auf das Unternehmen übertragen. Und die definieren Familie als ein gegenüber der Umwelt relativ klar und konsequent abgegrenztes, »privates« System. Daher tendieren auch die von der Familie nicht klar unterschiedenen Unternehmen generell dazu, sich gegenüber ihren jeweiligen Umwelten verschlossen zu zeigen. Wer dazugehört, dem gegenüber besteht eine große Offenheit und Loyalität, aber wer als nicht dazugehörig betrachtet wird, muss damit rechnen, dass ihm mit Vorsicht oder gar Misstrauen begegnet wird.

Hinter all dem steht das Bestreben, die Autonomie von Familie und Unternehmen – falls überhaupt im Bewusstsein der Verantwortlichen zwischen beiden unterschieden wird – zu bewahren. Damit wird dieses Ziel zu einer zentralen, unbewusst oder bewusst immer mitlaufenden Prämisse, an der sich alle relevanten Entscheidungen im Unternehmen messen lassen müssen. Sie steht im Widerspruch zur Tatsache, dass kein Unternehmen der Notwendigkeit zur Kooperation mit anderen entgeht. Dies gilt für den Umgang mit fremden Kapitalgebern, für die Art und Weise, wie solche Unternehmen wachsen können, für die Zusammenarbeit mit firmenexternen Kooperationspartnern (Lieferanten, Vertriebspartner, Kunden, Entwicklungspartnern etc.), für die Personalpolitik, für die Beratung und letztlich auch für die Gestaltung der Netzwerke im sozialen und gesellschaftlichen Umfeld des Unternehmens.

Die so entstehende Paradoxie kann folgendermaßen beschrieben werden:

Will das Unternehmen seine ökonomischen Chancen nutzen, muss es offen gegenüber seinen Umwelten sein, denn es ist abhängig von ihnen und braucht Kooperation,

und

Unabhängigkeit gehört zu den höchsten familiären Werten, die Grenzen gegenüber den Umwelten werden daher eher geschlossen gehalten, und man verlässt sich lieber auf die eigenen Kompetenzen.

Die Fokussierung auf unternehmerische Autonomie hat zweifelsohne ihre großen Qualitäten, sie besitzt aber auch eine vielfach unterschätzte Kehrseite: Sie verstärkt die Tendenz, sich gegenüber der Umwelt abzuschließen. Was positiv als geringe Verführbarkeit gegenüber kurzlebigen Moden wirksam wird, kann langfristig dazu führen, dass versucht wird, alle Probleme selbst zu lösen und auch das allein zu machen, was andere besser können oder was eigentlich ohne Kooperation nicht geht. Die Gefahr besteht, dass es zu einer kollektiven Abschottung kommt und überlebenswichtige Abhängigkeiten von anderen verleugnet werden oder auch Ressourcen, die nur außerhalb des Unternehmens gefunden werden können, nicht genutzt werden. Damit werden Isolationstendenzen gerade dort verstärkt, wo Offenheit für Austausch und Kooperation angesagt wäre.

Verschiedene Untersuchungen belegen, wie ausgeprägt diese Isolierungstendenz, die immer mit einem stark defensiven Verhalten gegenüber externen Einflussfaktoren verbunden ist, gerade bei jenen Unternehmen anzutreffen ist, die mehr oder weniger chronisch mit wirtschaftlichen Schwierigkeiten zu kämpfen haben.[54]

Langlebige Familienunternehmen zeigen uns, wie man als Unternehmen mit diesem Grundwiderspruch zwischen Offenheit und Geschlossenheit einen kreativen Umgang gewinnen kann. Beispielhaft lässt sich dies anhand der Wachstumspolitik dieser Unternehmen belegen.

Hier gilt es, folgenden Zielkonflikt zu bearbeiten: Auf der einen Seite ergeben sich auf den jeweiligen Märkten unternehmerische Chancen, die mit einem hohen Kapitalbedarf verbunden sind; dem steht die geringe Bereitschaft der Familiengesellschafter entgegen, das Unternehmen hoch zu verschulden und sich abhängig von den externen Geldgebern zu machen. Da die Unabhängigkeit des Unterneh-

---

54 Vgl. Manager Magazin u. Watt 2003, S. 47 ff.

mens erhalten werden soll, ist Verschuldung nur innerhalb von Grenzen akzeptiert, die als nicht bedrohlich für die Eigenständigkeit des Unternehmens angesehen werden. In manchen Unternehmen ist deshalb die Eigenkapitalquote festgeschrieben. Das hat für das Unternehmen und seine Wachstumsstrategien zur Folge, dass die Optionen begrenzt sind, d. h., manche sehr kapitalintensiven Expansionsstrategien können nicht realisiert werden. Stattdessen liegt die Priorität bei einem organischen Wachstum, das aus eigenen Mitteln finanziert wird.

Diese Begrenzungen sind klar auf die Vorgaben der Gesellschafter zurückzuführen, die dadurch den Entscheidungsspielraum des Managements einschränken (und es dadurch natürlich auch vor der Gefahr schützen, den populären – von Saison zu Saison wechselnden – Managementmoden zu folgen[55]).

Die hohe Eigenkapitalquote der untersuchten Mehr-Generationen-Familienunternehmen ist nicht – wie man zunächst annehmen könnte – primär Folge ihres erfolgreichen Agierens auf dem Markt, sondern sie ist das Ergebnis einer ganz bestimmten Form von Unternehmenspolitik. Hier wird ein gravierender Unterschied zwischen erfolgreichen Mehr-Generationen-Familienunternehmen und der Mehrzahl der Familienunternehmen in Deutschland deutlich. Denn der allgemeine Trend geht eher in die Richtung, das Unternehmen von der Eigenkapitalausstattung her, aus kurzfristigen ökonomischen Gründen, bewusst schmal zu halten. Es scheint offenbar kostengünstiger, den Finanzierungsbedarf mit Unternehmenskrediten zu decken und das Kapital aus dem Unternehmen herauszunehmen und anderweitig privat einzusetzen. Dies geschieht aus kurzfristigem Kalkül, schafft aber langfristig eine Abhängigkeit von Banken.

Dem Verzicht auf Bankkredite liegt die bewusste Entscheidung, selbstständig zu bleiben, zugrunde. Und um dieses Ziel zu erreichen, ist man auch bereit, die Konsequenzen zu tragen, nicht in bestimmte Märkte zu gehen, bestimmte Wachstumschancen nicht wahrzunehmen, vor allem aber: erwirtschaftetes Kapital im Unternehmen zu halten. Das Eigenkapital wird erhöht und nicht ausgeschüttet, um ein bestimmtes Maß von Unabhängigkeit erhalten zu können. Beispiel dafür ist die erwähnte Freudenberg'sche Regel, dass die Eigenkapitalquote nicht unter 40 % sinken darf. Hier verpflichten sich die Gesellschafter inoffiziell selber, das Unternehmen nicht von Fremdkapital

---

55 Vgl. Nicolai u. Simon 2001.

abhängig zu machen, um es als Familienunternehmen zu erhalten. Daher müssen Geschäftsgebiete mit hohem Kapitalbedarf gemieden werden. Dieser Nachteil wird bewusst in Kauf genommen. Die notwendigen Wachstumsschritte sind auf das »organisch« Mögliche begrenzt.

Von besonderem Interesse scheinen, gerade was die Internationalisierung betrifft, Joint Ventures. Sie bieten eine Möglichkeit, den Gegensatz von Abhängigkeit und Autonomie, von Offenheit und Geschlossenheit gegenüber externen Kooperationspartnern aufzuheben. Am besten funktioniert dabei offenbar die Gründung gemeinsamer Unternehmen mit Familienunternehmen in anderen Gegenden der Welt. Die familiären Werte scheinen von Kultur zu Kultur ähnlich genug zu sein, um relativ schnell Vertrauen zwischen den Geschäftspartnern entstehen zu lassen (bis gelegentlich hin zur Freundschaft zwischen den Familien).

Joint Ventures, die mit einheimischen Familienunternehmen auf anderen Kontinenten gegründet werden, sind ein Musterbeispiel für die kreative Auflösung der Paradoxie zwischen der Forderung nach Autonomie und der Notwendigkeit, sich in Abhängigkeiten zu begeben. Die Kooperationspartner haben als Familienunternehmen ähnliche Werte und respektieren sie daher. Sie »kennen« sich gegenseitig gewissermaßen, auch wenn sie sich noch nicht lange kennen. Der eine Partner ist mit seinem Heimatmarkt vertraut und verfügt über den Zugang zu ihm, beides wäre für ein fremdländisches Unternehmen nur unter hohen Kosten zu erlangen. Das eigene Know-how dorthin zu exportieren und mit dem des Partners zu verbinden, ist ein Weg, das aus der beiderseitigen Familientradition erwachsende Selbstverständnis als Beziehungskapital zu nutzen und so den Bedarf an Finanzkapital zu reduzieren. Beide Firmen gemeinsam »zeugen« eine dritte Firma, das Joint Venture als gemeinsames »Kind«, ohne dabei ihre jeweils eigene Unabhängigkeit aufs Spiel zu setzen.

Die Offenheit ist die Voraussetzung der Geschlossenheit und umgekehrt: Die Bereitschaft zur Kooperation entsteht auf der Basis der Sicherheit der eigenen Autonomie – und das auf beiden Seiten; und die Autonomie beider Partnerunternehmen wird langfristig sogar durch die Bereitschaft, sich in diese Form der Abhängigkeit zu begeben, gesteigert.

6.7 Paradoxie VI: Identitätserhalt der Familie vs. Wandlungsfähigkeit des Unternehmens

Eine der zentralen Herausforderungen in der heutigen Wirtschaft besteht darin, sich als Unternehmen auf Unvorhersehbares, auf überraschende Brüche in den Rahmenbedingungen wirtschaftlichen Handelns und die sich beschleunigende Veränderungsgeschwindigkeit in den relevanten Umwelten einzustellen. Über diese Problematik ist in den vergangenen Jahren viel diskutiert worden. Wir wissen, dass der Prozess der Globalisierung, der Strukturwandel der Finanzmärkte (Stichwort: Basel II) sowie die bahnbrechenden Innovationen auf dem Gebiet der Kommunikations- und Informationstechnologien gesamtwirtschaftliche Bedingungen haben entstehen lassen, die einen erheblichen Druck auf die Art und Weise, wie heute gewirtschaftet werden muss, ausüben.

Das betrifft auch Familienunternehmen. Eine ihrer hervorragenden Eigenarten scheint dabei die Fähigkeit zu sein, in manchen Aspekten sehr beständig zu sein und an einmal bewährten Erfolgsmustern aus der Vergangenheit festzuhalten, in anderer Hinsicht aber auch sehr innovativ zu agieren.

Erklären lässt sich diese widersprüchliche Eigenart wiederum aus der Fähigkeit, das Beste aus »beiden Welten« zu kombinieren, d. h. familiäre Spielregeln auf das Unternehmen anzuwenden und umgekehrt. Denn Familien sind wahrscheinlich die anpassungsfähigsten sozialen Systeme. Durch ihre Personenorientierung sind sie bzw. ihre Mitglieder in der Lage und bereit, sich in nahezu jede denkbare Umwelt einzufügen, solange dies dem Erhalt der Familie und dem Überleben ihrer Mitglieder dient. So wandern Familien seit Jahrhunderten in ferne Länder und Kontinente aus, integrieren sich in fremde Kulturen, lernen neue Berufe oder übernehmen Tätigkeiten, von denen sie bis zu ihrem Arbeitsantritt noch nie gehört hatten. All dies tun sie, um die Identität der Familie als eine Gruppe von Personen, die sich als zusammengehörig definiert und nicht klar zwischen individuellen und Gemeinschaftsinteressen unterscheidet, zu erhalten. Aber sie tun es meist auch, um bestimmte ideelle Werte am Leben zu halten. So waren die großen Auswanderungswellen in die »Neue Welt« nicht nur das Ergebnis wirtschaftlicher Not, sondern auch eingeschränkter Glaubensfreiheit in der »Alten Welt«. Da die Identität der Familie (»wir«) in erster Linie durch die Personen ihrer Mitglieder und in zweiter Linie durch solch ideelle Faktoren bestimmt ist, ist sie in der Lage, in Bezug auf den Erwerb des Lebensunterhalts und des Alltagshandelns eine extrem hohe Flexibilität zu entfalten. Ehe sie ihre Kinder verhungern lassen oder ihren Glauben aufgeben, übernehmen Eltern jeden denkbaren Job usw. Es mag sehr verschiedene, andere relevante Werte geben, aber das schlichte Überleben jedes einzelnen Familienmitglieds ist erst einmal ein übergeordneter Wert in der Familie, dem in der Regel alle anderen Werte untergeordnet werden.

Wenn der Sinn des Unternehmens – aus Sicht der Familie – der Erhalt der Familie und die langfristige Sicherung ihres Wohlstandes sind, dann liegt es nur nahe, die Qualitäten der familiären Anpassungsfähigkeit auf das Unternehmen zu übertragen. Das ist eine der Aufgaben, der sich professionelle Eigentümer widmen. Hier erweist sich eine weitere Paradoxie: Die Wandlungsfähigkeit der Familie gehört zu ihren unwandelbaren Merkmalen.

Doch sie ist nicht das einzige identitätsstiftende Merkmal von Mehr-Generationen-Familien. Denn die unterscheiden sich von der durchschnittlichen Drei-Generationen-Familie noch in anderer Hinsicht. Während in der meist anzutreffenden Kleinfamilie die Erinnerung an die Familiengeschichte ihr Ende bei den Erzählungen der Großeltern findet und die vielen Generationen von Vorfahren vergessen sind, wird in den an ein Unternehmen gebundenen Familien die Tradition viel bewusster gepflegt und die Erinnerung an den Gründer bzw. der von ihm geschaffene Mythos aufrechterhalten. Sein Vermächtnis ist nicht nur das Unternehmen, sondern auch andere, von ihm gesetzte Werte und Prinzipien scheinen die Nachfolge-Generationen zu verpflichten. So zeigen sich auch nach hundert oder mehr Jahren in fast allen langlebigen Familienunternehmen spezifische kulturelle Aspekte, die auf den Gründer oder die Gründergeneration zurückgehen. Manchmal ist es die Bindung an eine Branche, manchmal sind es ideelle Werte, manchmal ein Geschäftsprinzip. Letztlich scheint die Entwicklung der Kernkompetenzen des Unternehmens ihren Ausgang in der Gründungssituation genommen zu haben.

So sind Mehr-Generationen-Familien in ihrer Eigenart widersprüchlich: Sie sind extrem anpassungsfähig, und sie sind extrem konservativ. Doch beides behindert sich offenbar nicht, sondern ergänzt sich, so dass die beiden Seiten der Kontinuitäts-Paradoxie zu ihrem Recht kommen:

> Die Identität, d. h. das ideelle Überleben, der Familie wird durch Traditionen
> gewährleistet (Vergangenheitsorientierung),
> *und*
> Unternehmen bedürfen eines hohen Innovationsgrades, wenn sie materiell über-
> leben wollen (Zukunftsorientierung).

Innovationsfreudigkeit gehört zu den unverwechselbaren, traditionellen Merkmalen langlebiger Familienunternehmen. Auch dies ist in
der Regel schon in der Gründungsphase des Unternehmens zu beobachten, ja, die Gründung des Unternehmens verdankt sich meist einer Innovation oder Erfindung des Gründers. So gehört eine gewisse
Technikverliebtheit häufig zu den Eigenarten solcher Unternehmen,
die noch mit dem unternehmerischen Pioniergeist der Gründergeneration zu tun haben. Heute resultiert sie häufig aus engen Partnerschaften mit Kunden, über die ein permanenter Erneuerungsdruck
ins Unternehmen hineinwirkt.

Die überlebenswichtige Balance zwischen Kontinuität und Veränderung ist für diesen Unternehmenstyp allerdings nicht leicht zu finden. Üblicherweise folgt die Unternehmensentwicklung evolutionären Mustern. Man greift jene Chancen auf, die sich aus dem eigenen
Beobachtungshorizont vor allem im Umgang mit den Kunden bieten.
Die Entwicklung folgt selten expliziten strategischen Festlegungen
bzw. eingehenderen Marktanalysen, mit deren Hilfe regelmäßig
überprüft würde, ob der eigene unternehmerische Kurs noch mit den
aktuellen bzw. künftig erwartbaren Marktgegebenheiten korrespon-
diert. Dieses evolutionäre, der eigenen unternehmerischen Intuition
folgende Mitschwingen mit den relevanten Umwelten verführt viele
eigentümergeführte Familienunternehmen dazu, länger an ihren vergangenen Erfolgsrezepten festzuhalten, als es die Kunden- und Wett-
bewerbsverhältnisse eigentlich zuließen. Ihr eingebauter Struktur-
konservativismus begünstigt das Moment der Kontinuität. Er prägt
den eigenen Erwartungshorizont gegenüber der jeweiligen Umwelt
und sorgt oft dafür, dass nur jene Ereignisse und Erfahrungen unter-
nehmensintern Relevanz gewinnen, welche die Weltsicht des Unternehmers bestätigen. Ist dieses Gleichgewicht zwischen dem Festhalten an früher Bewährtem (ob dies Produkte sind oder die gesamte Ge-
schäftsphilosophie, bestimmte Technologien oder bestimmte Werte
und unternehmerische Grundeinstellungen, mag dahingestellt blei-

ben) und der Notwendigkeit einer vorausschauenden Selbsterneue-
rung einmal empfindlich gestört, so ist ein nachhaltiger Verlust der
Wettbewerbsfähigkeit nur mehr eine Frage der Zeit. In wirtschaftlich
schwierigen Zeiten, wie wir sie seit dem Beginn des neuen Jahrhunderts erleben, tritt der Unterschied zwischen Familienunternehmen,
die sich ihre pionierhafte Innovationsdynamik erhalten haben, und
solchen, die zu sehr an vergangenen Erfolgsfaktoren festhalten, besonders scharf hervor.

Langlebige Familienunternehmen zeichnen sich alle durch die Fähigkeit aus, sehr genau unterscheiden zu können, an welchen gewach-
senen Traditionen es festzuhalten gilt und in welchen Fragen der Unternehmensentwicklung ein hohes Maß an Flexibilität und Verände-
rungsbereitschaft gefordert ist. Über Jahrzehnte, manchmal sogar über
Jahrhunderte wird an Grundsätzen der eigenen unternehmerischen
Identität (wie z. B. an Fragen der Führungskultur, an Prinzipien des
Umgangs mit der Belegschaft, an einer Verantwortung für die Region,
an einer hohen Eigenkapitalorientierung, am Stellenwert der Familie
etc.) festgehalten. Auf der anderen Seite sind diese Unternehmen ganz
konsequent, wenn sie bestimmte geschäftspolitische Veränderungen
als notwendig erachten (wie z. B. die Verabschiedung von unrentabel
gewordenen Produktbereichen, den Verkauf von Unternehmensteilen,
die Verlagerung von Standorten, die Investition in neue Felder, das Ein-
gehen von strategischen Allianzen etc.). In diesen eher geschäftsnahen
Themen kennen diese Unternehmen wenige Tabus. Sie gelten durch-
wegs als sehr innovativ, zählen zu den Besten ihrer Branche und können dieses Niveau über lange Zeit aufrechterhalten.

Langlebige Familienunternehmen haben eine für sie typische
Form der Lernfähigkeit entwickelt, die eine hohe Veränderungsdyna-
mik in den Produkten, in den technologischen Verfahren, in den
Vertriebswegen, in der Erschließung neuer Märkte mit einer ebenso
hohen Verlässlichkeit in Fragen der Kernidentität des Unternehmens
verbindet. In diesen Fragen werden stabile Vertrauensbeziehungen
zu den wichtigsten Stakeholdern (Familie, Gesellschafter, Mitarbeiter, Kunden, Lieferanten, Kooperationspartner etc.) gepflegt, die dem
Unternehmen den Status eines langfristig berechenbaren, verantwor-
tungsvoll handelnden Partners vermitteln.

Steigt man tiefer in die Veränderungsgeschichte dieser Unternehmen ein und untersucht vor allem die Übergänge von angestammten
Geschäftsfeldern in ganz neue, so ist auffällig, dass sich diese Unter-

nehmen durchgängig von ihrer Kernkompetenz getrieben entwickelt haben.

Haniel hat zum Beispiel seine Kompetenz im Handel in den letzten Jahrzehnten auf den Handel mit Unternehmen ausgeweitet. Dies war allerdings nur möglich, weil keine Familienmitglieder in den einzelnen Unternehmensteilen tätig sind. So konnte sich evolutionär ein stimmiges Modell entwickeln, das die Unternehmensgruppe heute mit einer außergewöhnlichen Profitabilität ausstattet.

Die Oetker-Gruppe versammelt unter ihrem Dach so unterschiedliche Geschäfte wie Nahrungsmittel, die Radeberger Brauereigruppe, die Sektkellerei Henkell & Söhnlein, die Reederei Hamburg Süd, Luxushotels wie das Brenner's Park in Baden Baden, die Privatbank Bankhaus Lampe und Versicherungen. Trotz einer Umsatzrendite, die mit etwa fünf Prozent auf Branchenniveau geschätzt wird, würde die Oetker-Gruppe am Finanzmarkt einen Abschlag erhalten. Von der Keimzelle, den Nahrungsmitteln, hat sich das Familienunternehmen in seiner über hundertjährigen Geschichte in neue Geschäftsfelder gewagt. Die gesamte Unternehmensgruppe wird zwar strategisch wie auch finanzpolitisch zentral gesteuert, aber die einzelnen Unternehmen der Gruppe entwickeln sich mit hoher Eigenständigkeit und unternehmerischer Autonomie, wobei nur der Kernbereich Nahrungsmittel von Mitgliedern der Eigentümerfamilie operativ geführt wird und die anderen Bereiche über Beiräte gesteuert werden. Diese Unternehmen sind erfolgreiche Spezialisten in ihren Märkten. »Die Rendite muss in jeder Firma stimmen«, daran lässt August Oetker keinen Zweifel. Das Familienunternehmen muss eine Strategie entwickeln, die langfristig den Erwartungen der Familie gerecht wird. Geschäftliche Diversifizierung ist aus dieser Perspektive nur logisch, weil dieser Ausweitung keine geschäftspolitischen Abenteuer zugrunde liegen. Sie ist das Ergebnis einer organischen Entwicklung, die konsequent den unternehmerischen Traditionen der jeweiligen Firma folgt.

6.8 Die Großfamilie als Ort und Mittel der Paradoxie-Auflösung

In der Darstellung der verschiedenen Paradoxien, mit denen in Familienunternehmen generell umgegangen werden muss, und der Bewertung der unterschiedlichen Modelle – von der Re-Inszenierung der Kleinfamilie über die Stammesorganisation hin zur Großfamilie – ist wahrscheinlich schon deutlich geworden, dass nach unserer Einschätzung die Großfamilienorganisation am besten geeignet ist, das langfristige Überleben eines Familienunternehmens wahrscheinlich zu machen (und wir werden später auch noch diskutieren, ob die damit verbundenen Führungs- und Managementprinzipien nicht ganz allgemein, d. h. auch für Nicht-Familienunternehmen, Erfolgsfaktoren sind, die den Weg zu einem langen Unternehmensleben eröffnen).

Die Vorteile einer Großfamilienorganisation ergeben sich aus ihrem besonderen, »artifiziellen« Charakter, der sich daraus ergibt, dass sie sowohl als Familie wie auch als Organisation verstanden werden kann. Sie ist ein soziales Gebilde, das in seinen Merkmalen irgendwo auf der Grenze zwischen der personenbezogenen Kleinfamilie und der funktionsbezogenen Organisation zu verorten ist. Damit wird sie zur Inszenierung der Widersprüche zwischen beiden Typen sozialer Systeme.

Dass solch ein soziales Gebilde als »Familie« bezeichnet wird, setzt für alle Beteiligten einen Interpretationsrahmen der Geschehnisse und der Beziehungen, der sich an den Maßstäben der Kleinfamilie orientiert. Man richtet sich im Verhalten eher nach seinen Emotionen, und man ist an den unterschiedlichen Personen interessiert. Wenn man die anderen als Familienmitglieder akzeptiert hat und die Gemeinschaft als »Familie«, so ist damit ein Wir-Gefühl verbunden, man definiert sich implizit als gemeinsame Überlebenseinheit, es entstehen Loyalitätsforderungen und -erwartungen aneinander. All dies sind Merkmale, die von der Kleinfamilie her vertraut sind und die dort spontan durch die Lebens- und Wohngemeinschaft entstehen oder am Leben erhalten werden. Dort, wo dieser alltägliche Lebenszusammenhang nicht gegeben ist, ist die Entstehung solch eines Familiensinns unwahrscheinlich. Wenn Großfamilien es dennoch schaffen, ist dies nur dadurch zu erklären, dass sie über die genannten familiären Muster hinaus auch die Merkmale von Organisationen realisieren.

Organisationen – und das gilt nicht nur für Unternehmen – grenzen sich dadurch von ihren Umwelten ab, dass sie Entscheidungen produzieren, Entscheidungen an Entscheidungen fügen und so eine Kontinuität der Kommunikation aufrechterhalten.[56] Diese Entschei-

---

56 Wir folgen hier den Überlegungen Luhmanns; vgl. Luhmann 2000.

dungen beziehen sich nicht nur auf die Aufgaben und Funktionen, die für die Identität der jeweiligen Organisation bestimmend sind, sondern auch auf ihre Mitglieder. Die Aufgaben von Eigentümer-Großfamilien als Organisationen betreffen verschiedene Belange des Unternehmens: seine Zukunft, die Beziehung zur Familie, Investitionen usw. Um dieser Funktion gerecht zu werden, entwickelt die Großfamilie Strukturen: Gremien, Regelkommunikationen, Auswahlverfahren für die Besetzung repräsentativer Organe usw. All dies macht die Familie zu einer Organisation. Der Unterschied zu anderen Organisationen ist, dass Regeln der Zugehörigkeit (die Eintritts- und Austrittsbedingungen: Geburt, Heirat, Scheidung etc.) wie bei Kleinfamilien personenbezogen sind, während sie in anderen Organisationen funktionsbezogen (fachliche Kompetenzen, berufliche Erfahrung etc.) sind. Das macht sie zu einer Organisation und einer Familie zugleich. Doch es ist, das muss noch einmal unterstrichen werden, eine Form der Familie, die sich nicht entwickeln würde, wenn es nicht die sachbezogene Aufgabe der »Professional Ownership« gäbe, die der Organisation bedarf.

Der Vorteil der Großfamilie gegenüber allen anderen Modellen ist, dass sie in ihrer eigenen Struktur die Widersprüche zwischen familiären und Unternehmenswerten und -zielen sichtbar und für jedermann beobachtbar macht. Alle damit verbundenen Fragen können im Prinzip thematisiert werden (was, wie die Erfahrung zeigt, aus Angst, die familiäre Harmonie zu gefährden, meist noch zu wenig getan wird), sie können in die Kommunikation gebracht werden, so dass die Chance besteht, gemeinsam nachhaltigere Lösungen zu finden und Entscheidungen zu treffen, als dies ein Einzelner könnte. Außerdem sorgt die große Zahl der Familienmitglieder dafür, dass die Abhängigkeit von Einzelnen und ihren Kompetenzen geringer wird – ein Vorteil, den alle Organisationen haben und der zu einem guten Teil die spezifische Rationalität von Organisationen ausmacht.

Doch die Realisierung der Großfamilie stößt auf vielfältige Schwierigkeiten. Solange die Gründergeneration am Werk ist, stellt sich die hier angesprochene Problematik nicht oder nur in verdeckter Form. Ob ausgesprochen oder nicht, in aller Regel ist in der Gründerfamilie klar, dass das Unternehmen die wichtigere Überlebenseinheit ist und die Familie hinter dem, was das Unternehmen braucht, zurückstehen muss. Sobald es in der Gründerfamilie mehrere Kinder gibt, ändert sich diese scheinbar widerspruchsfreie Situation grundlegend. Die Rollen des Gesellschafters und des Unternehmensleiters bzw. der Führungskraft entwickeln sich auseinander. Nicht jedes der Geschwister ist willens oder in der Lage, in die Unternehmensführung einzusteigen. Aber üblicherweise werden alle am Unternehmen beteiligt (zu gleichen oder auch unterschiedlichen Anteilen). Die Funktionen von Management und Eigentum beginnen sich auszudifferenzieren mit all den Abstimmungs- und Kooperationserfordernissen, die diese Ausdifferenzierung nun mal mit sich bringt.

Aber auch die Familienkonstellation ist in der zweiten Generation in der Regel schon eine wesentlich komplexere. Aus der Ursprungsfamilie heraus haben sich mehrere neue Kernfamilien entwickelt, die über die Geschwisterbeziehungen zumeist noch eng miteinander verknüpft sind. Aber es gibt jetzt angeheiratete, neue Familienmitglieder, mit denen es gar nicht so einfach ist, ein »ungetrübtes« Verhältnis zu entwickeln. Die Rolle dieser Personen in der ursprünglichen Eigentümerfamilie ist zunächst alles andere als klar. Ihr Erwünschtsein im Sinne der Zugehörigkeit ist zumeist mit einem Fragezeichen versehen. Zumindest wird klar zwischen den biologischen Abkömmlingen des Gründers und angeheirateten Familienmitgliedern unterschieden. Damit geraten die Kinder der Unternehmensgründer, die Ehepartner dieser angeheirateten Familienmitglieder, ob sie dies wahrhaben wollen oder nicht, in mehr oder weniger intensive Loyalitätsspannungen. Sie stehen zwischen den emotionalen Erwartungen und Ansprüchen der neu gegründeten Kernfamilie und den Loyalitätsverpflichtungen gegenüber der Ursprungsfamilie. In unserem westlichen Kulturkreis stehen für diese unvermeidlichen, persönlichen Spannungsfelder klare Präferenzregeln zur Verfügung: Die neu gegründete Einheit besitzt Vorrang. Sie bedarf der größeren Aufmerksamkeit und Zuwendung.

Auch die bei uns vorherrschenden Vorstellungen einer »normalen« Persönlichkeitsentwicklung, des Erwachsenwerdens und der Reifung, unterstützen diesen persönlichen, beruflichen und materiellen Ablösungsprozess von der Ursprungsfamilie. Es ist ein schwieriger Prozess, der meist mit familiären und persönlichen Konflikten verbunden ist und in vielen Fällen auch misslingen mag. Dieses als normal erwartete, gesellschaftliche Muster in der Generationenfolge, das die emotionalen Bindungen in den Verwandtschaftsbeziehungen mit dem Grad der Entfernung vom Ursprung systematisch ausdünnt, wirkt sich in Unternehmerfamilien zerstörerisch aus, wenn man ihm freien Lauf lässt.

Will man, dass dem Unternehmen über die Generationen hinweg eine Familie als Gegenüber erhalten bleibt – was aus unserer Sicht für die Vitalität von Familienunternehmen essenziell ist –, dann gilt es dafür Sorge zu tragen, dass die innerliche Loyalitätsbindung zur Gesamtfamilie in einem ähnlich starken Ausmaß aufrechterhalten bleibt wie zur jeweiligen Kernfamilie. Dieses Ziel wird am besten erreicht, wenn der Loyalitätskonflikt zwischen Klein- und Großfamilie klein gehalten wird. Das kann am besten wohl so geschehen wie bei den Familien Merck und Freudenberg, die den Zugang zum Gesellschafterstatus nicht allein für die biologischen Nachkommen der Gründer, sondern auch für Angeheiratete eröffnen (nicht ohne dies bei einer Scheidung wieder rückgängig zu machen). Auf diese Weise wird von vornherein verhindert, dass es zweierlei Formen von Großfamilienmitgliedern gibt. Das reicht allerdings nicht, um die Kohäsion innerhalb des größeren Familiengebildes aufrechtzuerhalten. Dazu bedarf es gezielter Aktivitäten, Begegnungsformen und der Schaffung von Kommunikationsformen, die Vertrautheit und Vertrauen zwischen den ansonsten weit auf der Welt verstreuten Familienmitgliedern schaffen. Dabei scheint es zentral zu sein, die Integration der Neuen, sei es des Nachwuchses oder auch der Angeheirateten, systematisch zu fördern. Nur so wird es möglich, dass mehrere Dutzend Familienmitglieder, in manchen Fällen sogar mehrere Hundert, ein emotional tragfähiges Zusammengehörigkeitsgefühl als Familie entwickeln und aufrechterhalten können.

Solche Familienverbände pflegen bewusst ihre lange Zeit zurückreichenden Traditionen, besitzen ihre symbolträchtigen Orte und haben ein feines Netz unterschiedlicher Kommunikationsformen gesponnen – von Familienfesten über Informationsbriefe und Familienzeitungen bis zu Websites –, was den Kontakt auch zwischen weit voneinander entfernt lebenden Mitgliedern lebendig hält. Auch verfügen sie über ein kollektiv gepflegtes Gedächtnis darüber, wie schon der Gründer oder seine frühen Nachfahren Krisen gemeistert haben. Dieser »Erinnerungsschatz« wird gehütet, denn in Konfliktsituationen kann er zur Problemlösung beitragen. Regelmäßig kristallisieren sich in solchen Gemeinschaften auch Persönlichkeiten heraus, denen die Autorität zugebilligt wird, das Familiensystem als Ganzes glaubwürdig nach innen und nach außen zu repräsentieren. Diese bilden (formell ausgewiesen, aber manchmal auch nur informell) jene Instanz, die Streitfragen klärt, zur Schlichtung im Konfliktfall zur Verfügung steht und im Einzelfall für akzeptable Lösungen sorgt, ohne die Familienöffentlichkeit als solche mit vielen Problemen beschäftigen zu müssen.

Nur dort, wo sich ein »Familienmanagement« herausgebildet hat, dem die überwiegende Zahl der Mitglieder das Vertrauen schenkt, sich primär dem Funktionieren des größeren Familienganzen verpflichtet zu fühlen, gelingt es, dem Unternehmen die Großfamilie als lebendige Quelle und identitätsstiftende Ressource dauerhaft zu erhalten.

Der Aufbau funktionstüchtiger Großfamilienstrukturen, die eine lebendige Balance zwischen den Loyalitätsbindungen der Mitglieder an ihre eigenen Kernfamilien wie an das größere Familiensystem gewährleisten, bedarf oft der Jahrzehnte.

Unserer Erfahrung nach werden die Grundlagen einiger der dazu nötigen Institutionen, Gebräuche und Strukturen bereits in der Gründerfamilie gelegt. Die wesentlichen Hürden sind jedoch in der zweiten und dritten Generation zu nehmen, und zwar immer dann, wenn es darum geht, die bislang in einer Hand konzentrierte, gesamthaft wahrgenommene Autorität in der nächsten Generation auf mehrere Schultern zu verteilen, wenn beispielsweise mehrere Geschwister in gleicher Weise am Unternehmen beteiligt werden sollen. Ein solcher Schritt legt normalerweise den Grundstein für die Bildung von Stämmen. Sie bleiben dann als familiäres Strukturprinzip über alle weiteren Generationen aufrechterhalten, wenn nicht bewusst – meist nach durchlebten Stammeskonflikten, an denen Familie und Unternehmen beinahe zerbrochen wären – im Regelwerk der Familie Integrationsmechanismen etabliert werden, durch die Stammesgrenzen zugunsten einer aufgabenorientierten Organisation der Familie überwunden werden.

Die übergebende Generation, die mit der Übergabe der Verantwortung auf mehrere Kinder die Basis für die Stammesbildung legt, handelt immer im besten Wissen und Gewissen. Die Eltern wollen ja das Beste für ihre Kinder wie für die Firma. Aus der Logik der Familie heraus sind die Langfristfolgen bestimmter Strukturfestlegungen nicht durchschaubar. Man bekommt sie nur in den Blick, wenn man die zunächst sehr verdeckten, sich später aber verstärkenden Konsequenzen einer Stammesorganisation über mehrere Generationen hinweg in Betracht zieht.

In vielen Fällen beginnen sich erste Kooperationsprobleme zwischen den Erben erst dann bemerkbar zu machen, wenn die Vorgängergeneration nicht mehr lebt (wie in der Familie Esser). Sie wurden bis dahin durch die Gleichheit, die durch die Unterordnung unter eine gemeinsame Autorität, den Gründer oder die Vorgängergeneration, geschaffen wurde, verdeckt. Zur vollen Entfaltung kommen diese Probleme fast immer in der Enkelgeneration. Dort können sich die bis dahin latent gehaltenen Stammesfehden ungebremst entwickeln. Ist eine solche Dynamik der wechselseitigen Missgunst, der Rivalität, des Kampfes um Einflusszonen und Revierabgrenzungen einmal richtig in Gang gekommen, so ist sie in der Entfaltung ihrer destruktiven Wirkungen erfahrungsgemäß kaum mehr zu stoppen. Die Geschichte einiger bekannter Familienunternehmen hat dazu eine eindrucksvolle Fülle an Anschauungsmaterial geliefert.

Die besondere Sprengkraft, die in der Stammesorganisation begründet liegt, hat ihre Wurzeln in der oft unbewussten Beziehungsdynamik zwischen Geschwistern. Wie jeder aus eigener Erfahrung weiß, ist es im Lauf des Heranwachsens kaum zu vermeiden, dass sich Gefühle des Benachteiligtseins, der Bevorzugung, der Rivalität zwischen Jüngeren und Älteren, Brüdern und Schwestern etc. festsetzen. Diese Beziehungsdynamiken und die zugrunde liegenden emotionalen Muster verlieren sich normalerweise im späteren Leben, wenn jeder seines Weges gehen kann und die Intensität und Häufigkeit der Begegnungen nachlassen. Anders ist das in Unternehmerfamilien. Sie sind in aller Regel so gebaut, dass sie es wegen ihrer vorherrschenden Konfliktvermeidungstendenz heranwachsenden Geschwistern nicht leicht machen, ihre normalen Rivalitäten, Eifersüchteleien und Positionierungskämpfe in einer »gesunden« Weise zu bewältigen (sich, beispielsweise, aus dem Wege zu gehen und im schlimmsten Fall den Kontakt zu vermeiden). Von daher ist es eher zu erwarten, dass Geschwister eine Reihe von tief sitzenden, ungelösten Beziehungsproblemen ins Erwachsenenalter mitnehmen. Zumeist sind das uneingestandene Erwartungen, dass einem noch etwas zusteht ..., dass eine tiefe Benachteiligung vorliegt ..., dass bestimmte Leistungen nicht gewürdigt worden sind ... etc. Selbst wenn die Geschwistergeneration mit ihren sozialisationsbedingten Konfliktthemen noch ganz beherrscht umgehen mag (das ist zumeist der Fall, solange die disziplinierende Autorität der »Alten« noch wirksam ist), gibt sie ihre wechselseitigen Vorbehalte unwillkürlich und mehr oder weniger unbewusst an die nächste Generation weiter. Diese wächst bereits mit dem Bewusstsein von Stammesgrenzen und den wechselseitigen Vorbehalten auf. Es gibt so etwas wie geheime Familienaufträge, die von Generation zu Generation weitergegeben werden. Das Prinzip der Stammesbildung eignet sich ganz hervorragend für diese Art der Delegation. Vor dem Hintergrund dieser generationsübergreifenden Dynamik wird es dann immer weniger wahrscheinlich, dass sich die für die Langlebigkeit von Familienunternehmen so wichtige Balancierung von unterschiedlichen Loyalitätsverpflichtungen noch herstellen lässt. Das System der größeren Familie als Ganzes verliert seine integrierende Kraft. Die zentrifugalen Tendenzen setzen sich durch.

Es zählt zu den hervorstechenden Erfolgsmustern vieler der von uns untersuchten Unternehmen, dass sie Mittel und Wege gefunden haben, die Integrationskraft des Gesamtfamilienverbandes gegenüber den auseinander strebenden Teilen zu stärken. So können beispielsweise in den Familienrat bei Merck nur Personen gewählt werden, die ein stammesübergreifendes Vertrauensvotum vorweisen können. Mit dem Aufbau integrationsfähiger Strukturen einer Großfamilie und einem familienintern mit Autorität ausgestatteten Familienmanagement bleibt dem Unternehmen die Familie als Ressource erhalten:

- als sinnstiftende Bezugsgröße mit Langfristcharakter,
- als Quelle einer von festen Werten getragenen Unternehmenskultur,
- als mögliches Reservoir begabter Unternehmer für das Topmanagement,
- als Reputationsquelle für die Pflege einer starken Marke, d. h. eines guten Namens, etc.

Die von uns untersuchten Unternehmen zeigen aber allesamt, dass diese schwierige Balance unterschiedlicher Familienloyalitäten nicht gelingen kann, wenn die andere Seite, das Unternehmen, nicht aktiv mitspielt. Die langfristige Aufrechterhaltung der Integrationskraft der Großfamilie benötigt das gemeinsame Unternehmen als Bezugsgröße. Die generationsübergreifende gemeinsame Verantwortung für den erfolgreichen Fortbestand des Unternehmens liefert letztlich das Bindemittel, mit dessen Hilfe auch entfernte Verwandtschaftsverhältnisse noch als Familie gespürt und erlebt werden können.

Deswegen ist das frühzeitige Heranführen des Familiennachwuchses an das Unternehmen, an seine Belange, an seine Erfolge und

Schwierigkeiten, von ganz entscheidender Bedeutung. Es bedarf der im Prozess des Heranwachsens emotional verankerten Identifikation der künftigen Gesellschafter mit »ihrem« Unternehmen, des Gefühls des Stolzes, zu dieser Eigentümerfamilie zu gehören – mit all der Bescheidenheit, die aus dem Bewusstsein einer generationsübergreifenden Verantwortung resultiert. Es bedarf dieses Grundverständnisses für die Eigenheiten eines Familienunternehmens, auch und gerade auf Seiten der nicht im Unternehmen tätigen Familienmitglieder, damit sich die Integrationskraft der Großfamilie nachhaltig entfalten kann.

Erfolgreiche Mehr-Generationen-Familienunternehmen haben hier im bewussten Zusammenspiel von Topmanagement, Gesellschafterkreis und Familienmanagement eine Fülle von Integrationsmechanismen geschaffen, die dafür sorgen, dass die Veränderungs- und Wachstumsprozesse in der Familie nicht ihrer evolutionären Eigendynamik überlassen bleiben. Die Tatsache allein, dass die Großfamilie als Organisation zwischen Kleinfamilie und Unternehmen geschaltet ist und so etwas wie die Schnitt- oder Nahtstelle zwischen diesen beiden so verschiedenen Typen sozialer Systeme bildet, ist an sich schon ein Mittel der Risikovorsorge. Durch sie wird die Nachfolge im Unternehmen von der Entwicklung einer konkreten Kleinfamilie entkoppelt. Denn es ist eher die Ausnahme als die Regel, dass rein alters-, entwicklungs- und ausbildungsmäßig die Kinder einer Eigentümerfamilie gerade dann bereit zur Nachfolge sind, wenn es für das Unternehmen angemessen und passend wäre. Durch die Vielzahl der in jeder Generation hinzukommenden Gesellschafter wird obendrein der Erwartungsdruck auf die Jungen verringert. Sie haben unterschiedliche Optionen und werden nicht vor Alles-oder-nichts-Alternativen gestellt. Sie können ihren eigenen, individualistischen Lebensweg bestimmen, ohne sich in ihrer Identität gegen das Unternehmen entscheiden zu müssen.

Ein weiterer wichtiger (und oft vernachlässigter) Aspekt der bewussten Sorge um die Aufrechterhaltung der Familie als funktionsfähiges Gegenüber für das Unternehmen bezieht sich auf das Mitentwickeln des juristischen Regelwerkes, das die innerfamiliären Verhältnisse wie auch den Einfluss auf das Unternehmen in einen Ordnungsrahmen setzt, der den Herausforderungen der jeweiligen Gegenwart gerecht wird und nicht in erster Linie weit zurückliegende Bindungen widerspiegelt. Denn das Risiko von Verträgen jeder Art liegt darin, dass Texte sich im Laufe der Zeit nicht verändern, während die Verhältnisse, die sie regeln sollen, die Beziehungen der Menschen zueinander usw., sich ändern. Wird hier nicht für eine automatisierte Anpassung gesorgt, so können irgendwann einmal hoch funktionelle Regelungen in ihrer Wirkung destruktiv werden.[57]

Exkurs: Ein Unternehmen »erfindet« sich seine Eigentümerfamilie (Fallbeispiel)

Das radikalste uns bekannte Verfahren, um das Überleben des Unternehmens zu sichern, hat die Genfer Privatbank Pictet entwickelt. Es realisiert die von uns in den vorigen Abschnitten dargelegten Prinzipien der Ko-Evolution von Familie und Unternehmen bzw. der Kombination familiärer und unternehmerischer Strukturprinzipien in einer geradezu idealen Weise. Hätte man allein von theoretischen Erwägungen geleitet ein Ideal konstruieren müssen, hätte man – falls man mit der nötigen Kreativität begabt gewesen wäre – vielleicht ebenfalls solch ein Modell entwickelt. Doch die reale Organisationsform von Pictet hat sich im Laufe der letzten 200 Jahre evolutionär, d. h. ungeplant, herausgebildet.

Was den Charme des Pictet-Modells ausmacht, ist, dass hier so etwas wie die Quadratur des Kreises gelungen zu sein scheint. Familienunternehmen gewinnen ihren Überlebensvorteil gegenüber börsennotierten Unternehmen ja dadurch, dass sie auf der Kapitalseite eine Familie anstelle eines Marktes haben; aber darin liegt auch ihr Risiko, denn familiäre Spielregeln, ihre Orientierung an Personen und die zentrale Rolle von Emotionen bei der Verhaltensregulation und Entscheidungsfindung stellen auch die wichtigsten Risikofaktoren dar. Pictet scheint einen Weg gefunden zu haben, die Vorteile familienartiger Strukturen maximal zu nutzen und gleichzeitig die damit verbunden Risiken zu minimieren.

---

[57] Vgl. hierzu ausführlicher Simon 2002, S. 55 ff.

Pictet & Cie, Genf[58]

Branche: Privatbank, speziell Asset Management

Betreutes Vermögen: ca. 250 Mrd. Schweizer Franken (Stand Juli 2005)

Mitarbeiter: ca. 2000 (weltweit)

Kurzer geschichtlicher Rückblick
»Zu Beginn des 19. Jahrhunderts befindet sich die Genfer Republik in einer schwierigen Phase. Mit der Annexion Genfs durch Frankreich im Jahr 1798 verliert die Stadt ihre Unabhängigkeit, für die sie seit Jahrhunderten gekämpft hat. (...) Die Genfer Bankiers und Kaufleute leiden stark unter dem Zusammenbruch des Papiergeldsystems mit

Die Gründungsurkunde der Bank De Candolle, Mallet & Cie, der heutigen Pictet & Cie

---

58 Wir danken Ivan Pictet, dass er uns noch nach Abschluss des eigentlichen Forschungsprojektes Einblick in das Organisationsmodell seines Unternehmens gegeben hat.

so genannten Assignaten. Zahlreiche ehedem wohlhabende Genfer Familien müssen nun bescheiden leben. In diesem wirtschaftlich ungünstigen Umfeld unterzeichnen zwei junge, noch nicht dreißigjährige, mutige Bankiers, Jacob-Michel-François de Candolle und Jacques-Henry Mallet, mit drei Kommanditären am 23. Juli 1805 eine handgeschriebene Gesellschaftsgründungsurkunde. Aus der De Candolle, Mallet & Cie wird später, nach mehrmaliger Umfirmierung, die heutige Pictet & Cie.«

Mit diesen Zeilen beginnt die Chronik des Unternehmens anlässlich seines 200. Firmenjubiläums im Jahre 2005. Seit ihrer Gründung wird die Bank stets als reine Privatbank mit persönlich, solidarisch und unbeschränkt haftenden Gesellschaftern geführt.

Erst im Jahr 1841 wird zum ersten Mal ein Mitglied der Familie Pictet Teilhaber der Bank. Jacob-Michel-François de Candolle, der keinen Sohn als Nachfolger hat, wendet sich kurz vor seinem Tod an einen Neffen seiner Gattin, Edouard Pictet (1813–1878), der 1841 zum Teilhaber ernannt wird. Fortan heißt die Bank bis 1848 Turrettini, Pictet & Cie. Der Name Pictet bleibt von nun an mit der Bank verbunden.

Allerdings prägen neben den Pictets auch stets andere Namen als Teilhaber die Entwicklung der Bank. Im 19. Jahrhundert sind dies insbesondere Namen wie Necker, Candolle und Turrettini, die aus dem familiären Umfeld stammen. 1909 ernennt Guillaume Pictet mit

Jacob-Michel-François de Candolle, einer der Gründer der heutigen Pictet & Cie

Jaques Marion schließlich einen verdienten Mitarbeiter zum Teilhaber, und im Jahr 1914 ernennt die Bank vor dem Hintergrund der gespannten internationalen Lage Gustave Dunant (1880–1933), bisheriger Mitinhaber der Bank *Morris, Prevost and Co.* in London, zum Teilhaber. Er trägt ganz wesentlich zur Entwicklung der Geschäftsbeziehungen mit England bei.

Eigentlich müsste hier noch eine Vielzahl von Namen aufgeführt werden, denn im 20. Jahrhundert spielte neben den Pictets eine große Zahl nicht zur Familie gehörender Persönlichkeiten eine bedeutende Rolle als Teilhaber. Hier zeigt sich bereits das spezifische Muster des Beispiels Pictet: Es gab und gibt immer eine Vielzahl familienfremder Teilhaber.

»Wir sind kein reines Familienunternehmen, vielmehr ein familiengeführtes Unternehmen«, formuliert daher Ivan Pictet, Senior-Teilhaber der Bank. Seine Rolle als »Senior-Teilhaber« interpretiert er eher als die eines Schiedsrichters, denn als die eines Vorstandsvorsitzenden. Die heute acht Teilhaber der Bank (zwei davon tragen den Namen Pictet) entscheiden stets gemeinsam.

Formale und informelle Regeln und Strukturen
Seit seiner Gründung war das Unternehmen stets im Besitz von mehreren tätigen Teilhabern. Dennoch scheint es alle Charakteristika und Vorzüge eines Familienunternehmens aufzuweisen. Zum einen sind Mitglieder der Familie Pictet seit etwa 170 Jahren an der Führung des Unternehmens maßgeblich beteiligt, und sie werden es aller Voraussicht nach auch in Zukunft sein, so dass wir hier wohl zu Recht von der Ko-Evolution von Familie und Unternehmen sprechen können. Zum anderen, und das scheint aus einer systemtheoretischen Perspektive das Faszinierende am Modell Pictet zu sein, »re-inszeniert« die Gruppe der Teilhaber kleinfamilienartige (wenn man so will: Team-)Strukturen.

Das Unternehmen hat sich offenbar eine Eigentümerstruktur entsprechend seiner ureigensten Überlebensziele organisiert, und dabei herausgekommen ist wahrscheinlich nicht zufällig ein soziales Gebilde, das viele Merkmale – und damit Funktionalitäten – einer Kleinfamilie aufweist (obwohl die Beteiligten das wahrscheinlich nicht mit diesen Begriffen beschreiben würden).

Die Gruppe der Teilhaber besteht in der Regel aus etwa sieben bis neun Personen (zurzeit sind es acht). Sie leiten gemeinsam das Unternehmen. Eine erste Ähnlichkeit zu den Spielregeln und Sozialformen von Kleinfamilien zeigt sich beim Drei-Generationen-Schema: Bei Pictet & Cie ist man bestrebt, etwa alle 10 Jahre zwei bis drei neue Partner zu ernennen, die dann zwischen 35 und 45 Jahre alt sein sollten (heute sind es: Jean-Francois Demole, Renaud de Planta und Rémy Best). Aus diesem Zugangsrhythmus ergibt sich, dass zwei bis drei Teilhaber in der Regel zwischen 45 und 55 Jahre alt sind (zurzeit: Philippe Bertherat, Nicolas Pictet und Jacques de Saussure), weitere zwei bis drei Partner sind in der Regel zwischen 55 und 65 (Claude Demole und Ivan Pictet). Der Generationswechsel ist also nichts Unkalkulierbares, sondern als vorhersehbarer Aspekt des Lebenszyklus institutionalisiert und reguliert.

Nach ihrem Ausscheiden aus der Bank haben die Partner keinerlei Ansprüche mehr an das Unternehmen. Sie erhalten nur, was sie im Laufe ihres Arbeitslebens erwirtschaftet haben. Dies bedeutet, dass sie als persönlich haftende Gesellschafter mit ihrem Vermögen aus dem Unternehmen ausscheiden. Der bis dahin im Unternehmen gebundene Teil ihres Vermögens wird ihnen von den verbliebenen Teilhabern ausgezahlt. Dazu bedienen sie sich eines Topfes, den sie im Laufe ihrer Teilhaberschaft gefüllt haben, denn der Einstieg als Teilhaber erfordert keinerlei Vermögen. Jeder neue Teilhaber erhält von den anderen Teilhabern eine Art Darlehen, das er über sechs bis sieben Jahre aus seinen Gewinnanteilen zurückzahlt. Danach stehen alle Teilhaber, was ihre im Unternehmen gebundene Kapitalanlage angeht, auf derselben Stufe, bis sie das Unternehmen verlassen. Eigentümer des Unternehmens zu sein, ist also ein – wenn auch ein Arbeitsleben dauernder – an die Personen und nicht an biologische Familien gebundener, vorübergehender Status, der nicht an die eigenen Kinder vererbt werden kann.

Die Personenbezogenheit der Kommunikation, die charakteristisch für die heutige Kleinfamilie ist, ist durch die geringe Zahl der Teilhaber gewährleistet, die im Alltag auch räumlich eng zusammenarbeiten. Auf diese Weise ist der Bedarf an geregelter und formalisierter Kommunikation gering (erfahrungsgemäß braucht man bei Gruppengrößen über 12 Personen jemanden, der die Kommunikation organisiert, da die Zahl der möglichen Zweierbeziehungen sich potenziert hat und die spontane, informelle Kommunikation der Beteiligten unwahrscheinlich und reduziert ist). Man trifft sich (sofern man vor Ort ist) planmäßig jeden Morgen für mindestens eine Stunde, aktuelle Fragen können schnell und informell diskutiert und gegebenenfalls entschieden werden. Der Bedarf an Bürokratie ist auf jeden Fall minimiert.

Aber auch in den Zugangswegen in die Runde der Teilhaber zeigt sich die Personenbezogenheit. Man kann sich nicht einfach »einkaufen«, sondern man muss von den Personen, die bereits Teilhaber sind, gewählt werden. Da alle sich der Tatsache bewusst sind, dass man aller Wahrscheinlichkeit nach für die nächsten 30 Jahre miteinander kooperieren muss, wird diese Wahl wahrscheinlich sorgfältiger als manche Eheschließung bedacht. Sympathie füreinander ist dabei sicher eine der Voraussetzungen, aber allein nicht ausreichend. Gefragt ist beides: das emotionale, mentalitätsmäßige, kulturelle »Passen« zu den anderen sowie hohe fachliche Kompetenz. In den bis hier aufgeführten Regelungen zeigen sich schon einige der Vorteile dieser konstruierten »Kleinfamilie« gegenüber biologischen Kleinfamilien: Die Generationenfolge ist zeitlich weit mehr den Bedürfnissen des Unternehmens angepasst und planbarer, als dies in einer natürlichen Familie je sein könnte. Außerdem sind die Beziehungen der Generationen nicht durch frühere, für die eine oder andere Seite traumatische Erziehungserfahrungen oder Generationskonflikte belastet. Man bewegt sich von Anfang an unter Erwachsenen, die keine belastete intime Vorgeschichte als Hypothek mit ins Unternehmen bringen. Während es immer ein wenig wie beim Roulette ist, wer in eine Familie hineingeboren wird, kann hier die Mitgliedschaft neben der Sympathie vor allem von fachlichen Qualifikationen abhängig gemacht werden. Da die Beziehungen einer gemeinsamen, sachlichen Aufgabe dienen, sind sie, anders als in der Familie, besser gegen emotionale Enttäuschungen und Verwicklungen gefeit usw.

Aber noch andere Aspekte familiärer Spielregeln werden in diesem Kreis von Partnern realisiert. Als wichtigster Punkt ist hier das Gleichheitsprinzip zu nennen. Alle Teilhaber halten denselben Anteil. Es gibt keine Hierarchieunterschiede, die sich aus dem Status des Mehrheits- oder Minderheitsteilhabers ergeben würden. Auch wenn es Unterschiede im Alter und der Dauer des Teilhaberstatus gibt, so ist damit keine formale Macht verbunden. Autorität muss also auch hier durch Verdienste für das Gesamtunternehmen erworben und erhalten werden.

Die Bindung an den größeren Kreis der Familie Pictet ist enger, als es die formale Distanz erwarten lassen würde. Bei der Wahl der

Teilhaber gilt die Regel, dass zwei von ihnen den Namen Pictet tragen sollten (»... falls einer mal ausfällt«). Nach Angaben von Ivan Pictet besteht an geeignetem Nachwuchs kein Mangel. Hier hat die Familie einen privilegierten Zugang, was sie als Ressource für das Unternehmen verfügbar hält. Wer als Pictet geboren wird, hat immer auch die Option, ins Unternehmen zu gehen. Allerdings wird der familiäre Aspekt durch das ungeschriebene Gesetz begrenzt, dass weder Vater und Sohn noch Brüder gleichzeitig Teilhaber sein dürfen. »Wir wollen keine Clans und keine Familienstreitigkeiten«, heißt es dazu von Seiten der Teilhaber. Um die Risiken emotionaler Verstrickungen noch weiter zu reduzieren, müssen die beiden Teilhaber aus der Familie Pictet von den Nicht-Familienmitgliedern unter den Teilhabern gewählt werden. Auf diese Weise ist die biologische Verwandtschaft gewissermaßen durch ein System von »Wahlverwandtschaften« konterkariert.

Generell haben Teilhaber, die den Namen Pictet tragen, die gleichen Rechte und Pflichten wie die anderen. Gemeinsam ist ihnen allen, dass sie mit ihrem gesamten Vermögen unbegrenzt und solidarisch für die Bank haften. Ihre Teilhaberschaft und damit auch der Anspruch auf Beteiligung am Gewinn des Unternehmens ist auf ihre Zeit im Unternehmen begrenzt. Er endet mit ihrem Ausscheiden. Außerdem hat keiner ihrer Nachkommen automatisch einen Anspruch darauf, Teilhaber zu werden, sondern muss sich dafür qualifizieren.

Die interne Entscheidungsfindung unter den Teilhabern ist eher am Erhalt des Gleichgewichts als an der Betonung von Konflikten orientiert. Formalisierte Abstimmungen gibt es nicht. Wenn es Meinungsverschiedenheiten gibt, fungiert der Senior-Partner als Koordinator, um für die unterschiedlichen Kräfte ein Gleichgewicht zu finden. »Allerdings gibt es auch kaum 180°-Entscheidungen«, so Ivan Pictet. »Das Business-Modell wurde zwar stetig angepasst, aber nie stark verändert.« Rémy Best, zurzeit jüngster Teilhaber der Bank, ergänzt: »Im Zweifel vertagen wir eine Entscheidung und schlafen noch einmal darüber. Am Ende ist die Entscheidung wie ein Stein auf seinem Weg durch ein Flussbett: rund.«

Historisch gesehen konnte solch ein Modell wahrscheinlich am ehesten im calvinistisch geprägten Genf entstehen. Dieser kulturelle Rahmen honoriert persönliche Eigenschaften, die sich am besten mit Attributen wie Bescheidenheit, Disziplin und Understatement charakterisieren lassen.

Das ungeschriebene, aber von allen akzeptierte Selbstverständnis der Teilhaber ist es, die Bank stetig zu verbessern und an die nächste Generation von Teilhabern in einem bestmöglichen Zustand zu übergeben. Dazu muss der vermeintliche Gegensatz von Innovation und Tradition aufgehoben werden, d. h., Innovation wird als Tradition verstanden.

Dieses Ziel hat man im Laufe der letzten zweihundert Jahre offenbar dadurch erreicht, dass man durch die halboffene Teilhaberstruktur talentierten und motivierten familienfremden Persönlichkeiten die Gelegenheit gegeben hat, die Geschicke der Bank in führender Position mitzugestalten. Dabei wurde jedoch die Kontinuität gewahrt, indem man sich stets auf sein Kerngeschäft – die Vermögensverwaltung – fokussierte und den Verlockungen des Investmentbankings und damit kurzfristigen Gewinnversprechen widerstand. Tradition hat bei Pictet auch, die Bedürfnisse des Kunden stets in den Mittelpunkt des Handelns zu stellen. Dies kommt u. a. darin zum Ausdruck, dass auch heute noch die Teilhaber der Bank mindestens die Hälfte ihrer Zeit mit Kundenkontakten verbringen. Letztlich ist es die Mischung aus Erfahrung und junger Energie, aus Kontinuität und Innovationsgeist, aus Familienprägung und externen Impulsen, die dieses Modell so einzigartig und bisher so erfolgreich gemacht hat. Schließlich gilt Pictet & Cie als eine der führenden Privatbanken in Europa. Dabei ist ihr bei aller Tradition und Beständigkeit stets auch ihre Fähigkeit zugute gekommen, sich verändernden Rahmenbedingungen anzupassen. So legt Ivan Pictet Wert darauf, dass die hier beschriebenen Eckpfeiler kein starres System sind: »Sie können jederzeit geändert werden.« Doch wer die Geschichte der Bank kennt, braucht kein Prophet zu sein, um zu prognostizieren, dass eventuelle Änderungen nur marginal sein werden.

Resümee

Diese außerordentliche Form eines von einer Familie geführten, aber letztlich doch wieder nicht von ihr geführten Unternehmens ist weniger das Ergebnis einer ausgeklügelten Strategie – auch wenn Ivan Pictet es als »für unser Geschäftsfeld und für unsere Unternehmensgröße perfekt« bezeichnet –, sondern das Produkt einer zweihundertjährigen Geschichte der Bank. In dieser langen Zeit hat offenbar ein Evolutionsprozess organisatorischer Strukturen stattgefunden – das Lernen der koevolutionären Einheit von Familie und Unternehmen.

Es hat sich ein Modell durchgesetzt und überlebt, das die Auflösung der aus familiären und organisationalen Spielregeln resultierenden paradoxen Handlungsaufforderungen in nahezu perfekter Weise wahrscheinlich macht. Im Leitungsteam der Teilhaber werden hoch funktionelle Aspekte familientypischer Strukturen und Kommunikationsformen mit hoch funktionellen Aspekten der Kommunikationsformen und Strukturen von Organisationen kombiniert, so dass die Risiken und Chancen beider Typen sozialer Systeme optimiert erscheinen. Die Schnittstelle zwischen der inzwischen auch eine beträchtliche Zahl von Mitgliedern aufweisenden Familie Pictet und dem Unternehmen bedarf im Gegensatz zum Modell »Großfamilie als Organisation« keiner kompliziert strukturierten Gremien und Regelkommunikationen zur Paradoxie-Auflösung. In das von uns dargestellte Spektrum zwischen Klein- und Großenfamilienmodellen lässt sich Pictet daher nicht recht einordnen, da das Unternehmen Aspekte des Großfamilien- und des Kleinfamilienmodells gewissermaßen »im rechten Winkel zur Laufrichtung« miteinander kombiniert. So zeigt es gewisse Ähnlichkeiten zur »Re-Inszenierung der Kleinfamilie« und ist doch in entscheidenden Punkten ganz anders, weil in dieser Teilhaber-»Familie« bewusst keine nahen Verwandten ersten oder zweiten Grades geduldet werden und der Zugang zu ihr wie der zu einer Organisation ist. Und es nutzt die Großfamilie, ihren Namen und ihre Traditionen als Identitätsstifter und ihre Mitglieder als Talentpool für die Teilhaberrolle. Durch die dargestellten Mechanismen und Regelungen wird aber auf jeden Fall sichergestellt, dass das Überleben des Unternehmens stets oberste Priorität behält.

Um es auf eine griffige Formel zu bringen: Das Unternehmen hat eine Methode gefunden, sich immer wieder aufs Neue seine ideale Eigentümer-Kleinfamilie zu re-inszenieren, nur dass diese »Familie« eben keine Familie ist.

7. Mehr-Generationen-Familienunternehmen – ein Modell für nachhaltig erfolgreiche Unternehmensführung

7.1 Das Überleben des Unternehmens als Maßstab des Erfolges

Wenn Unternehmen mehr als drei Generationen, manchmal hundert und mehr Jahre überleben, so drängt sich die Frage auf, ob sie nicht als Modell für ein langfristig erfolgreiches Management dienen können. Wenn man das Überleben eines Unternehmens als Maßstab des Erfolges wertet, so können sie als Benchmark dienen (allerdings muss man dies ja keineswegs als Wert ansehen, und innerhalb der gängigen, vom Shareholder-Value-Konzept geleiteten, öffentlichen Diskussion wird solch eine Wertsetzung ebenfalls infrage gestellt – dazu mehr im Abschlusskapitel).

Doch damit sind wir schon beim ersten Punkt, an dem Mehr-Generationen-Familienunternehmen, wie wir sie untersucht haben, und die in ihnen praktizierten Führungsprinzipien als Vorbild für andere Unternehmen dienen können. Denn für jede Unternehmensleitung stellt sich die Frage, wie sie »Erfolg« definiert. Ist es die Steigerung des Shareholder-Values, des Aktienkurses, oder ist es das langfristige Überleben des Unternehmens oder irgendein anderer Wert, der dem Unternehmen einen Sinn jenseits ökonomischer Erwägungen zuschreibt? Diese Bewertungen entstehen im Auge des Betrachters, es sind stets Beobachter, die hier unterscheiden, Prioritäten setzen und schließlich entscheiden. Insofern gibt es keine objektiven Kriterien für die Bewertung eines Unternehmens, auch wenn es hochkomplexe mathematische Berechnungsmöglichkeiten gibt, die vom Gegenteil überzeugt sind und überzeugen wollen. In erfolgreichen Mehr-Generationen-Familienunternehmen gilt, das ist ihre Besonderheit, als oberster Wert, das Unternehmen für die Familie zu erhalten. Die Oberhäupter der Familien sehen ihren Lebenssinn erfüllt, wenn es gelingt, das Unternehmen gesund in die Hände der nächsten Generation zu geben. Dazu bedarf es des wirtschaftlichen Erfolges und der Profitabilität, aber sie sind Mittel zum Zweck. Ein Zweck, der offenbar auch angesichts des unter reinen Renditegesichtspunkten großen

Erfolges dieser Unternehmen (zur Erinnerung: Haniel schlägt seit Jahren die am Kapitalmarkt zu erzielenden Renditen) nicht im Widerspruch zu ökonomischer Rationalität steht. Irgendetwas wird hier »richtig« gemacht, und es stellt sich die Frage, ob dies nicht auf andere Unternehmen, Publikumsgesellschaften und deren Führung übertragen werden kann.

7.2 Führungsprinzipien

Im Folgenden soll untersucht werden, ob die Führungsprinzipien, die von erfolgreichen Mehr-Generationen-Familienunternehmen praktiziert werden, allgemein gültig als Erfolgsrezepte betrachtet werden können. Um hier einen Vergleich zu haben, nehmen wir auf die Studie »Good To Great« von Jim Collins und seinen Mitarbeitern Bezug.[59] Er hat unter den Fortune-500-Unternehmen diejenigen ausgesucht, die mit ihrer Performance 15 Jahre oder länger ohne Unterbrechung ihren Referenzindex geschlagen haben. Insgesamt waren dies nur 11 Unternehmen, darunter, wahrscheinlich nicht zufällig, mehrere Familienunternehmen. Was Collins dabei speziell interessierte, war der Prozess der Transformation von mittelmäßig bis unterdurchschnittlich performenden Unternehmen zu Spitzenunternehmen bzw. die damit verbundenen Managementprinzipien.

Seine Erfolgskriterien waren also der Return on Investment und nicht wie bei langlebigen Familienunternehmen der Erhalt des Unternehmens. Was seine Maßstäbe mit denen von Mehr-Generationen-Familienunternehmen verbindet, ist die Langzeitperspektive der Bewertung (wobei allerdings ein 15-Jahres-Zeitraum aus der Sicht der von uns untersuchten Unternehmen eher als kurze Episode erscheint ...).

Beginnen wir bei den Akteuren, d. h. den Personen, bzw. deren Führungsstil und -prinzipien in langlebigen Familienunternehmen. Sie sind nicht mehr die »charismatischen« Pioniere der Gründerzeit, die eigensinnig und gegen alle Widerstände ihrer Vision folgten, sondern das Wertsystem der Familie hat zu einem ganz anderen Auswahlprozess geführt. Da es immer darum geht, den Zusammenhalt in der Familie zu erhalten, und Konsens ein hoher Wert ist, können nur diejenigen Familienmitglieder oder Fremdmanager Karriere machen,

---

59 Vgl. hierzu Collins 2001.

die in der Lage sind, integrierend in Familie und Unternehmen zu wirken. Auf keinen Fall haben Personen, die spalten, die Chance, längerfristig von der Familie oder auch dem Unternehmen – beides ist eng miteinander verbunden – akzeptiert zu werden. Wie bereits erwähnt, bringen solche Unternehmen immer wieder Führungspersönlichkeiten hervor, deren Autorität in Familie und Unternehmen unumstritten ist, unabhängig davon, wie hoch ihr Anteil am Unternehmen ist (falls sie überhaupt Anteilseigner sind). Familienmitglied zu sein, erleichtert es offensichtlich, in solch eine Rolle zu kommen, es reicht aber allein nicht aus. Die Autorität dieser Personen basiert auf der Erfahrung aller Beteiligten, dass sie das Interesse des Unternehmens vor das eigene, persönliche Interesse stellen. Sie leben insofern die Lösung unserer ersten, oben skizzierten Paradoxie. Ihnen wird das Vertrauen entgegengebracht, dass sie im Zweifel das tun, was für das Unternehmen gut ist – und damit für die Anteilseigner wie die Mitarbeiter.

Als Personen erscheinen sie uneitel und bescheiden, sie widersprechen dem Klischee des Starmanagers, der die Titelbilder der Wirtschaftsmagazine ziert. Sie sind offensichtliche keine Egomanen, und kaum jemand käme angesichts ihres eher zurückhaltenden Auftretens auf die Idee, ihnen Etiketten wie Rambo oder irgendwelche Heldenattribute zu geben. Helden sind in ihrer Familie eben auch nur Verwandte, und insofern würde solch eine Selbstdarstellung in der Großfamilie nur zu Widerstand führen.

Dieses Persönlichkeitsprofil entspricht fast deckungsgleich dem Profil, das Collins bei den 11 von ihm untersuchten Unternehmen beim Topmanagement beschreibt. Auch hier finden sich keine Stars auf dem Egotrip, sondern sorgfältig ihre Arbeit erledigende Menschen, die eher anderen die Verdienste für den Erfolg des Unternehmens zuschreiben als sich selbst. Auf der anderen Seite drücken sie sich nicht vor der Verantwortung, falls etwas »schief« geht, sondern schreiben in solch einem Fall eher sich die Schuld zu statt anderen.

Offenbar ist solch ein Verhalten erforderlich, um eine sinnvolle Zusammenarbeit in den jeweiligen Leitungsteams zu ermöglichen. Denn Konzerne von der Größe, um die es hier geht, können ja nicht wirklich von irgendwelchen »Helden« allein geleitet werden, und schon gar nicht gegen den Widerstand der anderen Führungskräfte. Das führt zu der Frage, wie die Auswahl der engsten Mitarbeiter, des Leitungsteams erfolgt. Collins beschreibt, dass in den untersuchten

Unternehmen die Auswahl primär nach »persönlichen« Kriterien erfolgt und nicht nach MBA-Zeugnissen oder rein sachlicher Expertise. Natürlich ist es auch hier wichtig, dass die Mitglieder des Teams Kompetenzen besitzen, aber da die Zukunft nicht vorhersehbar ist, kann auch nicht gesagt werden, welche Kompetenzen wann tatsächlich benötigt werden. Daher ist es wichtiger, dass die Gruppe der Personen, die zusammenarbeiten und gemeinsam Entscheidungen finden müssen, sich persönlich gut versteht, zueinander »passt«, genug Vertrauen zueinander und zur Tragfähigkeit der Beziehung hat, so dass auch kontroverse Themen ansprechbar und diskutierbar sind. Mit anderen Worten, die Spitzenteams, die Collins beschreibt, sind eher nach familiären Prinzipien zusammengesetzt: als Gemeinschaft, die eine Zukunft zu bewältigen hat, von der noch nicht klar ist, wie sie aussehen wird und welche Forderungen sie stellen wird. Die Familiarität geht aber nicht so weit, dass jemand, obwohl sachlich-fachlich der Aufgabe nicht gewachsen, in solch einem Team gehalten wird. Es werden Beispiele beschrieben, in denen auch enge Verwandte aus der Führungscrew entfernt wurden, wenn sie den Leistungsansprüchen nicht genügten (dass es sich hier um Familienunternehmen handelte, braucht dabei wohl nicht extra betont zu werden).

Das hier geschilderte Prinzip ist bei den langlebigen Familienunternehmen fast überall zu finden. Es werden Führungskräfte eingestellt, die »nett und normal« sind und bei denen man sicher sein kann, dass sie nicht »ihre eigene Suppe kochen«.

Solche Personen findet man natürlich nicht oder nur selten durch Stellenanzeigen, sondern am ehesten, wenn man ihre Entwicklung über Jahre beobachten kann. Daher sind in unseren Familienunternehmen die Karrieremuster eher so, dass man intern aufsteigt. Auch hier gibt es eine gewisse Skepsis gegenüber den von außen kommenden Wunderknaben. Das mag als weiteres Merkmal einer eher familienartigen Unternehmenskultur gewertet werden, in der Beziehungen langfristig angelegt sind, so dass man sich gegenseitig gut kennt. Der Vorteil für das Unternehmen ist, dass diejenigen, die so an die Spitze kommen, mit dem Unternehmen, der Branche, dem Geschäft durch und durch vertraut sind. Das Risiko der Betriebsblindheit, das damit sicher auch verbunden ist, muss durch andere Mechanismen in Grenzen gehalten werden.

Um die von Collins beschriebenen Karrieremuster wieder damit zu vergleichen: Nur in einem der 11 von ihm untersuchten Unternehmen sind Manager von außen in die Unternehmensleitung gelangt. Von den insgesamt 42 CEOs, die in diesen 15 Jahren in den 11 Unternehmen tätig waren, waren nur zwei (!) von außen als Firmenfremde in ihre Position gekommen (diese beiden waren in einem einzigen der 11 Unternehmen, nämlich bei Fannie Mae, tätig, das im Jahre 2004 wegen eines Bilanzierungsskandals in die Schlagzeilen geriet – ein Zufall?).

Die Langfristigkeit der Perspektive und die Zuverlässigkeit der Beziehungen in Familienunternehmen – aber eben nicht nur in Familienunternehmen – können wohl auch zu einem guten Teil erklären, warum es sich nicht lohnt, sich als »Star« zu profilieren. Denn wo man sich gegenseitig über längere Zeit beobachten kann, bringt die Profilierung als Star eher negative Reaktionen, weil man sich dadurch als Individuum von allen anderen abzuheben versucht. Wenn es um kontinuierliche Zusammenarbeit geht, dann ist dies sicher eine autodestruktive Strategie, da sie alle nur denkbaren negativen Emotionen weckt. Wer sich aus egoistischen Gründen hervorzutun sucht, wird spätestens dann, wenn er andere braucht, für seine Extratouren bestraft. Solch eine Profilierung als Star kann nur dort als sinnvoll erscheinen, wo man es nicht mit einer Organisation, sondern einem Markt zu tun hat, und es darum geht, sich per Selbstmarketing zu verkaufen. In manchen Publikumsgesellschaften, in denen Vorstandsverträge von einer anonymen Masse von Aktionären in einer Großveranstaltung (Hauptversammlung) alle paar Jahre abgesegnet werden müssen, mag dies noch funktionieren – aber selbst da wohl nur kurzfristig, denn wenn die Kooperation in der Leitung nicht funktioniert, wird früher oder später der vermeintliche Star, für die Öffentlichkeit meist ganz überraschend, vom Himmel geholt ...

Kommen wir zu den Mechanismen, die solche, an Personen orientierten Leitungsteams, seien sie nun ein Beispiel für Collins »großartige« Unternehmen oder unsere Mehr-Generationen-Unternehmen, entwickelt haben, um sich vor Betriebsblindheit zu sichern. Um es auf eine Formel zu bringen: Es ist ihre Unbescheidenheit bzw. die daraus resultierenden Konsequenzen. Dieser Mangel an Bescheidenheit gilt – hier löst sich der Widerspruch zur oben unterstrichenen persönlichen Bescheidenheit auf – der Sachebene, sei es der Qualität der Produkte, sei es der Zielsetzung, Marktführer zu werden, usw.

Die Kombination von persönlicher Bescheidenheit und sachlicher Unbescheidenheit ist offenbar eine gute Voraussetzung, um sich den

Realitäten von Märkten zu stellen. Die Uneitelkeit der beteiligten Führungskräfte schützt sie davor, sich die Welt und die Lage des Unternehmens um der eigenen Selbstdarstellung willen schön zu reden.
Der hohe Anspruch versetzt sie in die Lage, auch harte und unange-
nehme Konsequenzen zu ziehen und sich mit hinreichender Geduld
der Umsetzung als notwendig erachteter Maßnahmen zu widmen.
Auch hier scheinen die von Collins untersuchten Unternehmen dem
zu entsprechen, was in Mehr-Generationen-Familienunternehmen
zu finden ist.

Als letzte Parallele zwischen beiden Erfolgsmustern kann hier die
Abwesenheit einer allzu verbindlichen, expliziten Strategie genannt
werden. Da die Zukunft nur begrenzt vorhersehbar ist, ist auch die
Reichweite strategischer Überlegungen immer begrenzt. Wenn das
Überleben des Unternehmens erste Priorität besitzt, so macht es wenig Sinn, sich strategisch zu sehr festzulegen. Schließlich kann man
nicht vorhersehen, was die fernere Zukunft an Möglichkeiten, Chancen und Gefahren mit sich bringt. Hier offen zu bleiben, ist eines der
Erfolgsrezepte, das für Familienunternehmen charakteristisch ist,
sich aber auch bei anderen Unternehmen bewährt. In diesem Sinne
wird keine eindeutige, auf ein festes Zukunftsszenario ausgerichtete
Strategie verfolgt, sondern eher ein von erfolgreichen, in der Tradition
des Unternehmens verankerten Prinzipien geleitetes, vorsichtiges,
aber selbstbewusstes Zugehen auf die künftigen Herausforderungen
praktiziert.

Was als Erfolgsrezept speziell für Familienunternehmen in einer
ganz bestimmten Größenordnung zu gelten scheint, ist die schon
mehrfach erwähnte Tendenz, Konglomerate zu bilden. Sie ergibt sich
als notwendige Konsequenz der Tatsache, dass die Familie meist ihr
ganzes Vermögen im Unternehmen investiert hat und es der Risikostreuung bedarf. Für das langfristige Überleben eines einzelnen Unternehmens ist dies offensichtlich ebenfalls nützlich, vor allem dann,
wenn es mit dem Anspruch verbunden ist, in der jeweiligen Spitzen-
liga mitzuspielen.

8. Die andere Art des Kapitalismus? — Das Shareholder-Value-Konzept als Gegenmodell zum Familienunternehmen

8.1 Zwei Finanzierungsmodelle – zwei Unternehmenstypen

Um die in unserer Untersuchung deutlich gewordenen Besonderheiten langlebiger Familienunternehmen in ihrer ganzen Tragweite würdigen zu können, bietet es sich an, sie – wie in Nebenbemerkungen ja mehrfach schon begonnen – mit börsennotierten Kapitalgesellschaften zu vergleichen. Dazu ein kurzer Blick auf die historische Entwicklung, die überhaupt erst zu dieser Unterscheidung geführt hat.

Die Wirtschaft der modernen Gesellschaft wird seit dem späten 19. Jahrhundert im Großen und Ganzen von zwei Unternehmenstypen geprägt:

Auf der einen Seite entstanden mit der Industrialisierung Wirtschaftsorganisationen, die ihr enormes Wachstum und den damit verbundenen außergewöhnlichen Kapitalbedarf nicht mehr auf traditionellen Wegen decken konnten. Beispiele dafür waren etwa die großen Eisenbahngesellschaften in den USA, die gesamte Schwerindustrie oder auch die rasch an Bedeutung gewinnenden Automobilunternehmen in den zwanziger und dreißiger Jahren des 20. Jahrhunderts. Diese kapitalintensiven Branchen führten zur Entwicklung von Unternehmensformen, die ihren großen Finanzbedarf für die anstehenden Wachstumsinvestitionen durch die Ausgabe von Aktien zu decken versuchten. Diese Form einer breiteren Beteiligung am Eigentum eines Unternehmens führte zwangsläufig zur Entfaltung einer funktionstüchtigen Finanzinfrastruktur, die man heute gemeinhin mit dem Begriff des Kapitalmarktes belegt. Das Entstehen einer solchen, primär kapitalmarktorientierten Finanzierungskultur lässt sich seit den dreißiger Jahren des vorigen Jahrhunderts vor allem in den USA beobachten.

Die zu dieser Kultur passende Unternehmensform ist die börsennotierte Publikumsgesellschaft. Charakteristisch für sie ist die klare *Trennung* von Eigentum und Unternehmensführung. Die Führung des Unternehmens obliegt einem angestellten Management, das seine unternehmerischen Entscheidungen gegenüber einem (häufig anonymen) Kreis von Investoren zu verantworten hat. Vom Unternehmensgeschehen sind die Aktionäre als Eigentümer zu weit weg, um die Sinnhaftigkeit der Entscheidungen des angestellten Managements angemessen beurteilen und ihre Zielrichtung im Detail beeinflussen zu können. In diesem Umstand sehen viele Beobachter (und mit ihnen eine Fraktion unter den Wirtschaftswissenschaftlern) eine unangemessene, systematische Dominanz des Managements gegenüber den Anlegern und ihren Interessen. Dies hat seit etlichen Jahren zu unterschiedlichen Initiativen geführt, deren verbindendes Ziel die Stärkung des Einflusses der Anleger bzw. die Favorisierung ihrer Interessen bei der Unternehmensführung war. Die größte Prominenz gewann in diesem Zusammenhang wohl das so genannte Shareholder-Value-Konzept[60]. So ist auch die gesamte Idee des »strategischen Managements« eng mit dieser Trennung von Eigentümer- und Managerrollen verknüpft: Angestellte Manager mussten ihre Unternehmensentscheidungen gegenüber den Eigentümern plausibel nachvollziehbar machen und legitimieren[61]. Und Eigentümer waren eben am einfachsten durch die Präsentation einer in sich schlüssig und rational erscheinenden Strategie zu beruhigen.

Rund um diese Problematik sind daher in den letzten Jahrzehnten die klassischen Denkinstrumente zum strategischen Management entwickelt worden. Sie helfen dem angestellten Management, ihre unternehmerischen Weichenstellungen gegenüber den relevanten Akteuren des Kapitalmarktes mit rational mehr oder weniger gut begründeten wirtschaftlichen Zusammenhängen zu rechtfertigen[62].

Börsennotierte Publikumsgesellschaften erfahren ihre spezifische Einfärbung durch die Eigentumsform der Aktie. Über Aktien wird dem Unternehmen Eigenkapital zugeführt, das zur Finanzierung der Unternehmensentwicklung zur Verfügung steht. Aktien sind aber auch – und das macht ihren Doppelcharakter aus – jederzeit frei handelbare Titel. In der Hand ihrer Inhaber funktionieren sie wie bares Geld, wenn sie am Kapitalmarkt investitionsbereite Käufer dafür finden.

---

60 Vgl. dazu Rappaport 1998.
61 Vgl. Knights und Morgan 1991.
62 Zum Einfluss des Kapitalmarktes auf die Denkkonzepte des strategischen Managements vgl. Nicolai u. Thomas 2004.

Der große Unterschied zum Besitz von Anteilen an einem Familienunternehmen ist daher, dass die Bindung zwischen Eigentümern und Unternehmen nur sehr lose ist und jederzeit – von einem Moment zum anderen – gekündigt werden kann. Doch damit nicht genug. Während das Familienunternehmen aus einem in sich strukturierten sozialen System – eine Familie (ob Groß- oder Kleinfamilie macht dabei keinen Unterschied) mit unverwechselbaren Personen und Beziehungen zwischen ihnen – besteht, hat es die börsennotierte Aktiengesellschaft mit einem Markt als Gegenüber zu tun[63].

Auf Märkten handeln voneinander unabhängige Akteure, und sie sind frei, sich jederzeit von den zu handelnden Gütern zu trennen, wenn sie einen Käufer finden und ihnen die Transaktion lohnend erscheint. Das gilt auch für Unternehmensanteile, wenn sie an der Börse gehandelt werden. Ihr Wert bildet sich im Rahmen der generellen Logik von Märkten nur bedingt auf Grundlage dessen, was ein Unternehmen mit dem zur Verfügung gestellten Kapital tatsächlich macht. Er ist weit mehr das Ergebnis der spezifischen *Eigendynamik des Kapitalmarktes*, d. h., er spiegelt die Zukunftserwartungen, die die unterschiedlichen Akteure auf dem Kapitalmarkt mit dem jeweiligen Titel verbinden, bzw. – noch komplexer – ihre Vermutungen, von welcher Wertentwicklung andere Investoren in ihren Entscheidungen wohl ausgehen werden. Der Wert einer Aktie repräsentiert daher weniger den materiellen Wert eines Unternehmens, sondern wie Beobachter andere Beobachter beim Beobachten beobachten usw. (eine Form der Selbstbezüglichkeit, die auch die Grundlage von Blasenbildungen ist und ihr Platzen begründet)[64].

Kapitalmarktgesteuerte Unternehmen sind in ihrer Entwicklung zutiefst von der Art und Weise geprägt, wie diese lose Kopplung von Kapitalmarkt und Unternehmen von beiden Seiten gemanagt wird, ohne dass eine der beteiligten Seiten auf die jeweils andere tatsächlich einen bestimmenden Einfluss nehmen könnte (obwohl sie unablässig darum bemüht sind).

Diesem Typus von Unternehmen stehen auf der anderen Seite Familienunternehmen gegenüber. Sie prägen seit jeher das Bild unserer Wirtschaft. Ihre Vitalität verdanken sie einem charakteristi-

---

63 Vgl. zum Unterschied zwischen Märkten und organisierten sozialen Systemen ausführlich Simon 2004, S. 165 ff.
64 Vgl. Simon 2004, S. 292 ff.

schen »Grundvertrag« zwischen dem Unternehmen als Organisation auf der einen Seite und einer Familie bzw. einem Familienverband als Eigentümer auf der anderen Seite, durch den die Entwicklung beider aneinander gebunden wird (Ko-Evolution). Solange dieses basale Einverständnis von beiden Seiten mit Leben erfüllt wird, sind die Zukunftschancen solcher Unternehmen weitestgehend intakt. Inhalt dieses Grundvertrages ist die Gewissheit, dass das Unternehmen der generationsübergreifenden Existenzsicherung der Familie dient, bei gleichzeitigem Wissen, dass dies nur möglich ist, wenn die Familie ihre ganze Energie dem Unternehmen als eine besondere Ressource zur Verfügung stellt. Beide Seiten sind füreinander Mittel und Zweck zur gleichen Zeit. Der Gesellschafteranteil ist die Klammer zwischen den beiden, in ihren Eigenarten und Spielregeln so unterschiedlichen Systemen. Die Gesamtheit dieser Anteile versorgt das Unternehmen mit dem erforderlichen Eigenkapital (in Form von Einlagen, von thesaurierten Gewinnen, von Gesellschaftsdarlehen etc.). Das Familienunternehmen deckt seinen über dieses Eigenkapital hinausgehenden Finanzierungsbedarf in aller Regel mit Hilfe des klassischen Bankkredites, d. h. über Fremdkapital. Diesem Grundmuster der Unternehmensfinanzierung entsprechend ist in Europa in der Vergangenheit eher eine kredit- und bankenorientierte Finanzierungsstruktur entstanden. Hier zeigt sich ein gravierender Unterschied zur Dominanz der Kapitalmarktorientierung in den USA.

Diese besonderen Eigentumsverhältnisse verhelfen dem Unternehmen aber auch zu der beschriebenen autonomieorientierten Identitäts- und Sinnstiftung, für die die Familie über all die Generationen hinweg steht. Über das Eigentum am Unternehmen verhilft sich aber auch die Familie zu der erforderlichen, ansonsten eher unwahrscheinlichen Kohäsion. Vielfach werden ihre Grenzen, das persönliche Gefühl der Zugehörigkeit darüber definiert. Auch wenn die Anteile rechtlich im individuellen Besitz einzelner Personen sind, emotional kommt dadurch primär die Familienzugehörigkeit zum Ausdruck. Die Familie ist letztlich die wichtigere Überlebenseinheit, der Einzelne hat ein Treuhandverhältnis zu seinem Anteil, mit dem er lebenslang so umzugehen hat, dass er ihn mit einer ordentlichen Wertsteigerung an die nächste Generation weitergeben kann. Familienunternehmen sind jeweils das Produkt dieser eigentümlichen Ko-Evolution der beiden Systeme, in der sie sich wechselseitig in der Bewältigung ihrer existenziellen Herausforderungen stützen. Und es ist genau diese Partnerschaft, in der die ungeheure Produktivkraft dieses Unternehmenstyps steckt, in der aber auch seine charakteristischen Risikopotenziale liegen.

Um diesen, unseres Erachtens ganz zentralen, Unterschied zwischen börsennotierten Publikumsgesellschaften und Familienunternehmen auf eine Formel zu bringen: Die Kopplung zwischen Unternehmen und Eigentümern ist im ersten Fall *lose*, im zweiten *fest*. Das sind natürlich nur relative Begriffe, denn auch als Gesellschafter eines Familienunternehmens kann man sich von seinen Anteilen trennen – allerdings sorgen zum einen die entsprechenden Gesellschafterverträge und der familiäre, »moralische« Druck, zum anderen die beachtlichen erwirtschafteten Renditen dafür, dass es meist weder ökonomisch sinnvoll noch die hohen emotionalen Transaktionskosten wert ist, seine Anteile zu verkaufen.

Was sind die Vor- und Nachteile dieser unterschiedlichen Eigentumsformen? Welche Zukunftsaussichten sind mit diesen Unterschieden verknüpft? Beide Formen der Kopplung von Unternehmen und Kapital besitzen offensichtlich weit reichende Konsequenzen: für die zur Anwendung kommenden Prinzipien der Unternehmensführung, für Wachstumsmöglichkeiten des Unternehmens, für die sich ausprägende Unternehmenskultur etc.

In der wirtschaftswissenschaftlichen Literatur lässt sich eine klare Präferenz für börsennotierte Unternehmen feststellen. In ihnen – so die Argumentation – dominiere ökonomische Rationalität. In dieser Hinsicht passen sie auch zu den herrschenden ökonomischen Forschungsparadigmen und sind ihnen gut zugänglich. Familienunternehmen werden bestenfalls als Übergangsphänomene betrachtet, deren Lebenszyklus sie im Zeitverlauf (falls sie erfolgreich bleiben) in die Publikumsgesellschaft führt.

Die neuere Wirtschaftsgeschichte kennt tatsächlich viele namhafte Beispiele, die diesen Verlauf genommen haben. So haben Berle und Means bereits 1932 in ihrem Klassiker *The Modern Corporation and Private Property*[65] die These vertreten, dass sich die Kapitalgesellschaften zur dominierenden Unternehmensform der modernen Gesellschaft entwickeln werden. Weil der Begriff »Familienunternehmen« aus Sicht des Kapitalmarktes vielfach als Synonym für »Fehlallokation von Kapital« betrachtet wird, wird ihnen im Wettbewerb

---

65 Berle a. Means 1932.

der Unternehmenstypen in der Regel keine große Zukunft attestiert.

Die Umbrüche, wie wir sie in den 1980er und 1990er Jahren in einer sich rasch globalisierenden Weltwirtschaft erlebt haben, haben auch in Europa den Boden für eine wesentlich stärkere Kapitalmarktorientierung geebnet. Die Integration Europas zu einem großen gemeinsamen Wirtschaftsraum, die erfolgreiche Implementierung einer gemeinsamen Währung, die weitgehende Deregulierung der nationalen Finanzmärkte – all diese Faktoren zusammen haben auch bei uns die kapitalmarktbezogenen Infrastrukturen des Finanzsektors enorm stimuliert. Parallel dazu hat sich in großem Stil das Anlegerverhalten verändert. Breitere Schichten der Bevölkerung zeigten sich bereit, in riskantere Vermögensanlagen zu investieren, unterstützt durch eine mediale Berichterstattung, die der Dynamisierung des Finanzsektors die öffentliche Bühne bereitet hat.

Nach dem Jahr 2000 hat sich diese Dynamik allerdings deutlich abgeschwächt. Was wir in den späten 90er Jahren an den Kapitalmärkten erlebt haben, war, mit den Worten des Wirtschaftsnobelpreisträgers Joseph Stieglitz, »eine klassische Blase. Das heißt, dass sich die Preise von Vermögensgegenständen völlig von ihrem eigentlichen Wert gelöst hatten. Diese Blase basierte auf einer Mischung aus irrationalem Überschwang und mangelhafter Information.«[66]

Das laute Zerplatzen dieser Blase in Verbindung mit dem Ende der New-Economy-Euphorie hat im Verhältnis zu den Kapitalmärkten wiederum viel Ernüchterung einkehren lassen. Die staatliche Wirtschaftspolitik ist um Schadensbegrenzung bemüht. Es geht um das Wiedergewinnen des Vertrauens in eine kapitalmarktorientierte Unternehmensführung (durch neue Rechnungslegungsvorschriften, durch verstärkte Informationspflichten, durch einen Corporate-Governance-Kodex, durch eine Stärkung der Aufsichtsräte und Prüforgane etc.). So ganz will dieser Vertrauensaufbau jedoch nicht gelingen. In den wirtschaftspolitischen Auseinandersetzungen der jüngsten Zeit rücken Familienunternehmen deshalb wieder deutlich mehr ins öffentliche Interesse. Ihnen wird wieder mehr Bedeutung für eine langfristig stabile Wirtschaftsentwicklung beigemessen.

---

66 Stieglitz 2004, S. 25.

Warum ist dies so? Was steckt hinter der anhaltenden Vertrauenskrise, mit der sich viele große Publikumsgesellschaften nach wie vor konfrontiert sehen?

8.2 Das Shareholder-Value-Konzept: Entscheidung für Partikularinteressen statt Paradoxie-Auflösung

Seit sich mit dem Entstehen börsennotierter Großunternehmen die Rollen des Managements von denen der Eigentümer deutlich separiert haben, beherrscht das so genannte Principal-Agent-Problem die Diskussion um die Führung solcher Unternehmen und deren Kontrolle. Mit diesem Begriff wird beschrieben, dass den Aktionären der für die Beurteilung der relevanten Unternehmensentscheidungen erforderliche Einblick ins Unternehmensgeschehen fehlt. Es ist so undurchschaubar und komplex, dass es den Eigentümern und Investoren unmöglich ist, dem angestellten Management gegenüber ernsthaft die Funktion des Unternehmers wahrzunehmen. An dieser faktischen Machtumkehrung im Verhältnis von Eigentum und Management arbeitet sich die einschlägige Diskussion seit Jahrzehnten ab, nicht zuletzt deshalb, weil sie durchgehend von der Annahme ausgeht, das Management verfolge in seiner Logik der Unternehmensführung regelmäßig eigene Interessen, die mit denen der Kapitalgeber nicht vereinbar sind.

Ausgehend von dieser Grundannahme wurden in Theorie und Praxis die unterschiedlichsten Initiativen, Konzepte und gesetzlichen Regularien entwickelt, die den Gestaltungsspielraum der Aktionäre und deren Kontrollmöglichkeiten erweitern sollten. Eine außergewöhnliche Karriere hat in diesem Zusammenhang das Shareholder-Value-Konzept durchlaufen. Es hat in den 90er Jahren seinen überaus steilen Aufstieg begonnen und auch in Europa bei vielen prominenten Unternehmensführern eine hohe Attraktivität gewonnen. Seit dem Zerplatzen der Spekulationsdynamik zu Beginn unseres Jahrzehnts mehren sich allerdings die kritischen Stimmen, unter anderem deshalb, weil die Folgekosten dieses Führungsverständnisses in den betroffenen Unternehmen in der Zwischenzeit immer deutlicher zutage treten.[67]

---

67 Vgl. Wimmer 2002.

Den Kern dieses Prinzips der Unternehmenssteuerung bildet das Bemühen, die Unternehmensentwicklung mit seiner ganzen Ertragskraft konsequent in den Dienst der Anteilseigner zu stellen, d. h. alle Entscheidungen ausschließlich und widerspruchsfrei an der Maximierung des Marktwertes ihrer Anteile auszurichten. Der Erfolg des Topmanagements misst sich in solch einem Modell letztlich allein an der kontinuierlich erreichten, überdurchschnittlichen Steigerung des Unternehmenswertes. Folgt man dieser Philosophie, dann gilt es dafür Sorge zu tragen, dass sich das angestellte Management – allen voran die Unternehmensspitze – in all seinen Maßnahmen diesem Wertsteigerungspostulat (abzulesen an der Kursentwicklung) verpflichtet fühlt. Die Unternehmensentwicklung (d. h. seine strategische Ausrichtung, seine Wachstumspolitik, seine Ertragsziele, sein Investitionsverhalten etc.) richtet sich in diesem Sinne dann kompromisslos an den ableitbaren Erwartungen der Kapitalmarktakteure aus.

Die Verfechter des Shareholder-Value-Ansatzes begründen diese enge Bindung des Unternehmensgeschehens an die Interessen der Anteilseigner »mit der wohlfahrtstheoretischen Annahme, nur der Kapitalmarkt selbst könne letztlich für eine effiziente Allokation ökonomischer Ressourcen sorgen und die konsequente Durchsetzung der Aktionärsinteressen gegenüber anderen Partialinteressen sei für das Allgemeinwohl notwendig«.[68] Bezogen auf das einzelne Unternehmen wird suggeriert, das für alle Stakeholder rationalste Ergebnis würde erreicht, wenn nur dem Kapitalmarkt die Steuerung überlassen würde. Damit wird nicht nur unterstellt, der Kapitalmarkt bzw. seine Mechanismen würden selbstverständlich die Interessen der Aktionäre sichern (was, wie die meisten Aktionäre erfahren mussten, offensichtlich nicht stimmt), sondern er würde darüber hinaus auch noch im Sinne einer höheren Rationalität die Interessengegensätze der unterschiedlichen Stakeholder aufheben. Aber das ist ein ideologischer Glaubenssatz (so muss es in aller Deutlichkeit benannt werden, um dem eventuellen Missverständnis vorzubeugen, es handle sich hier um eine wissenschaftlich belegbare Aussage), der keiner empirischen oder ernst zu nehmenden theoretischen Prüfung standhält.

Was aber festgestellt und belegt werden kann, ist, dass die Anwendung des Shareholder-Value-Ansatzes dazu führt, dass sich das Top-

---

68 Sablowski u. Rupp 2001, S. 57.

management börsennotierter Unternehmen in seinen Entscheidungen am Kapitalmarkt und seinen Beobachtungs- und Bewertungskriterien orientiert. Hier wird der Gegensatz zu den Führungs- und Entscheidungsprinzipien von Familienunternehmen deutlich. Auch bei ihnen gibt es unterschiedliche Stakeholder mit ihren teilweise widersprüchlichen Interessen und Zielsetzungen. Das sind nicht nur die individuellen Interessen der Familienmitglieder als Anteilseigner, die schon weit auseinander gehen können, sondern Familienunternehmen sind auch mit den finanziellen Forderungen der Mitarbeiter, den Wünschen der politischen Instanzen nach Schaffung und Erhalt von Arbeitsplätzen, Steuerforderungen usw. konfrontiert. Aber dadurch, dass (bzw. wenn) dem langfristigen *Überleben des Unternehmens* die oberste Priorität zugebilligt wird, kann der Widerspruch bzw. die pragmatische Paradoxie, dass das, was den Interessen der einen Gruppe von Stakeholdern entspricht, denen der anderen Gruppe zuwiderläuft, langfristig aufgehoben werden. Das Unternehmen dient als prioritäre Überlebenseinheit unterschiedlichen Zwecken.

Im Shareholder-Value-Ansatz wird hingegen die Paradoxie nicht aufgelöst bzw. der Widerspruch nicht aufgehoben, sondern – ganz im Gegenteil dazu – es wird zugunsten der einen beteiligten Interessengruppe, der Aktionäre, entschieden – und das nicht nur einmalig in einer spezifischen Konfliktsituation, sondern dauerhaft.

8.3 Konsequenzen des Shareholder-Value-Ansatzes für die Unternehmensführung

In den Jahrzehnten nach dem Zweiten Weltkrieg war die Wirtschaftsordnung zumindest in Europa lange Zeit so gebaut, dass der Finanzsektor dem realwirtschaftlichen Wachstum diente, d. h., man konnte im Schnitt durch Investitionen in die Realwirtschaft deutlich mehr verdienen als durch spekulative Anlagen in der Finanzwelt. Seit den 8oer Jahren des vorigen Jahrhunderts hat sich dieses Verhältnis gedreht. Das Investieren in die Finanz- und Kapitalmärkte ist lukrativer geworden, ein Umstand, der die Produktvielfalt und Anlagemöglichkeiten in diesen Märkten ins Unermessliche hat ansteigen lassen.

Ein Effekt dieser Entwicklung sind unter anderem auch das Entstehen und die Expansion eines eigenen Marktes für Unternehmen, der für einige Akteure des Kapitalmarktes (kapitalstarke Finanzinvestoren, Investmentbanken) zu einem wichtigen Spielfeld ihrer geschäftlichen Aktivitäten geworden ist. Unternehmen als solche sind zum Spekulationsmaterial des Kapitalmarktes geworden. Gerade in diesem Punkt zeigt sich der angesprochene Führungswechsel zwischen Real- und Finanzwirtschaft besonders deutlich. In einer Welt ständig nach oben getriebener Renditeerwartungen tasten riesige Summen anlagebereiten Kapitals permanent die Unternehmenslandschaft nach lukrativen Verwertungsmöglichkeiten ab. Unterbewertete Unternehmen werden gekauft, zerlegt, neu herausgeputzt und wieder weiterverkauft.

Die politische Debatte um die Rolle von Private Equity Firmen und Hedge Fonds (die berühmten »Heuschreckenschwärme«) verdeckt letztlich die viel weiter reichende Frage, ob die konsequente Entfaltung der Logik des Kapitalmarktes tatsächlich für die effizienteste Allokation wirtschaftlicher Ressourcen in unserer Gesellschaft sorgt. Hier liefern viele, überaus erfolgreiche Familienunternehmen ein Alternativmodell, das zeigt, dass Kapitalismus nicht gleich Kapitalismus ist und eine Entscheidung für ein marktwirtschaftliches Wirtschaftssystem keineswegs gleichzusetzen ist mit den vorwiegend in den USA betriebenen, von der Logik des Kapitalmarktes bestimmten Führungs- und Managementmodellen. Denn Familienunternehmen (wie die von uns untersuchten) legen – im Gegensatz zum Mainstream der wirtschaftswissenschaftlichen Lehrmeinung – den Verdacht nahe, dass es für Unternehmen auch ein *Wettbewerbsnachteil* sein könnte, an der Börse notiert zu sein.

Um die fachliche Auseinandersetzung nicht auf dem Niveau eines Glaubensstreites zu führen, dürfte es hilfreich sein, das Shareholder-Value-Konzept noch etwas genauer daraufhin zu prüfen, welchen Niederschlag die mit ihm verbundenen Führungsprinzipien im Unternehmen finden und mit welchen Konsequenzen ihre Realisierung langfristig verbunden ist.

Was tut ein Topmanagement tatsächlich, wenn es seine Unternehmensführung konsequent in den Dienst der Anteilseigner stellt? Es braucht dafür zunächst einmal Steuerungsinstrumente, die alle relevanten unternehmensinternen Leistungsprozesse darauf beobachtbar machen, wie sie die Wertsteigerung des Unternehmens beeinflussen. Diese Instrumente werden gerne unter dem Begriff des »Value Based Management« zusammengefasst. Die Konzepte wertorientierter Unternehmensführung stützen sich mit Vorliebe auf Steuerungsgrößen (wie etwa den Discounted Cash Flow), die allesamt auf der modernen Kapitalmarkttheorie aufbauen[69]. Sie kritisieren die herkömmlichen Kennziffern, weil sie den Zeitwert des Geldes, d. h., die Kosten des eingesetzten Eigenkapitals, zu wenig berücksichtigen. Hier wird der Dreh- und Angelpunkt dieses Steuerungskonzeptes sichtbar. Die erwartete Eigenkapitalrendite ebenso wie die Zinsen für das eingesetzte Fremdkapital firmieren in der Ermittlung der Ertragsziele unter der Rubrik »Kapitalkosten«, d. h., ein Teil der zu erwirtschaftenden Beträge gilt bei diesem Sprachgebrauch als Kostenfaktor. Nur dann, wenn ein Unternehmen Erträge erwirtschaftet, die deutlich über diesen in der Berechnung angesetzten Kapitalkosten liegen, wird für die Aktionäre Wert geschaffen. Mit Hilfe dieses finanzpolitischen Maßstabs lassen sich die unterschiedlichen geschäftlichen Aktivitäten eines Unternehmens miteinander vergleichen und präzise messen. Und aus derartigen Berechnungen lassen sich dann auch die Entscheidungsgrundlagen des Managements ableiten. Nur jene Geschäftsbereiche haben in diesem Modell eine Überlebensberechtigung, die auf nachhaltige Weise wertschaffend im definierten Sinne sind.

Es kann nicht überraschen, dass dieser Ansatz der Unternehmensführung auch zu einem charakteristischen Umgang mit Fragen der strategischen Ausrichtung eines Unternehmens führt. Er verlegt den Steuerungsschwerpunkt des Topmanagements auf die Formulierung und konsequente Durchsetzung finanzpolitischer Zielsetzungen, die jeweils aus den Erwartungen des Kapitalmarktes gewonnen werden. Die Verantwortung für das tatsächliche Erreichen dieser Ziele angesichts der realwirtschaftlichen Verhältnisse innerhalb der jeweiligen Branche liegt bei den nächsten Führungsebenen. Das Management der einzelnen Geschäftsbereiche muss seine strategischen Festlegungen so vornehmen, dass die vorgegebenen Ertragsziele des Topmanagements erreicht werden können, auch wenn die wirtschaftlichen Gegebenheiten und das jeweilige Umfeld weitere Zeithorizonte und andere Zielsetzungen nahe legen würden. Der Kapitalmarkt gibt die Unternehmensziele vor. Die Strategie dient der Umsetzung dieser Vorgaben.

Dahinter steht ein rein instrumentelles Verständnis strategischer Unternehmensführung, wie wir es aus den traditionellen, einfache Tools fordernden und liefernden Denkansätzen zur Genüge kennen.

---

69 Vgl. dazu vor allem Rappaport 1998.

Die Akteure des Kapitalmarktes, allen voran die Analysten, schauen mit einem entsprechenden Denkrepertoire auf die strategische Positionierung eines Unternehmens. Dabei setzen sie die Rationalität von Entscheidern und Entscheidungen voraus, wie dies alle klassischen Planungsansätze tun. Aus diesen Vorannahmen und Berechnungsmethoden leiten sie ihre Einschätzungen und Prognosen ab, die dann schließlich für die Bildung der Kauf oder Verkauf entscheidenden, allgemeinen Stimmungen und Zukunftserwartungen am Kapitalmarkt eine zentrale Rolle spielen. Daher ist es nahe liegend, dass sich Unternehmensführungen an kapitalmarktkonformen Beobachtungskriterien ausrichten, auch wenn inzwischen ausreichend klar ist, dass mit dieser Art strategischer Denkweise keine zukunftsfähige Orientierung mehr gewonnen werden kann.[70]

Aus der Sicht des Kapitalmarktes hat die Strategieentwicklung eine Story zu liefern, durch die Investoren von den künftigen Wertsteigerungspotenzialen des Unternehmens überzeugt werden. In diesem Zusammenhang hat sich bei vielen Akteuren die Überzeugung festgesetzt, dass eine Konzentration auf das jeweilige Kerngeschäft die Erfolg versprechendere Strategie darstellt als eine Diversifikation und Streuung des Risikos mit unterschiedlichen Geschäftsfeldern in unterschiedlichen Branchen. Analysten bevorzugen Unternehmen, die sich auf wenige, klar abgrenzbare, einer Branche zuzuordnende geschäftliche Aktivitäten fokussieren. Unternehmen, die sich dieser Erwartung widersetzen, riskieren einen Abschlag für diesen »Coverage Dismatch«[71]. Dieser Beurteilungs- und Bewertungsmaßstab gewinnt seine Logik aus der Perspektive von Großinvestoren wie etwa Pensionsfonds, die ihre Risikostreuung am leichtesten dann vornehmen können, wenn sie in ihrem Portfolio unterschiedliche, auf klar gegeneinander abgegrenzte Geschäftsbereiche und Branchen fokussierende Unternehmen haben. Wenn Unternehmen sich diesen Maßstäben unterwerfen, wird allerdings das Risiko, das in der Spezialisierung liegt (»alle Eier in einem Nest«), an die Unternehmen weitergereicht. Das ist einer der Gründe, warum Familienunternehmen, deren Eigentümer meist ihr ganzes oder zumindest den größten Teil ihres Vermögens nur in einem Unternehmen investiert haben, meist hoch diversifizierte Produktportfolios aufweisen. So können sie die existen-

---

70 Vgl. dazu Nicolai u. Thomas 2004 sowie Nagel u. Wimmer 2002.
71 Zuckerman 2000.

zielle Abhängigkeit von nur einer Branche und nur einem Teilmarkt verringern.

Für ein Topmanagement, das sich den Erwartungen des Kapitalmarktes anpassen muss, bedeutet dies aber, dass es sich geschäftlich auf besonders ertragsstarke Felder zu fokussieren hat. Die Folge ist, dass es das eigene Portfolio immer wieder bereinigen muss, d. h. ertragsschwächere Bereiche abstoßen, Aktivitäten outsourcen oder Akquisitionen vornehmen muss, um die bisherige strategische Position zu stärken. Durch solche Maßnahmen zeigt es seinen Beobachtern am Kapitalmarkt, dass es keine Gelegenheit verpasst, um die Wertentwicklungsfantasie der Aktionäre bzw. potenzieller Investoren zu stimulieren. Zu diesem Bemühen zählen auch periodische Effizienzsteigerungsprogramme und das Versprechen, bisher ungehobene Synergiepotenziale zu realisieren – alles Maßnahmen, die deutlich machen, wie konsequent und nachhaltig das Management an der Produktivitätssteigerung des Unternehmens arbeitet. Dass hier Familien ihre Unternehmen und damit das Topmanagement, sei es familienfremd oder von Familienmitgliedern gestellt, ganz anders beobachten und seinen Entscheidungen eine andere Orientierung vermitteln, bedarf wohl keiner besonderen Betonung.

Das wohl wirksamste Mittel für das Topmanagement, um auf die Kursentwicklung des eigenen Unternehmens Einfluss zu gewinnen, ist der Aktienrückkauf. In den USA ist dies seit langem ein äußerst beliebtes Instrument. Ein erheblicher Teil des hohen Verschuldungsgrades der US-amerikanischen Unternehmen ist darauf zurückzuführen. In Deutschland ist der Aktienrückkauf erst seit 1998 zulässig und zudem nach oben hin begrenzt. Alle großen börsennotierten Unternehmen haben inzwischen auch bei uns gelernt, mit diesem Mittel der Kurspflege zu operieren. Die augenscheinliche Konsequenz dieser Politik ist allerdings, dass der hohe Finanzbedarf, der dafür aufgewendet werden muss, dem Unternehmen zur Lösung seiner eigenen Entwicklungsprobleme fehlt.

Eine wesentliche theoretische Grundlage des Shareholder-Value-Konzeptes ist die Annahme eines prinzipiellen Interessengegensatzes zwischen Anteilseignern und dem Management. Um ihn dauerhaft zu überwinden, wurden im zurückliegenden Jahrzehnt die unterschiedlichsten Anreizsysteme (vor allem für die obersten Führungsebenen) ausprobiert, um sicherzustellen, dass die Manager aus »eigenem Antrieb« heraus die Interessen der Aktionäre prioritär im

Auge haben (ein »Alignment of Interests«[72]). Der Anteil einer erfolgs-abhängigen Vergütung hat dementsprechend überall zugenommen (wobei ziemlich kühn, aber der Logik des Modells folgend, die Steige-rung des Aktienkurses als Maßstab des Erfolgs definiert wurde). Ak-tienoptionsprogramme, Leistungsprämien, die unmittelbar an die Kursentwicklung gebunden sind, und ähnliche Instrumente sind be-liebte Versuche, um die Kapitalmarktorientierung des Topmanage-ments sicherzustellen. Untersuchungen konnten bislang allerdings keinen gesicherten Zusammenhang zwischen diesen Entlohnungs-formen und der Kursentwicklung der betroffenen Unternehmen her-stellen.

Außer Zweifel steht allerdings, dass sich in diesen Jahren die stär-kere Kapitalmarktorientierung der Unternehmensführung in einer für europäische Verhältnisse gigantischen Erhöhung der Vorstands-bezüge niedergeschlagen hat. Vermutlich kristallisiert sich hier (zu ei-nem guten Teil von den Medien forciert) die Höhe der Managergehäl-ter als Maßstab für die Bedeutsamkeit der Personen wie auch der im Spiel befindlichen Positionen heraus. Aus der Sicht des Kapitalmark-tes ist die Bewertung der Qualität der Unternehmensspitze am Erfolg oder Misserfolg der Performance eines Unternehmens nahe liegend und konsequent. Aus diesem Grund ist es auch nicht verwunderlich, dass mit der Zunahme der Kapitalmarktorientierung in Europa die Fluktuation an der Unternehmensspitze rapide gestiegen ist. Die ge-genwärtig beobachtbare Intensivierung einer direkten Einflussnahme institutioneller Investoren (Pensionsfonds, Hegde Fonds, Private-Equity-Häuser etc.) auf die Unternehmenspolitik von Vorständen und Aufsichtsräten wird diese Fluktuation von Topmanagern in unserem Wirtschaftsraum weiter steigern.

Mit Blick auf die prinzipielle Informationsasymmetrie zwischen Anlegern und angestelltem Management kommt den Publizitäts-pflichten der Unternehmensführung eine ganz zentrale Bedeutung zu. Diese allseitigen Bemühungen um mehr Transparenz haben durch die offensichtlichen Manipulationspraktiken, die sich im Zu-sammenspiel von Vorständen, Wirtschaftsprüfern, Analysten und In-vestmentbankern kurz vor und nach dem Platzen der Aktienblase ein-gebürgert hatten, einen starken Auftrieb erfahren. Bezeichnend dafür sind die anhaltenden Diskussionen um den deutschen Corporate-

---

72 Vgl. Jensen a. Meckling 1976.

Governance-Kodex und seine Implementierung in den Unternehmen (zugespitzt etwa an der Frage der Veröffentlichung der Vorstandsbezüge) oder die Verabschiedung des Transparenz- und Publizitätsgesetzes im Jahre 2002, das die Anforderungen an die Unternehmensberichterstattung weiter erhöht hat. Parallel dazu vollzog sich der Umbau der Rechnungslegungsvorschriften in Richtung internationaler Kapitalmarktstandards, die die bisherigen HGB-orientierten Gepflogenheiten, die sehr viel vorsichtiger und mit dem Aufbau von stillen Reserven zu bilanzieren erlaubten, der Vergangenheit angehören lassen.

Insgesamt dienen alle diese erhöhten Publizitätspflichten dazu, die Beobachtbarkeit der Unternehmensentwicklung im Zeitverlauf zu verbessern. Der Kapitalmarkt ist primär an Abweichungen interessiert. An ihnen bilden sich die Erwartungen über künftige Kursverläufe. Vor allem diesem Zweck dienen auch die heftig umstrittene Quartalsberichterstattung und die daran anknüpfende Prognosetätigkeit von Analysten, Wertpapierhändlern etc. Mit der Fokussierung der Aufmerksamkeit auf Quartalszahlen ist die grandiose Reduktion der Komplexität wenig durchschaubarer, hoch differenzierter, unternehmensinterner Prozesse sowie kaum vorhersehbarer Marktdynamiken verbunden. An die Stelle der Komplexität angemessener qualitativer Analysen werden einige wenige quantitative Daten gesetzt, die für die unmittelbare Unternehmenssteuerung wenig Sinn machen. Und dennoch bilden sie die Grundlage für das unberechenbare Auf und Ab der Marktkapitalisierung börsennotierter Unternehmen[73]. Die regelmäßige Quartalsberichterstattung liefert, ungeachtet ihrer nur sehr beschränkten Aussagekraft, innerhalb des dichtgeknüpften Netzes unternehmensexterner Beobachter das Spielmaterial für den Aufbau einer *Fiktion* des Unternehmens, die für *Realität* gehalten wird. Sie ist entscheidend dafür, welche künftige Kursentwicklung erwartet wird.

Sie besitzt darüber hinaus jedoch noch eine weitere, zu wenig beachtete Funktion. Wenn Abweichung oder Nichtabweichung die entscheidende Differenz ist, um die sich die Spekulation der Anleger dreht, dann kann mit deren treffsicherer Prognose seitens der professionellen Anleger viel Geld verdient werden. Daher kommt es für sie auf den Zugang zu kursbestimmenden Unternehmensinformationen an, bevor diese jedem Interessierten am Markt zur Verfügung ste-

---

73 Zur Kritik dieser Praktiken vgl. insbesondere Collingwood 2001.

hen. Für den geschulten Analytiker dieser Zusammenhänge ist es deshalb wenig überraschend, dass sich in der Praxis eigene informelle Kommunikationsforen (etwa zwischen bestimmten Analysten und ihren Vertrauenspersonen in den Unternehmen) bilden, die diesen privilegierten Informationsbedarf decken. In den entsprechenden Kreisen heißen die dabei generierten Einschätzungen nicht zufällig »Flüsterzahlen«[74]. Je strenger die Publizitätserwartungen werden, umso größer werden die Anreize für Unternehmen und andere Kapitalmarktakteure, die prinzipiell nicht zu überwindende Unsicherheit und Undurchschaubarkeit im eigenen Interesse zur Beeinflussung der Kursentwicklung auszubeuten.

Dass die Prinzipien, nach denen in langlebigen Familienunternehmen Entscheidungen getroffen werden, sich von den aus einem konsequenten Sharehoder-Value-Ansatz ableitbaren Grundsätzen radikal unterscheiden, dürfte deutlich sein. Eine Unternehmensführung, die sich »nur« auf eine Familie auf der Kapitalseite einzustellen hat, ist auf jeden Fall mit einem – im Guten wie im Schlechten – weit berechenbareren Gegenüber konfrontiert, als dies der Kapitalmarkt mit seinen anonymen Akteuren je sein kann. Insofern sind – eine Umkehrung der traditionellen wirtschaftswissenschaftlichen Bewertung – börsennotierte Unternehmen mit einem Handicap versehen. Sie können ihre Aufmerksamkeit nicht in gleichem Maße auf ihr eigentliches Kerngeschäft und das Wohl des Unternehmens als Überlebenseinheit konzentrieren, da sie immer noch den Spielregeln des Kapitalmarktes – die nur zu oft im Widerspruch dazu stehen – gerecht werden müssen.

8.4 Die Gefahren des Shareholder-Value-Ansatzes

Die Zweifel, ob eine Unternehmensführung, die sich konsequent den Prinzipien des Shareholder-Value-Gedankens verpflichtet fühlt, auf lange Sicht gesehen der Zukunftsfähigkeit eines Unternehmens gut bekommt, haben in jüngster Zeit sichtlich zugenommen. Ein häufig hervorgehobener Kritikpunkt bezieht sich auf den bei wichtigen Entscheidungen ins Auge gefassten Zeithorizont. Die kompromisslose Ausrichtung der Unternehmenspolitik an den Renditeerwartungen der Kapitalmarktakteure führt in der Praxis unweigerlich zu einem

---

74 Collingwood 2001, S. 85.

Zielkonflikt zwischen kurzfristiger Pflege des Aktienkurses und dem langfristigen Aufbau von Wettbewerbspotenzialen (beispielsweise der Entwicklung neuer Kernkompetenzen, der Implementierung wichtiger Produktinnovationen, der Erschließung neuer Märkte etc.), die aus einer tragfähigen Strategie abgeleitet sind. Dieser Widerspruch resultiert aus den unterschiedlichen Eigenlogiken des Kapitalmarktes und der Realwirtschaft. Um die oftmals selbstaufgebauten Erwartungen des Kapitalmarktes gut zu bedienen, sehen sich Unternehmen vielfach zu einer kurzfristigen Orientierung gezwungen. Sie vermeiden größere Investitionen, deren Erfolge erst später wirksam werden oder mit zusätzlichen Risiken behaftet sind. Sie unternehmen alle Anstrengungen, um Quartal für Quartal die erwarteten Zahlen zu bringen, auch wenn dadurch längerfristig der Erhalt der eigenen Ressourcen riskiert wird. Investitionen in Forschung und Entwicklung, in Zukunftstechnologien, Innovationen etc. werden aus dieser Einstellung heraus häufig vernachlässigt. Ähnliches gilt für zukunftsorientierte Personalentwicklungsmaßnahmen, für die Know-how-Entwicklung in relevanten Zukunftsfeldern oder für Erneuerungsinvestitionen.

Der hier ausgesprochene Zielkonflikt in der Beachtung unterschiedlicher Zeithorizonte existiert in der Praxis ungeachtet der Beteuerungen und der Selbstbeschreibung der akademischen Verfechter des Shareholder-Value-Prinzips, dass auch in ihrem Verständnis eine kurzfristige Gewinnoptimierung seitens des Managements kontraproduktiv wäre.[75]

Die Paradoxie besteht letztlich gerade darin, dass nur die volle Anerkennung dieses Zielkonfliktes und nicht eine Entscheidung zugunsten kurzfristiger Kurspflege den Anlegern, auf längere Sicht gesehen, tatsächlich eine Wertsteigerung ihres Investments in Aussicht stellt. In der bereits zitierten Studie von Jim Collins über nachhaltig überdurchschnittlich erfolgreiche, amerikanische Unternehmen wurde die Langfristorientierung als zentraler Erfolgsfaktor besonders herausgearbeitet. Durchgängig und konsequent haben die dort untersuchten Unternehmen eine opportunistische Anpassung an kurzfristige Kapitalmarkterwartungen vermieden (wohlgemerkt: nicht nur die betroffenen Familienunternehmen). Die jeweiligen Entscheidungsträger waren in jedem Moment ihrer Führungsarbeit in der Lage, »zwischen langfristigem Aktienwert und kurzfristigem Aktien-

---

75 Vgl. Rappaport 1998, S. 28 ff.

kurs zu unterscheiden«.[76] Die allen Managementmoden zuwiderlau-
fende Ausrichtung dieser Unternehmen am Aufbau einer langfristig
angelegten Leistungsfähigkeit hat sie dauerhaft auch in ihrer Werthal-
tigkeit aus dem Kreis ihrer Wettbewerber herausragen lassen.

Im Kontrast hierzu verführt das Shareholder-Value-Konzept dazu,
Ertragsziele allein aus der jeweils aktuellen Perspektive des Kapitalmarktes zu generieren. Sie sind nicht das Ergebnis einer intensiven
Auseinandersetzung mit den aktuellen bzw. künftig erwartbaren
Marktgegebenheiten, mit den eigenen Stärken und Schwächen und
der künftig angestrebten Unternehmensidentität. Zuerst werden aus
den Kapitalmarkterwartungen Ziele abgeleitet, statt aus der unternehmerischen Einschätzung der realwirtschaftlichen Chancen und Risiken Ziele und Strategien zu entwickeln. Ein Blick in die Praxis von Unternehmen, die dieser weit verbreiteten Logik folgen, enthüllt eine Reihe nicht beabsichtigter Begleiterscheinungen solch eines Vorgehens.

Sieht ein Vorstand seine vornehmste Funktion darin, das aktuelle
Wohlwollen seiner Aktionäre und Gesprächspartner am Kapitalmarkt
zu gewinnen, so wird er sich voll mit deren Erwartungen an eine über-
durchschnittliche Wertsteigerung der Aktien identifizieren. Diese Erwartungen werden zu nicht mehr verhandelbaren Zielvorgaben für
den Rest des Unternehmens. Argumente des für die einzelnen Geschäftsbereiche verantwortlichen Managements, warum diese Ziele
angesichts der gegebenen Wettbewerbs- und Branchenverhältnisse
unrealistisch sind, prallen in den Routinen der operativen Planungs-
prozesse ab. So werden diese Ziele zur Grundlage der geschäftspolitischen Aktivitäten eines ganzen Jahres, obwohl die wenigsten davon
überzeugt sind, dass sie erreicht werden können. Je mehr man sich
dem Ende des Geschäftsjahres nähert, umso mehr tritt das reale Leben den Beweis an, dass das Unternehmen zwar im Rahmen seiner
Möglichkeiten gute Erfolge eingefahren hat, die vorgegebenen Ziele
aber bei weitem nicht erreicht worden sind. Darauf folgen häufig not-
fallmäßig drastische Kostensenkungsprogramme, weit reichende Restrukturierungsmaßnahmen, der eine oder andere Personalwechsel
im oberen Führungskreis – allerdings alles ohne durchschlagenden
Einfluss auf die Ertragskraft des Gesamtunternehmens. Üblicherweise wiederholt sich dieser Rhythmus über mehrere Jahre, bis das Unternehmen in seiner Substanz Schaden genommen hat.

---

76 Collins 2001, S. 273.

Solche Zielfindungsprozesse versorgen ein ganzes Unternehmen trotz heftiger Anstrengungen im Einzelnen regelmäßig mit flächendeckenden Misserfolgserfahrungen. Derartige Erfahrungen wiederum ermutigen in der Folge persönliche Absicherungsstrategien. Sie animieren eine Kultur wechselseitiger Schuldzuschreibungen und den inneren Rückzug der Bereiche auf ihre ureigensten Aufgabengebiete, und gleichzeitig *entmutigen* sie übergreifende Kooperationsbemühungen und eine risikobereite Verantwortungsübernahme bei schwierigen Entscheidungen. Sie senken den Grad der Besprechbarkeit heikler Fragen zwischen den Hierarchieebenen drastisch ab. Es entsteht ein Kommunikationsmuster innerhalb des Unternehmens, bei dem nach oben, solange es irgendwie geht, beruhigende Meldungen gegeben werden. Dadurch wird ein fiktives Bild der Situation des Unternehmens aufrechterhalten, obwohl die Fakten längst eine andere Sprache sprechen. All diese Veränderungen im sozialen Miteinander fördern eine oft nur mehr schwer korrigierbare Misstrauensspirale und senken das Potenzial eines Unternehmens, außergewöhnliche Herausforderungen und Probleme zu lösen, bedrohlich ab.

Die beschriebene Logik des Zielfindungsprozesses besitzt noch eine weitere vielfach unterschätzte Kehrseite. Die strikte Bindung der Unternehmensspitze an die Erwartungen des Kapitalmarktes entfernt sie emotional vom Rest des Unternehmens. Dieser Rest wird damit zum bloßen Mittel zur Erfüllung der externen Gewinnerwartungen, und der Vorstand macht sich zum Erfüllungsgehilfen dieser Interessen. Diese Konstruktion treibt einen tiefen Keil zwischen die Spitze und die nächsten Führungsebenen. Er wirkt umso nachhaltiger, je deutlicher wird, dass die Spitze ihre Kapitalmarktorientierung zur persönlichen »Bereicherung« nutzen kann, während gleichzeitig dem Unternehmen außergewöhnliche Opfer abverlangt werden.

Keine soziale Einheit akzeptiert auf Dauer, von ihrer Spitze in einer solchen Weise instrumentalisiert zu werden. Schwer reparierbare Glaubwürdigkeitsprobleme sind die Folge. Die Bereitschaft der Belegschaft, sich für das Unternehmen überdurchschnittlich einzusetzen, schwindet. Das Verhalten der Unternehmensleitung, ihren persönlichen Interessen offenbar eine höhere Priorität als dem Überleben des Unternehmens zu geben, legitimiert allgemein, »seine eigene Suppe zu kochen«. Unternehmen zerstören auf diesem Wege Schritt für Schritt ihre eigene Führbarkeit. Die Fähigkeit, kollektive Leitungspotenziale in Situationen, die außergewöhnliche Anstrengungen verlangen, zu mobilisieren, geht auf diese Weise in der Regel verloren.

Der beschriebene Glaubwürdigkeitsverlust und die damit einhergehende Beeinträchtigung der Führbarkeit des Unternehmens haben unmittelbar mit der einseitigen Fokussierung auf finanzielle Gewinnziele zu tun. Aus dem prioritären Ziel, für Anteilseigner eine möglichst hohe Rendite zu erwirtschaften, ist für ein Unternehmen keine nachhaltige Sinnstiftung zu gewinnen. Vor allem sind dadurch die Paradoxien, die sich aus den widersprüchlichen Zielen der unterschiedlichen Stakeholder ergeben, nicht aufzulösen. Dies gelingt nur, wenn, wie bei langfristig erfolgreichen Familienunternehmen, im Zweifel gilt: Das Unternehmen geht vor. Nur so wird es den Mitarbeitern dauerhaft möglich, sich mit dem Unternehmen zu identifizieren, und nur so kann das Unternehmen als Sinnstifter für alle Beteiligten dienen. Jim Collins hebt in diesem Zusammenhang eine wichtige Eigenart der von ihm untersuchten Unternehmen hervor: »Dauerhafte Spitzenunternehmen existieren nicht nur, um die Taschen der Shareholder zu füllen. Für ein echtes Spitzenunternehmen sind Geld und Gewinne nichts anderes wie Blut und Wasser für einen gesunden Körper: Sie sind zwar lebenswichtig, machen aber nicht das Wesentliche im Leben aus.«[77]

Der Zweck ist aber das Dauerproblem einer jeden Organisation, also auch jeden Unternehmens. Wenn er verloren geht, gibt es keinen Grund, die es am Leben erhaltenden Aktivitäten weiter zu vollziehen. So müssen alle Organisationen aus reinen Gründen der Selbsterhaltung und Selbstreproduktion immer wieder neuen Sinn schaffen für ihre Mitglieder, und dieser neue Sinn kann alten Sinn eben alt aussehen lassen. Dabei geht es stets um eine Sinnstiftung, die über den persönlichen Erfolg und rein ökonomische Ziele hinausgeht. Es geht um die Erzeugung und die Vermittlung der Gewissheit, bei etwas Wichtigem dabei zu sein. Daher ist es entscheidend, dass an der Spitze des Unternehmens Persönlichkeiten stehen, die glaubwürdig für so eine gemeinsame Sache einstehen.

Damit sind einige der zentralen Risiken skizziert, die eine konsequente Orientierung an den Führungsprinzipien des Shareholder-Values regelmäßig nach sich zieht. Diese Begleiterscheinungen sind nicht schlagartig und sofort sichtbar. Sie entfalten ihre Wirkungen

---

[77] Collins 2001, S. 246.

schleichend und hinter dem Rücken der Verantwortlichen. Sie handeln ja aus vollster Überzeugung, mit der prioritären Ausrichtung am Wertsteigerungskalkül auch für das Unternehmen das Beste zu tun. Es liegt in der Logik dieses Führungsansatzes, dass ihre Promotoren keinen Sensor für die geschilderten Folgekosten besitzen. Sie können alle Arten auftauchender Probleme als Widerstand der Organisation gegen die konsequente Unterwerfung unter das Wertsteigerungskalkül deuten. Nur so ist auch zu erklären, dass Vorstände ihren Unternehmen ein Kostensenkungsprogramm nach dem anderen zumuten, Restrukturierungsmaßnahmen einleiten, noch bevor die vorangegangenen ernsthaft implementiert sind, radikale Strategieschwenks vollziehen, die nur zur Verstärkung der unternehmensinternen Desorientierung beitragen, Unternehmensübernahmen in Gang gesetzt werden, die auf lange Sicht gesehen die Leistungsfähigkeit der beteiligten Unternehmen eher schwächen als stärken – und damit paradoxerweise Werte vernichten und nicht steigern.

Die Unternehmensspitze setzt Prozesse in Gang, deren destruktive Eigendynamik sie nicht angemessen diagnostizieren und deren Konsequenzen sie deshalb auch nicht gegensteuern kann. Das, was sie selbst auslöst, sitzt im blinden Fleck ihrer Wahrnehmung. Das ist das eigentlich Gefährliche am Shareholder-Value-Ansatz. Er immunisiert die verantwortlichen Entscheidungsträger gegenüber dem Umstand, dass die Art und Weise, wie sie ihre Führungsverantwortung wahrnehmen, die Voraussetzung für die Führbarkeit des Unternehmens nachhaltig unterminiert. Sie zerstört die Glaubwürdigkeitsbasis zwischen den Führungsebenen und lässt das Vertrauen der Beschäftigten in ihre Führungskräfte immer weiter erodieren.

9. Schlussbemerkung

Langfristig erfolgreiche Unternehmen, nicht nur Familienunternehmen, repräsentieren in ihren Führungsprinzipien das Gegenmodell zum Shareholder-Value-Ansatz. Die Kopplung von Familie und Unternehmen erweist sich für Familienunternehmen als Wettbewerbsvorteil, zum einen, weil sie die Unternehmensleitung von den Zumutungen des Kapitalmarktes entlastet und vor den mit dem Shareholder-Value-Konzept verbundenen Denkfehlern schützt; zum anderen, weil Familien oft besonders in der Lage sind, diejenigen Werte zu vermitteln, die über die finanziellen Gewinnerwartungen und -versprechen hinaus sinnstiftend für das Unternehmen wirken können. Langlebige Familienunternehmen waren in der Regel gerade deswegen so erfolgreich, weil sie sich der reinen Shareholder-Orientierung und ihrer schlichten Scheinrationalität widersetzt haben und stattdessen den Paradoxien, die sich aus der Notwendigkeit ergeben, den sich gegenseitig widersprechenden familiären und ökonomischen Werten gerecht werden zu müssen, immer wieder aufs Neue stellten, ohne sich endgültig und dauerhaft für die eine oder andere Seite zu entscheiden. Darin äußert sich die zentrale Paradoxie, mit der jeder Unternehmer konfrontiert ist: Man kann ein Unternehmen nur dann dauerhaft zum Mittel für seine »egoistischen« Zwecke machen, wenn man gerade *das* nicht tut, sondern sich seiner Abhängigkeiten bewusst bleibt und sich in den Dienst der größeren Überlebenseinheit, des Unternehmens, stellt.

Das vorliegende Buch zeigt, dass Familienunternehmen unter gewissen, beschreibbaren Bedingungen deutlich besser mit der geschilderten Paradoxie umgehen können als börsennotierte Publikumsgesellschaften. Die Ko-Evolution von Unternehmen und Familie, die um das Ziel einer langfristigen (weil generationsübergreifenden) wechselseitigen Existenzsicherung gebaut ist, sorgt für immer wieder neue Formen der Paradoxie-Auflösung. Sie entsprechen den unterschiedlichen Stadien im Lebenszyklus der beiden Systeme. Aber immer gilt der Grundsatz: Die Familie nutzt das Unternehmen, weiß aber, dass sie das auf Dauer nur tun kann, wenn sie sich selbst in den Dienst des Unternehmens stellt. Und umgekehrt: Das Unternehmen nutzt die Familie, kann dies auf lebendige Art und Weise allerdings nur tun, wenn es die Erwartungen der Familie (auch in monetärer Hinsicht) auf lange Sicht gesehen zu erfüllen in der Lage ist. Diese auf Langfristigkeit angelegte Schicksalsgemeinschaft einer Familienkonstellation auf der einen Seite und eines Unternehmens auf der anderen Seite scheint unter den Rahmenbedingungen, die wir zu analysieren und darzustellen versucht haben, deutlich besser geeignet zu sein, für die Zukunftsfähigkeit und Selbsterneuerungskraft des Unternehmens zu sorgen wie auch die Kapitalgeber angemessen zufrieden zu stellen. Dies zeigen letztlich auch alle Langfristbetrachtungen von Familienunternehmen, die an der Börse notieren, aber immer noch familiendominiert geführt werden. Die Kursentwicklung dieser Unternehmen ist im Durchschnitt besser als bei Nicht-Familienunternehmen.[78]

Es ist evident, dass auch in diesen Unternehmenstyp spezifische Risiken eingebaut sind, die speziell mit der Dynamik des Familiensystems zu tun haben. Langlebige Familienunternehmen zeigen, wie diesen charakteristischen Risiken begegnet werden kann. Die Fallbeispiele dieses Buches geben Zeugnis für die vielen Varianten dieser Risikobewältigung. Es gibt keinen »One Best Way«. All diese Varianten haben jedoch eines gemeinsam: Wenn sich entsprechende Führungskonstellationen im Unternehmen, in der Familie bzw. im Gesellschafterkreis und im Zusammenspiel der beiden Systeme ausprägen konnten und Bearbeitungsroutinen und -strukturen für die unvermeidlich eingebauten Problemlagen und Konfliktfelder zur Verfügung gestellt werden, dann zeigen Unternehmen wie Familien über die Zeit eine tragfähigere Lebenskraft, als wir sie bei den meisten börsennotierten Publikumsgesellschaften beobachten können oder bei Familien, die nicht mit einem Unternehmen verbunden sind.

Gründer und Enkel (Otto und Hans-Martin Schmidt beim Spaziergang im Siebengebirge)

---

78 vgl. Anderson a. Reeb 2003; Hasler 2004

Literatur

Anderson, R. a. D. Reeb (2003): Founding-Family Ownership and Firm Performance: Evidence from the S&P 500. *The Journal of Finance* 58 (3): 1301–1327.

BDI u. Ernst & Young (2003): Der industrielle Mittelstand – ein Erfolgsmodell [Internet]. BDI e. V. Verfügbar unter: http://www.bdi-online.de/de/fachabteilungen/2201.htm [06.06.2005].

Berle, A. a. G. Means (1932): The Modern Corporation and Private Property. Chicago (Commerce Clearing House).

Calder, G. H. (1961): The peculiar problems of family business. *Business Horizons* 4 (3): 93–102.

Carlock, R. a. J. Ward (2001): Strategic Planning for the Family Business – Parallel Planning to Unify the Family and Business. Hampshire (Palgrave).

Collingwood, H. (2001): Vom Widersinn der Quartalsberichte. *Harvard Businessmanager* Heft 6: 77–86.

Collins, J. (2001): Der Weg zu den Besten. Die sieben Management-Prinzipien für dauerhaften Unternehmenserfolg. Stuttgart/München (Deutsche Verlags-Anstalt).

Donnelley, R. (1964): The family business. *Harvard Business Review* 4 (2): 93–105.

Elbe, T. (2003): Personalmanagement in Mehr-Generationen- Familienunternehmen. Universität Witten/Herdecke. (unveröffentl. Diplomarbeit).

FAZ (2004): »Der Modische«. *Frankfurter Allgemeine Sonntagszeitung*, 6.6.2004, S. 44.

Gersick, K. E., J. A. Davis, M. M. Hampton a. I. Lansberg (1997): Generation to Generation. Life Cycles of the Family Business. Boston, MA (Harvard Business Press).

Hasler, T. (2004): Die Performance familiengeführter Unternehmen. *HVB Equity Research*, 30. Juni 2004.

Hilker, T. (2001): Das Buddenbrook-Syndrom – Ursachen des Niedergangs von Familienunternehmen. *Familiendynamik* 26 (4): 338–358.

Institut für Mittelstandsforschung der Universität Mannheim (Hrsg.) (1996): Generationswechsel in mittelständischen Unternehmen. Protokoll des 6. Symposions des ifm 1996. Mannheim.

Jansen, S. A. (2004): Management von Unternehmenszusammenschlüssen. Theorien, Thesen, Tests und Tools. Stuttgart (Klett-Cotta).

Jensen, M. a. W. Meckling (1976): Theory of the Firm: Managerial Behavior, Agency Costs and Ownership Structure. *Journal of Financial Economics* 3: 305–360.

Kieser, A. (1995): Anleitung zum kritischen Umgang mit Organisationstheorien. In: A. Kieser (Hrsg.): Organisationstheorien. Stuttgart (Kohlhammer), 2. Aufl., S. 1–30.

Knights, D. a. G. Morgan (1991): Corporate Strategy, Organisations and Subjectivity: A Critique. *Organisation Studies* 12: 251–273.

Kühl, S. (2003): Exit – Wie Risikokapital die Regeln der Wirtschaft verändert. Frankfurt a. M. (Campus).

Luhmann, N. (1984): Soziale Systeme – Grundzüge einer allgemeinen Theorie. Frankfurt a. M. (Suhrkamp).

Luhmann, N. (1990): Sozialsystem Familie. In: N. Luhmann: Soziologische Aufklärung 5 – Konstruktivistische Perspektiven. Opladen (Westdeutscher Verlag), S. 196–217.

Luhmann, N. (1997): Die Gesellschaft der Gesellschaft. Frankfurt a. M. (Suhrkamp).

Luhmann, N. (2000): Organisation und Entscheidung. Opladen (Westdeutscher Verlag).

Manager Magazin (2002): »Reichste Deutsche: Der messerscharfe Analytiker«, 09.08.2002.

Manager Magazin u. Watt Deutschland (Hrsg.) (2003): Perspektive Mittelstand. Die Deutsche Wirtschaft im Umbruch [Internet].Watt Deutschland. Verfügbar unter http://www.watt.de/studie/ [06.06.2005].

May, P. (2004): »Um Längen voraus«. *FAZ*, 12.1.2004, S. 16.

Mintzberg, H., B. Ahlstrand a. J. Lampel (1999): Strategy Safari. Eine Reise durch die Wildnis des strategischen Managements. Wien/Frankfurt a. M. (Ueberreuter).

Nagel, R. u. R. Wimmer (2002): Systemische Strategieentwicklung. Stuttgart (Klett-Cotta).

Nicolai, A. T. u. F. B. Simon (2001): Kritik der Mode, Managementmoden zu kritisieren. In: H. A. Wüthrich, W. B. Winter u. A. Philipp (Hrsg.): Grenzen ökonomischen Denkens. Auf den Spuren einer dominanten Logik. Wiesbaden (Gabler), S. 499–524.

Nicolai, A. u. Th. W. Thomas (2004): Kapitalmarktkonforme Unternehmensführung: Eine Analyse im Lichte der jüngeren Strategieprozesslehre. *Zeitschrift für betriebswirtschaftliche Forschung* 5: 452–469.

Rappaport, A. (1998): Creating Shareholder Value. New York (Free Press), 2nd. ed.

Sablowski, Th. u. J. Rupp (2001): Die neue Ökonomie des Shareholder Value. Corporate Governance im Wandel. *PROKLA* Heft 1: 47–78.

Schröer, E. u. W. Freund (1999): Neuere Entwicklungen auf dem Markt für die Übertragung mittelständischer Unternehmen (IfM-Materialie Nr. 136). Bonn (IfM Bonn).

Schulmeister, St. (1998): Der polit-ökonomische Entwicklungszyklus der Nachkriegszeit. *Internationale Politik und Gesellschaft* 1: 5–21.

Simon, F. B., B. Albert u. Ch. Klein (1977): Gefahren paradoxer Kommunikation im Rahmen der »Therapeutischen Gemeinschaft«. Versuch einer Kommunikationsanalyse. *Psychiatrische Praxis* 4: 38–43.

Simon, F. B. (1992): Paradoxien in der Psychologie. In: P. Geyer u. R. Hagenbüchle (Hrsg.): Das Paradox. Eine Herausforderung des abendländischen Denkens. Tübingen (Stauffenburg), S. 71–88.

Simon, F. B. (1999a): Organisationen und Familien als soziale Systeme unterschiedlichen Typs. In: D. Baecker u. M. Hutter (Hrsg.): Systemtheorie für Wirtschaft und Unternehmen. Opladen (Leske & Budrich), S. 181–200.

Simon, F. B. (1999b): Familie, Unternehmen und Familienunternehmen. Einige Überlegungen zu Unterschieden, Gemeinsamkeiten und den Folgen. *Organisationsentwicklung* 18 (4): 16–23.

Simon, F. B. (Hrsg.) (2002): Die Familie des Familienunternehmens. Heidelberg (Carl-Auer), 3. Aufl. 2011.

Simon, F. B. (2004): Gemeinsam sind wir blöd!? Die Intelligenz von Unternehmen, Managern und Märkten. Heidelberg (Carl-Auer), 3. Aufl. 2009.

Simon, F. B. u. CONECTA (1992): Radikale Marktwirtschaft – Grundlagen systemischen Managements. Heidelberg (Carl-Auer), 4., überarb. u. erw. Aufl. 2001.

Simon, H. (1996): Die heimlichen Gewinner (Hidden Champions). Die Erfolgsstrategien unbekannter Weltmarktführer. Frankfurt a. M. (Campus).

Spiegel (1998): »Licht in die Läden«. 30.3.1998, S. 14.

Stadler, W. (Hrsg.) (2004): Die neue Unternehmensfinanzierung. Frankfurt a. M. (Redline Wirtschaft).

Stieglitz, J. E. (2004): Die goldenen Neunziger *GDJ-Impuls* 1: 24–31.

Strodtholz, P. u. S. Kühl (2002): Qualitative Methoden der Organisationsforschung – ein Überblick. In: S. Kühl u. P. Strodtholz (Hrsg.): Methoden der Organisationsforschung. Ein Handbuch. Reinbek (Rowohlt).

Watzlawick, P., J. H. Beavin u. D. D. Jackson (1969): Menschliche Kommunikation. Formen, Störungen, Paradoxien. Bern (Hans Huber).

Weiguny, B. (2005): Die geheimnisvollen Herren von C&A. Der Aufstieg der Brenninkmeyers. Frankfurt a. M. (Eichborn).

Wiechers, R. (2004): Die Unternehmerfamilie: Ein Risiko des Familienunternehmens? Norderstedt (Books on demand).

Wimmer, R. (2002): Aufstieg und Fall des Shareholder-Value-Konzepts. *Organisationsentwicklung* 21 (4): 70–83.

Wimmer, R. (2004): Familienunternehmen. In: G. von Schreyögg u. A. Werder (Hrsg.): Handwörterbuch Unternehmensführung und Organisation, Stuttgart (Schäffer-Poeschel), S. 268–276.

Wimmer, R., E. Domayer, M. Oswald u. G. Vater (1996): Familienunternehmen – Auslaufmodell oder Erfolgstyp? Wiesbaden (Gabler), 2., überarb. Aufl. 2005.

Wimmer, R. u. A. Gebauer (2004): Die Nachfolge in Familienunternehmen. *Zeitschrift Führung + Organisation* 73 (5): 244–252.

Wimmer, R., T. Groth u. F. B. Simon (2004): Erfolgsmuster von Mehrgenerationen-Familienunternehmen. Wittener Diskussionspapiere, Sonderheft Nr. 2, Juni 2004, Witten.

Wirtschaftswoche (2001): »Schweigsamer Riese«. 2.8.2001, S. 46–49.

Zuckermann, E. W. (2000): Focussing the Corporate Product: Securities Analysts and De-diversification. *Administrative Quarterly* 45: 591–619.

Über die Autoren

Fritz B. Simon, Dr. med., Professor für Führung und Organisation am Institut für Familienunternehmen der Universität Witten/Herdecke. Systemischer Organisationsberater, Psychiater, Psychoanalytiker und systemischer Familientherapeut, Geschäftsführer der Simon, Weber and Friends GmbH, Autor bzw. Herausgeber von ca. 300 wissenschaftlichen Fachartikeln und 29 Büchern, die in 14 Sprachen übersetzt wurden.

Rudolf Wimmer, Dr. jur., Professor für Führung und Organisation am Institut für Familienunternehmen der Universität Witten/Herdecke und Vizepräsident dieser Universität. Gründer und Partner der osb international AG. Publikationen u. a.: »Organisation und Beratung. Systemtheoretische Perspektiven für die Praxis« (2., erw. Aufl. 2012) und »Praktische Organisationswissenschaft. Lehrbuch für Studium und Beruf« (Hrsg. zus. mit J. O. Meissner, 2., erw. Aufl. 2012).
Kontakt: www.osb-i.com

Torsten Groth, Dipl.-Soz.-Wiss., ist Dozent am Wittener Institut für Familienunternehmen und selbstständiger Organisationsberater. Beratungsschwerpunkte: Langlebigkeit von Familienunternehmen, Familienstrategie und Nachfolgemanagement. Groth berät Familienunternehmen und Unternehmerfamilien in Führungs- und Organisationsfragen. Zudem ist er als systemischer Berater in der Beraterausbildung und Führungskräfteentwicklung tätig.
Kontakt: www.torsten-groth.org